T0140957

Ion Exchange Membranes in Aqueous, Methanolic and Ethanolic Electrolyte Solutions

Membrane Characterization and Bipolar Membrane Modelling

Von der Fakultät Maschinenbau
der Universität Stuttgart zur Erlangung der Würde
eines Doktors der Ingenieurwissenschaften (Dr.-Ing.)
genehmigte Abhandlung

vorgelegt von
Frank Sarfert
geboren in Kabul, Afghanistan

Hauptberichter: Prof. Dr.-Ing. G. Eigenberger
Mitberichter: Prof. Dr.-Ing. H. Strathmann

Tag der mündlichen Prüfung: 10. Februar 2005

Institut für Chemische Verfahrenstechnik
der Universität Stuttgart
2005

Bibliografische Information Der Deutschen Bibliothek

Die Deutsche Bibliothek verzeichnet diese Publikation in der Deutschen Nationalbibliografie; detaillierte bibliografische Daten sind im Internet über http://dnb.ddb.de abrufbar.

D 93

ISBN 3-8325-0934-8

Logos Verlag Berlin
Comeniushof, Gubener Str. 47,
10243 Berlin
Tel.: +49 030 42 85 10 90
Fax: +49 030 42 85 10 92
INTERNET: http://www.logos-verlag.de

To my dear wife.

For her loving support and great patience.

Preface

The intention of this thesis is to summarize what I have learned when examining and (partially) understanding the behavior of ion exchange membranes in alcoholic solutions. It results form the research during my time at the Institut für Chemische Verfahrenstechnik (ICVT) at the University of Stuttgart between 1996 and 2003.
Looking at ion exchange membranes in alcoholic solutions is an exotic subject for membranologists, but it turned out to be an especially interesting one. First studies trace back to a cooperation with Dr. Franz-Felix Kuppinger from the membrane group of former Hüls AG, Marl. Although many insights were gained, more open questions remained at the end of this project. Therefore, a more "fundamental" proposal was written and approved by the Deutsche Forschungsgemeinschaft (DFG) which allowed to look at the details of the system. To both, Hüls AG and DFG, I am indebted for their financial support.
Although not always easy, I enjoyed my work. It was fun to work practical, setting up an automated lab plant, finding analytic routes and designing experimental equipment. It was also fun to gain understanding from modelling and analyzing what happened in the laboratory. All this is to a great part due to my supervisors Prof. Gerhart Eigenberger and Prof. Heiner Strathmann, to my collegues at the ICVT and in the membrane community worldwide and to the students I worked with.
To my supervisors I am indebted for many valuable discussions and the way they accompanied the ongoing of my work. To my collegues at the ICVT I am indebted for lots of help: Thanks to Frank Meier, Andrei Grabowski and Sven Thate, I could discuss the details of my work; thanks to Andreas Ullrich and Martin Hein I learned about polymer chemistry; thanks to Markus Bauer who always helped with "computer problems". Many thanks also go to Dr. Friedrich Wilhelm from the University of Twente for valuable input concerning bipolar membranes, to Dr. Richard Neueder from the University of Regensburg for his assistance in solution chemistry and to Prof. Patricio Ramirez from the University in Castellòn for enriching emails. Thanks to my students and especially Frank Schnthaler I could handle all the experimental work.
Finally, special thanks go to the people "behind the scene" for an infinite amount of support and patience: my parents and parents-in-law and especially to my beloved wife.

F.S., Hambach, February 2005

Contents

Notation

As a rule, symbols are explained at their first appearance in the text. They are listed in the tables below if they are of general importance, i.e. if they are used repeatedly. In contrast to that, symbols required only once to introduce a specific equation or model are not considered. The choice of the symbols follows the conventions of the technical literature. Therefore, some symbols are employed in different meanings. In these cases, the meaning can be concluded from the context.

Latin Symbols

a	m	distance of closest approach
a_j	—	activity of species j
A	m^2	area
c_{FI}	mol/l	molar fixed ion concentration in membrane phase
c_j	mol/l	molar concentration of species j in solution phase
$\bar{c}_j$	mol/l	molar concentration of species j in membrane phase (relative to pore liquid volume)
c_j^M	mol/l	molar concentration of species j in membrane phase (relative to total membrane volume)
d	m	distance
D_j	m^2/s	ionic diffusivity of species j
e	C	$= 1.6022 \times 10^{-19}$, elementary charge
E	V/m	electric field
f_j	—	ionic activity coefficient on a mole fraction basis
$f_\pm$	—	mean activity coefficient on a mole fraction basis
F	N	force
$\mathbf{F}$	C/mol	$= 96485.3$, Faraday's constant
F_p	kg/m^2	peel strength
G	J/mol	Gibbs free enthalpy
i	A/m^2	electrical current density
i_{lim}	A/m^2	limiting current density
I	A	electrical current
I_s	mol/kg	ionic strength
$\mathbf{k}$	J/K	$= 1.3807 \times 10^{-23}$, Boltzmann constant

k_{diss}	variable	rate constant of dissociation reaction
k_{rec}	variable	rate constant of recombination reaction
K_A	l/mol	equilibrium constant of association reaction
K_{AP}	—	equilibrium constant of autoprotolysis reaction
K_D	mol/l	equilibrium constant of dissociation reaction
K_M^N	—	equilibrium constant of ion exchange
K_{MX}	—	equilibrium constant of electrolyte uptake
m	kg	mass
M_j	mol/kg	molality of species j
MW	kg/mol	molecular weight
n_∞	—	refractive index at high frequency
n_D	—	optical refractive index measured at the sodium D-line
n_j	mol	molar amount of species j
$\dot{n}_j$	mol/(m^2 s)	molar flux density of species j
n_S	—	solvation number
N_A	1/mol	$= 6.0221 \times 10^{23}$, Avogadro's number
N_{CoI}	mol/kg	amount of coions per unit mass of dry polymer
N_j	1/m^3	number density of species j
p	bar	pressure
P	—	probability
pK_A	—	negative decadic logarithm of K_A
pK_{AP}	—	negative decadic logarithm of K_{AP}
r	m	radius, distance
r_B	m	Bjerrum distance
r^h	m	hydraulic radius
r_i	1/s	rate of reaction i
r^M	Ω m	specific resistance
R	Ω	ohmic resistance
$\mathbf{R}$	J/(mol K)	$= 8.3145$, universal gas constant
R_A	Ω m^2	areal resistance
$\mathbf{S}_{MX}$	—	distribution coefficient
$\mathbf{S}_N^M$	—	selectivity coefficient
t	s	time
t_j	—	transference number of species j
T	K	absolute temperature
u_j	m^2/(V s)	ionic mobility of species j
U	V	voltage
U^{HLC}	V	potential drop between the tips of Haber-Luggin capillaries
U_{rev}	V	reversible potential
U_{SS}	V	potential at steady state
v	m/s	velocity
V	m^3	volume
w	—	weight fraction

v	m^3/mol	molar volume
x_j	—	mole fraction of species j in solution phase
X	mol/kg	ion exchange capacity
y_j	—	mole fraction of species j in membrane phase
y_j	—	ionic molal activity coefficient of species j
$\mathsf{y}_\pm$	—	mean molal activity coefficient
z	—	charge number

Greek Symbols

α	C m^2/V	polarizability
α	—	degree of dissociation
α	m	distance parameter of chemical reaction model
β	m^2/V^2	nonlinear dielectric effect
$\gamma_\pm$	—	mean molar activity coefficient
γ_j	—	ionic molar activity coefficient of species j
δ	m	membrane or layer thickness
δ^J	m	thickness of junction region
$\Delta\varphi$	V	potential drop
$\Delta\varphi^D$	V	Donnan potential
ε	—	swelling
ε_r	—	relative permittivity
ε_0	C/(V m)	$= 8.8542 \times 10^{-12}$, absolute permittivity
η	Pa s	dynamic viscosity
η^{diss}	—	water dissociation efficiency
ϑ_f	°C	freezing point
ϑ_b	°C	boiling point
κ	S/m	specific conductivity
λ_j	S m^2/mol	ionic conductivity of species j
λ_S	—	solvent content
Λ	S m^2/mol	molar conductivity
μ	C m	dipole moment
μ_j	J/mol	chemical potential of species j
μ_j°	J/mol	chemical potential of species j at reference state
$\tilde{\mu}_j$	J/mol	electrochemical potential of species j
ν_j	—	stoichiometric coefficient of species j
Π	bar	osmotic pressure
ρ	C/m^3	charge density
ϱ	kg/m^3	mass density
φ	V	electrical potential
χ^{CEL}	—	volume fraction of cation exchange layer
ψ	—	volume fraction of solvent

Subscripts

CoI	coion
GgI	counterion
FI	fixed ion
i	ionic species
IP	ion pair
j	ionic species
k	ionic species
L^-	lyate ion
$M+$	cationic species of electrolyte MX
MX	electrolyte MX
$N+$	cationic species of electrolyte MY
NY	electrolyte NY
rev	reversible (i.e. purely ohmic) behavior of the system
S	solvent
SS	at steady state
sln	solution
$X-$	anionic species of electrolyte MX
$Y-$	anionic species of electrolyte NY

Superscripts

Double superscripts are used to indicate the phase (first superscript) and the location within the phase (second superscript) to which a parameter belongs to. E.g. c_j^{CJ} denotes the molar concentration of ionic species j in the cation exchange layer (superscript ^{C}) next to the junction region (superscript ^{J}).

A	in anion exchange layer (if double superscripts are required)
AH	in anion exchange layer, next to right hydrodynamic boundary layer
AJ	in anion exchange layer, next to junction region
AEL	in anion exchange layer (if no double superscripts are required)
BPM	in bipolar membrane phase
C	in cation exchange layer (if double superscripts are required)
CEL	in cation exchange layer (if no double superscripts are required)
CH	in cation exchange layer, next to left hydrodynamic boundary layer
CJ	in cation exchange layer, next to junction region
D	Donnan potential
$diff$	diffusive flux
eff	effective value
eq	in equilibrium
H	in hydrodynamic boundary layer
HA	in right hydrodynamic boundary layer, next to anion exchange layer

HC	in left hydrodynamic boundary layer, next to cation exchange layer
HL	in left hydrodynamic boundary layer, next to left (bulk) solution
HR	in right hydrodynamic boundary layer, next to right (bulk) solution
J	in junction region
JA	in junction region, next to the anion exchange layer
JC	in junction region, next to the cation exchange layer
L	in left (bulk) solution
LH	in left (bulk) solution, next to left hydrodynamic boundary layer
M	in membrane phase, of swollen membrane
mig	migrative flux
P	of dry polymer
R	in right (bulk) solution
RH	in right (bulk) solution, next to right hydrodynamic boundary layer
∞	at infinite dilution
$\circ$	at reference state

Abbreviations

AEL	anion exchange layer of bipolar membrane
BPM	bipolar membrane
CEL	cation exchange layer of bipolar membrane
EtOH	ethanol
HAEE	acetoacetic ester
HBL	hydrodynamic boundary layer
H_2O	water
H_2L^+	lyonium cation
HLC	Haber-Luggin capillaries
L^-	lyate anion
MeOH	methanol
MeONa	sodium methylate
N.A.	not available
NaAEE	sodium enolate
N.D.	not determined

Zusammenfassung

Motivation

Der Einsatz der Elektrodialyse mit monopolaren Ionenaustauschermembranen für Trennaufgaben ist seit längerem Stand der Technik. Dieses Trennverfahren findet überall dort Verwendung, wo kontinuierlicher Betrieb bei schonenden Prozessbedingungen in kompakten Apparaten bzw. modular erweiterbaren Trennstufen von Vorteil ist. Typische Anwendungen sind die Abtrennung von Salzfrachten wie sie nach Neutralisationsschritten anfallen, oder die Reduktion von Mineralstoffen z.B. in Molke oder Fermentationsbrühen.
Eine wesentliche Erweiterung der Möglichkeiten der Elektrodialyse ergibt sich bei der Verwendung sogenannter Bipolarmembranen. Dies sind Mehrschichtmembranen bestehend aus einer Kationen- und einer Anionenaustauscherseite. Ihre charakteristische Eigenschaft ist die Fähigkeit, im elektrischen Feld Wasser zu spalten, was die Möglichkeit eröffnet, *in situ* Protonen und Hydroxylionen zu erzeugen. Im Gegensatz zur Elektrolyse entstehen dabei keine Koppelprodukte, was energetisch von Vorteil ist. Außerdem lassen sich Bipolarmembranen, wie monopolare Membranen auch, im elektrischen Feld vielfach hintereinander anordnen, so dass die Trennapparate sehr kompakt ausgeführt werden können. Typisches Anwendungsgebiet der Elektrodialyse mit Bipolarmembranen ist die Rückgewinnung von Säuren und Basen aus den zugehörigen Salzen. Industrielle Beispiele hierfür sind das Aufbereiten von Mischsäuren bei der Stahlbeize oder die Umprotonierung von Natriumlactat zu Milchsäure.
Die Anwendung sowohl der Elektrodialyse mit monopolaren *Membranen* als auch der Elektrodialyse mit bipolaren Membranen beschränkt sich allerdings bislang auf wässrige Systeme, wohingegen Schüttungen aus Ionenaustauscher*harzen* routinemäßig auch für Aufgaben in ganz oder teilweise nicht wässrigen Elektrolytsystemen Verwendung finden. Als Grund hierfür ist in erster Linie die nur eingeschränkte chemische und mechanische Stabilität der Membranen zu nennen. Diesbezüglich sind aber in den vergangenen Jahren z. B. durch die Etablierung der perfluorierten Membranen deutliche Fortschritte erzielt worden. Auch das im Zusammenhang mit der Brennstoffzellen-Technologie gestiegene Interesse an Polymerelektrolyten hat der Materialentwicklung wichtige Impulse verliehen. Aus diesem Grund stößt auch die Verwendung von Ionenaustauschermembranen in teilweise oder vollständig nicht

wässrigen Lösemittel-Systemen auf gestiegene Aufmerksamkeit.
Trotz einer zunehmenden Anzahl entsprechender Publikationen fehlen allerdings bislang systematische Untersuchungen weitgehend. Im Hinblick auf potentielle Anwendungen ist deshalb insbesondere das genaue Verhalten von Ionenaustauschermembranen in nicht wässrigen Systemen zu klären und in Beziehung zu setzen zu den charakteristischen Größen der Membran einerseits und des Elektrolyt-Lösemittel-Systems andererseits. Von Interesse ist auch die Frage, inwieweit sich Methoden und Modellvorstellungen, die für wässrige Systeme entwickelt wurden, auf nicht wässrige Systeme übertragen lassen. Für das Systemverständnis und für Optimierungszwecke kommt schließlich auch der Modellbildung ein hohes Maß an Bedeutung zu. Einen Beitrag zur Klärung dieser Fragestellungen möchte die vorliegende Arbeit leisten.

Stoffsystem

Im Rahmen dieser Arbeit wurden kommerzielle Membranen verschiedener Hersteller in wässrigen, methanolischen und ethanolischen Lösungen des Salzes Natriumperchlorat charakterisiert. Die Auswahl der Membranen erfolgte vorwiegend hinsichtlich ihrer chemischen Stabilität aber auch nach Gesichtspunkten ihrer Bedeutung für typische Elektromembranverfahren. So gehört die untersuchte Bipolarmembran BP-1 des Herstellers Tokuyama Co. Ltd. zu den am häufigsten eingesetzten Bipolarmembranen, während die Kationenaustauschermembran N 117 des Herstellers Du Pont de Nemours im Bereich der Direktmethanol-Brennstoffzelle oft als Referenzmaterial verwendet wird. Eine detaillierte Charakterisierung erfolgte außerdem für die Kationenaustauschermembran CMB und die Anionenaustauschermembran AHA-2 (Tokuyama Soda Co. Ltd.). Beide Membranen zeichnen sich durch gute Beständigkeit z.B. gegenüber stark alkalischen Lösungen und durch einen hohe Membranselektivität aus.
Der Elektrolyt $NaClO_4$ wurde wegen seiner guten Löslichkeit auch in niedrigen Alkoholen gewählt, so dass in den Untersuchungen auch der Einfluss der Konzentration in einem für technische Anwendungen interessanten Bereich bestimmt werden konnte. Zudem ist Natriumperchlorat in nicht wässrigen Lösemitteln ein oft verwendeter starker Elektrolyt, für den einige der notwendigen Angaben, z.B. zu Aktivitätskoeffizienten und Transportzahlen der Literatur entnommen werden können. Die Verwendung von Methanol und Ethanol schließlich erklärt sich aus deren chemischer Homologie zu Wasser. Insbesondere weisen beide Alkohole die Fähigkeit zur Autoprotolyse auf, die eine Voraussetzung für den erfolgreichen Einsatz von Bipolarmembranen ist. Zudem sind Methanol und Ethanol häufig verwendete Lösemittel großer industrieller Bedeutung und vergleichsweise geringer chemischer Aggressivität, so dass eine für Charakterisierungsversuche ausreichende Materialbeständigkeit auch für Membranen erwartet werden darf, die ausschließlich für den Einsatz in wässrigen Lösungen entwickelt wurden.

Elektrolytlösungen

Ein wesentliches Unterscheidungsmerkmal der untersuchten Lösemittel ist ihre relative Dielektrizitätszahl (Permittivität), die von Wasser über Methanol zu Ethanol stark abnimmt, vgl. Abschnitt 2.2. Gemäß dem Coulomb'schen Gesetz geht damit eine erhebliche Zunahme der elektrostatischen Wechselwirkungen einher. Diese sind invers proportional zur Permittivität und zum Quadrat des Abstandes der miteinander in Wechselwirkung tretenden Ladungen. Daraus lassen sich eine Reihe wichtiger Zusammenhänge ableiten. Dazu gehört insbesondere die Zunahme der elektrostatischen Anziehung entgegengesetzt geladener Ionen mit abnehmender Permittivität des Lösemittels bis hin zur Bildung sogenannter Ionenpaare, vgl. Abschnitt 2.3. Unter Ionenpaaren versteht man Ionenassoziate, die im einfachsten Fall aus einem Kation und einem Anion bestehen. Die Ionen treten dabei derart stark in Wechselwirkung miteinander, dass sie z.B. für Betrachtungen zur Leitfähigkeit einer Lösung als elektrisch neutrale, nicht leitende Einheit verstanden werden müssen:

$$\underbrace{M^+ + X^-}_{\text{ionisch}} \overset{K_A}{\rightleftharpoons} \underbrace{\left[M^+X^-\right]^0}_{\text{elektrisch neutral}} .$$

Unabhängig von der Ausbildung von Ionenpaaren ergibt sich aus der Zunahme der elektrostatischen Wechselwirkungen mit der Ionenkonzentration, d. h. mit dem Abstand der Ionen untereinander, eine erhebliche Abnahme der molaren Leitfähigkeit der Lösungen, vgl. Abschnitt 2.5. Für die Elektrodialyse mit bipolaren Membrane bedeutet das, dass der Spannungsabfall über eine Grundeinheit, der in wässrigen Systemen im Bereich von etwa einem Volt liegt, rasch auf einige (zehn) Volt ansteigt. Für die thermodynamische Betrachtung schließlich ergibt sich aus den starken elektrostatischen Wechselwirkungen die Notwendigkeit einer Beschreibung auf der Grundlage von Aktivitäten und entsprechend geeigneter Aktivitätskoeffizienten-Ansätze, vgl. Abschnitt 2.6.

Membranen und Versuchsdurchführung

Für die Auswertung der experimentellen Ergebnisse erweist sich eine Einteilung der untersuchten Membranen in drei Kategorien als nützlich, vgl. Abschnitt 4.1. Diese unterscheiden sich hinsichtlich ihres Verhaltens in den drei Lösemitteln nicht nur quantitativ, sondern auch qualitativ. *Polystyrol basierte Kationenaustauschermembranen* (PS-CEM) sind durch einen hohen Vernetzungsgrad und eine geringe Beweglichkeit der funktionellen Sulfonsäuregruppen gekennzeichnet. Morphologisch zeichnen sich diese Membranen besonders durch eine gleichmäßige Verteilung enger und entsprechend zahlreicher Poren im Polymergerüst aus. Beispiele für diese Kategorie bilden die Kationenaustauschermembran CMB und Kationenaustauscherschicht der Bipolarmembran, BP-1 (CEL). Demgegenüber ist für *perfluorierte Kationenaustauschermembranen* (PF-CEM) die Phasenseparation im Nanometer-Bereich

charakteristisch, wobei Lösemittel-Cluster in der Größenordnung einiger Nanometer durch enge, relativ kurze Poren miteinander verbunden sind. Während deshalb in den Lösemittel-Clustern die Konzentration der Festionen bezogen auf das Clustervolumen gering, die der Lösemittel-Moleküle aber hoch ist, ist die Festionen-Konzentrationen im Porenbereich sehr hoch und führt zu einer entscheidenden Verbesserung der Membranselektivität. Aufgrund der Fluorierung des Polymergerüstes ist zudem von einem niedrigeren pK_a der funktionellen Sulfonsäure-Gruppen auszugehen als im Fall der mit einem aromatischen Grundgerüst verknüpften PS-CEM. Die Kationenaustauschermembrane N 117 ist ein Beispiel für dies Kategorie. Bei *Polystyrol basierten Anionenaustauschermembranen* (PS-AEM) schließlich kommen als funktionelle Gruppen die deutlich raumgreifenderen quaternären Ammoniumgruppen zum Einsatz. Morphologisch sind die PS-AEM in etwa den PS-CEM vergleichbar. Zu dieser dritten Kategorie gehören die Anionenaustauschermembran AHA-2 und die Anionenaustauscherschicht der Bipolarmembran BP-1 (AEL).
Zur reproduzierbaren Bestimmung der Membranparameter kommt der Konditionierung der Membran eine zentrale Rolle zu, vgl. Abschnitt 4.2.1. Der Austausch der Gegenionen oder auch die Desorption von Coionen erfolgt wegen der schnelleren Kinetik vorzugsweise in der wässrigen Lösung und ist nach 2–3 Tagen abgeschlossen. Beim Lösemittelaustausch erreicht man sogar innerhalb weniger Stunden das Gleichgewicht. Demgegenüber ist der Gegenionenaustausch für homogene Kationenaustauschermembranen in methanolischen und ethanolischen Lösungen sehr viel langsamer. Erst nach ca. 5 Wochen stellt sich das Gleichgewicht ein.
Die Messung des Spannungsabfalls über Ionenaustauschermembranen erfolgte in wässrigen Systemen mit sog. Haber-Luggin-Kapillaren über den Brückenelektrolyten KCl (aq) und Calomel-Elektroden, vgl. Abschnitt 4.2.8. Für den Einsatz in methanolischen und ethanolischen Lösungen ist dieses Ableitsystem ungeeignet, da es auf wässrigen Lösungen basiert, was zu Phasentransfer-Potenzialen beim Übergang der Ionen von der wässrigen in die nicht wässrige Phase führt. Erschwerend hinzu kommt die geringe Löslichkeit von KCl in Methanol und Ethanol. Die Folge ist eine nur unbefriedigende Reproduzierbarkeit des Potenzialabgriffes in den alkoholischen Systemen. Als geeigneter stellte sich eine Leitfähigkeitsbrücke auf Basis von LiCl in Methanol bzw. Ethanol und Ag/AgCl-Elektroden heraus. Unabhängig vom Ableitsystem nimmt die Sensitivität des Potenzialabgriffes bezüglich der lokal herrschenden Konzentrationsverhältnisse im nichtwässrigen System stark zu. Der Potenzialabfall hängt damit u.a. von den Strömungsverhältnissen und von dem Ausfluss des Brückenelektrolyten ab. Auf entsprechend konstante Versuchsbedingungen ist zu achten.

Experimentelle Ergebnisse

Quellung und effektive Ionenaustauschkapazität

Die PS-CEM kennzeichnet die Abnahme der Quellung ε beim Übergang von Wasser über Methanol zu Ethanol, vgl. Abschnitt 5.2.1 und Abschnitt 5.2.2. Bemerkenswert ist zudem eine signifikante Abnahme effektiv austauschbarer Gegenionen X^{eff}, die unabhängig vom eingesetzten Elektrolyten zu beobachten ist. Demgegenüber fällt das Quellungsverhalten der Cluster bildenden N 117 durch seine sehr hohe Quellung in Methanol und Ethanol auf. Die effektive Austauschkapazität ist aber weitgehend unabhängig vom gewählten Lösemittel. Bei homogenen Anionenaustauschermembranen weisen weder Quellung noch effektive Austauschkapazitat eine deutliche Abhängigkeit vom Lösemittel auf. Soweit die Parameter für die einzelnen Schichten der Bipolarmembran getrennt zugänglich sind, lassen sich diese dem Verhalten von PS-CEM bzw. PS-AEM zuordnen. Lassen sich die Parameter nur für die Gesamtmembran bestimmen, ergeben sich diese als Überlagerung des Verhaltens der Einzelschichten.
Das uneinheitliche Verhalten spiegelt den unterschiedlichen Membranaufbau wider, der in den alkoholischen Lösungen weitaus deutlicher hervortritt als in wässrigen Lösungen. Für homogene Polymere hängt die Menge des aufgenommenen Lösemittels insbesondere von der Festionenkonzentration und der Affinität von Lösemittel und Festladungsgruppen ab. Die deutliche Abnahme der Lösemittelaufnahme der Kationenaustauschermembran CMB beim Übergang von Wasser zu Methanol und Ethanol ist v.a. eine Folge der abnehmenden Ionensolvatation. Diese führt bei den kompakten kationischen Gegenionen zu einer starken Annäherung an die Festionen, wodurch sich wegen der reziproken, quadratischen Abhängigkeit der elektrostatischen Wechselwirkungen vom Abstand gemäß dem Coulombschen Gesetz und der abnehmenden Permittivität des Lösemittels in alkoholischen Lösemitteln Ionenpaarbindungen zwischen Festionen und Gegenionen ausbilden können. Damit reduziert sich die osmotische Druckdifferenz zwischen Membran- und Lösungsphase, was zur Minderung der Lösemittelaufnahme beiträgt. Außerdem steht nur noch ein Teil der Gegenionen für einen Ionenaustausch zur Verfügung, weswegen X^{eff} abnimmt.
Demgegenüber ist für die großen Perchlorat-Anionen nur eine vergleichsweise geringe Abhängigkeit der Solvatation von der Art des Lösemittels bekannt. Außerdem ist der Ladungsschwerpunkt der quaternären Ammoniumgruppen aufgrund ihrer raumgreifenden Struktur einer Annäherung durch Gegenionen nur schlecht zugänglich. Insgesamt bleiben deshalb gegensinnig geladene Ionen vor einer kritischen Annäherung und vor der Ausbildung von Ionenpaaren bewahrt. In Folge davon bleibt X^{eff} konstant.
Aufgrund der langkettigen Anbindung der Festionen an das Polymerbackbone können sich in Nafion 117 die für das Verhalten der Membran entscheidenden Lösemittelcluster ausbilden. Durch die Konzentration von Lösemittel in Clustern ist offenbar eine ausreichende Solvatation der Fest- und Gegenionen auch für abnehmende Clusterdurchmesser gewährleistet, wie sie für in Methanol oder Ethanol

gequollene Membranen vermutet werden müssen. Ionenpaarbildung unterbleibt deshalb weitgehend. Die erhebliche Zunahme der Lösemittelaufnahme muss dann mit dem Eindringen von Methanol und Ethanol in die Bereiche der unpolareren Seitenketten bzw. des amorphen Backbones interpretiert werden.
Die Zunahme der elektrostatischen Wechselwirkungen äußert sich auch in einem starken Anstieg des Membranwiderstandes R_A, vgl. Abschnitt 5.2.3. In Methanol steigt R_A für Polystyrol basierte Kationenaustauschermembranen in der Natrium-Form um den Faktor 30, in Ethanol gar um den Faktor 100 verglichen mit dem Widerstand in wässrigen Lösungen. Für Polystyrol basierte Anionenaustauschermembranen in der Perchlorat-Form fällt der Anstieg zwar geringer aus (Methanol: Faktor 5, Ethanol: Faktor 25), dennoch liegen die Absolutwerte des Membranwiderstands für diese Membrankategorie mehr als eine Größenordnung über der von Polystyrol basierten Kationenaustauschermembranen. Offensichtlich ist dies die Folge der unterschiedlichen Gegenionen. Für Perchlorat-Anionen ist demnach zwar mit keiner Ionenpaarbildung in der Membranphase zu rechnen, wohl aber mit einer erheblichen Reduktion der Mobilität. Angesichts der Größe des solvatisierten Ions im Vergleich zu typischen Porenradien, ist dies möglicherweise eine Folge sterischer Behinderung.

Gleichgewicht zwischen Membran- und Lösungsphase

Das experimentell bestimmte Gleichgewicht zwischen Membran und Lösungsphase lässt sich in Form der Abhängigkeit der Coionenaufnahme von der Lösungskonzentration darstellen, vgl. Abschnitt 5.3.1. Unabhängig von der Membrankategorie ist dabei zu beobachten, dass die Coionenaufnahme für den Übergang zu methanolischen und ethanolischen Lösungen steigt: $N_{CoI}^{EtOH} > N_{CoI}^{MeOH} > N_{CoI}^{H_2O}$, wobei N_{CoI} die Molmenge der auf die Masse des trockenen Polymers bezogene Coionenmenge ist, $N_{CoI} = n_{CoI}/m^P$. Für PS-CEM ist die Zunahme der Coionen-Konzentration allerdings am deutlichsten ausgeprägt. Für die zunehmende Coionenaufnahme lassen sich zwei Ursachen identifizieren. Unabhängig vom untersuchten Polymer nimmt aufgrund der ansteigenden elektrostatischen Wechselwirkungen die *Bildung von neutralen Ionenpaaren in der Lösungsphase* zu. Die allgemeine Zunahme der Coionenaufnahme kann als Hinweis auf die Sorption dieser Ionenpaare gewertet werden. Die Tatsache, dass die Zunahme der Coionenkonzentration für homogene Kationenaustauschermembranen am weitaus größten ist, verdeutlicht aber auch den Einfluss der *Ionenpaarbildung in der Membranphase* auf das Gleichgewicht.
Zur Beschreibung des Gleichgewichtes lässt sich aus der Thermodynamik ein Ansatz ableiten, der sämtliche Nicht-Idealitäten im mittleren Aktivitätskoeffizienten für die Membranphase $\gamma_{\pm}^{M}$ zusammenfasst, vgl. Abschnitt 5.3.2. Obwohl $\gamma_{\pm}^{M}$ ein Sammelparameter für verschiedene nicht explizit berücksichtigter Effekte ist, ist davon auszugehen, dass er v.a. von den elektrostatischen Wechselwirkungen bestimmt wird. Dies liegt neben der vergleichsweise hohen Ionenkonzentration auch an der zusätzlich durch das Lösemittel erniedrigten Dielektrizitätszahl in der Membranphase. Damit lässt sich die Zunahme des Membran-Aktivitätskoeffizienten für zunehmende

Lösungskonzentration als Abnahme der elektrostatischen Wechselwirkungen feststellen, was mit der zunehmenden Abschirmung durch Coionen erklärt werden kann.

Strom-Spannungskennlinien

Das Verhalten bipolarer Membranen wird in der Regel mit Hilfe der Strom-Spannungskennlinie beschrieben, vgl. Abschnitt 5.5. Diese beschreibt den von der Stromdichte abhängigen Membranwiderstand unter stationären Betriebsbedingungen. Das Verhalten der Strom-Spannungskennlinien ist in allen drei Lösemitteln qualitativ ähnlich. Für sehr kleine Stromdichten ist der Membran-Widerstand in etwa konstant, nimmt dann aber für Stromdichten im Bereich der Grenzstromdichte, also beim Einsetzen der Lösemittelspaltung, rapide zu. Das daraus resultierende Plateau der Strom-Spannungskennlinien ist für die verschiedenen Lösemittel unterschiedlich stark ausgeprägt, geht aber in allen drei Systemen für weiter zunehmende Stromdichte in einen aufsteigenden Ast signifikant niedrigeren Membranwiderstands über, aus dem geschlossen werden kann, dass in Wasser, Methanol und Ethanol Lösemittelspaltung tatsächlich einsetzt.
Aus der genauen Analyse der Strom-Spannungskennlinien wird deutlich, dass das Verhalten der Bipolarmembran unterhalb der Grenzstromdichte vom Ladungstransport durch Coionen bestimmt wird, d.h. im untersuchten System von der Leckage des Natrium-Ions durch die Anionenaustauscherschicht und des Perchlorat-Ions durch die Kationenaustauscherschicht, vgl. Abschnitt 5.5.1. Als Folge davon ergibt sich mit der durch den Wechsel auf Methanol bzw. Ethanol einhergehenden Zunahme der Coionen-Aufnahme eine Zunahme an Ladungsträgern und deshalb eine Abnahme des Anfangswiderstandes R_A^0 der Membran. Gleichzeitig steigt aber auch die Coionen-Leckage und damit die Grenzstromdichte, weil für deren Überschreiten der Abtransport aller Ionen aus der Reaktionszone der Bipolarmembran abgeschlossen sein muss. Mit anderen Worten: Steigt die Konzentration frei beweglicher Ladungsträger, z.B. durch erhöhte Coionen-Aufnahme, steigt auch der zu ihrer Entfernung aus der Reaktionszone notwendige migrative Ladungstransport, d.h. die Grenzstromdichte und die Lösemittelspaltung setzen erst bei höheren Stromdichten ein. Auch die beobachtete Zunahme der Plateau-Neigung für die Strom-Spannungskennlinien kann mit den Änderungen in der Coionen-Aufnahme befriedigend erklärt werden. Nach den Ausführungen in den bisherigen Abschnitten liegen die Coionen zu einem mit abnehmender Permittivität zunehmenden Teil in Form von Ionenpaaren in der Membranphase vor. Diese können, wie die Lösemittel-Moleküle auch, für eine Betrachtung der Vorgänge in der Reaktionszone der Bipolarmembran als schwache Elektrolyte aufgefasst werden und unterliegen demnach ebenfalls einem feldabhängigen Dissoziationsmechanismus (dem sogenannten zweiten Wien-Effekt). Da das Gleichgewicht der Salz-Ionenpaare aber stärker auf der Seite der dissoziierten Spezies liegt, ist mit einem Einsetzen der Dissoziation schon bei niedrigeren Feldstärken zu rechnen als beim Lösemittel. Baut sich also in der Reaktionszone mit zunehmendem Abtransport von Coionen ein elektrisches Feld zunehmender Stärke auf, werden zunächst die Salz-

Ionenpaare und erst für hohe Feldstärken auch die Lösemittelmoleküle dissoziiert und abtransportiert.
Mit dem Einsetzen der Lösemittel-Dissoziation nimmt der Anteil der durch Gegenionen transportierten Ladung stetig zu, der Einfluss der Coionen-Aufnahme auf das Gesamtverhalten daher ab. Beim Vergleich der Strom-Spannungskennlinien für die drei Lösemittel wird deshalb eine Vervielfachung des Membran-Widerstandes im Bereich überkritischer Stromdichten beobachtet. Dies entspricht der bereits für die monopolaren Membranen festgestellten Abnahme der Gegenionen-Beweglichkeit durch eine Zunahme der elektrostatischen Wechselwirkungen (für Natrium in der Kationenaustauscherschicht) bzw. aufgrund der vermuteten sterischen Behinderung (für Perchlorat in der Anionenaustauscherschicht). Eine Zunahme der thermischen Belastung der Membran ist eine direkte Folge des hohen Widerstandes und führt in den nicht wässrigen Lösemitteln zu einem raschen Versagen bereits bei niedrigen Stromdichten.
Die aufeinander abgestimmte Wahl von Elektrolyt, Lösemittel und Membran ist daher von großer Bedeutung. Z.B. sinkt der Membranwiderstand deutlich, wenn ein Elektrolyt mit einem in der Anionenaustauscherschicht beweglicheren Anion zum Einsatz kommt.
Für niedrige Stromdichten entspricht die Abhängigkeit von der Lösungskonzentration entspricht in etwa den Ausführungen zum Wechsel zu Lösemitteln geringer Permittivität, weil auch in diesem Fall die entscheidende Änderung die Zunahme der Coionen-Konzentration in der Membran ist, vgl. Abschnitt 5.5.2. Bei hohen Stromdichten wird dagegen der Ladungstransport von der Migration der Gegenionen dominiert und nimmt mit zunehmender Lösungskonzentration zu, weil ein abnehmender Teil der Salz-Gegenionen durch gut bewegliche Dissoziationsprodukte des Lösemittels ersetzt wird.

Dynamisches Verhalten Bipolarer Membranen

Sogenannte chronopotentiometrische Messungen dienen zur Charakterisierung des dynamischen Verhaltens von Bipolarmembran, vgl. Abschnitt 5.6. Bei den dazu durchgeführten Experimenten wurde die ansonsten konstante Stromdichte schrittweise verändert, während aus der Messung des transienten Verhaltens des Membranpotenzials die Systemantwort bestimmt wurde.
Die Analyse der chronopotentiometrischen Messungen bestätigt das aus den Strom-Spannungskennlinien abgeleitete Bild, vgl. Abschnitt 5.6.1. Die Charakterisierung des dynamischen Verhaltens erweist sich darüber hinaus aber als erheblich sensitiver und mithin auch als reicher an Detailinformationen. So lässt sich aus dem dynamischen Einschaltverhalten, ebenso wie aus der Anfangssteigung der stationären Strom-Spannungskennlinie, der Anfangs-Membranwiderstand R_A^0 bestimmen. Dabei zeigt sich, dass sich zwar bezüglich Lösemittel und Lösungskonzentration derselbe Trend ergibt, die aus den dynamischen Messungen bestimmten Widerstandswerte liegen aber systematisch unter denen der Strom-Spannungskennlinie. Dies liegt daran, dass die stationäre Messung immer unter Stromfluss und damit unter Bedingungen fortgeschrit-

tener Entsalzung der Reaktionszone und der angrenzenden Membranphasen stattfindet, was den Membranwiderstand erhöht. Demgegenüber, ist es mit der dynamischen Messung möglich, den Abtransport von Salz-Coionen aus der Membran zeitlich aufzulösen und so den Anfangswiderstand vor dem Einsetzen der Transportvorgänge zu ermitteln. Ebenso wie das stationäre ist auch das instationäre Verhalten bei niedrigen Stromdichten maßgeblich durch den Transport von Coionen und damit von den entsprechenden Abhängigkeiten von Lösemittel bzw. Lösungskonzentration bestimmt. So nimmt z.B. die Entsalzungsdauer, d.h. die Zeit vom Beginn des Stromflusses bis zum Einsetzen der Lösemittelspaltung, mit der Coionenaufnahme stetig zu, falls diese nicht so hoch ist, dass die damit verbundene Grenzstromdichte den aktuellen Wert der Stromdichte übersteigt.
Beim Erhöhen der Stromdichte auf Werte oberhalb der Grenzstromdichte lässt sich der mit dem Einsetzen der Lösemittel-Dissoziation einhergehende Ionenaustausch von Salz-Gegenionen gegen die ionischen Dissoziationsprodukte H^+ und L^- mitverfolgen. Da die ionischen Produkte der Lösemitteldissoziationen eine andere Mobilität besitzen als die Salzionen, führt der Ionenaustausch auch zu einer Änderung im Membranwiderstand. Am deutlichsten ausgeprägt ist das Verhalten in wässriger Lösung, da hier die Mobilität der Protonen und Hydroxylionen die Mobilität von Natrium und Perchlorat bei weitem übersteigt, so dass ein markanter Spannungsabfall zu beobachten ist. In Methanol und Ethanol nimmt hingegen der Unterschied zwischen den Mobilitäten v.a. von Perchlorat und Methanolat bzw. Ethanolat ab. Zudem sinkt die Zahl der austauschbaren Gegenionen in der Kationenaustauscherschicht mit fortschreitender Ionenpaarbildung. Die beobachtete Widerstandsabnahme fällt daher deutlich geringer aus. Auch für ein und dasselbe Lösemittel reduziert sich die dynamische Widerstandsabnahme bei stufenförmiger Stromdichte-Erhöhung, da mit zunehmender Stromdichte der Anteil der bereits durch Protonen bzw. Lyationen ersetzten Salzionen stetig zunimmt. Für technische Stromdichten ($\geq$ 100 mA/cm^2) liegt die Bipolarmembran nahezu vollständig in der H^+/L^--Form vor.
Das Neutralisationsverhalten beim Ausschalten des Stromflusses ist zwar nicht in allen Details einer qualitativen Betrachtung zugänglich, es bestätigt sich aber insbesondere die Vermutung, dass die Dauer der für den Abbau der H^+/L^--Ionenkonzentrationen charakterischen Neutralisationszeit von der Coionen-Leckage bestimmt wird.
Eine Konzentrationsabhängigkeit des dynamischen Verhaltens ist v.a für niedrige Stromdichten zu beobachten, vgl. Abschnitt 5.6.2. Für überkritische Stromdichten ist das dynamische Verhalten weitgehend konzentrationsunabhängig, da die Transportprozesse v.a. vom Gegenionen- und weniger vom Coionen-Transport bestimmt werden.

Mathematische Beschreibung

Zur Unterstützung der detaillierten Analyse der stationären (Strom-Spannungskennlinien) und des dynamischen Verhaltens (Chronopotentiometrie) wurde ein detailliertes Modell einer Bipolarmembran implementiert, vgl. Abschnitt 6.2. Es zeichnet sich durch folgende Charakteristika aus:

- Das Modell beschreibt ortsaufgelöst und dynamisch die Konzentrationen der 4 ionischen Spezies (Salz-Anion, Salz-Kation, Dissoziationsprodukte des Lösemittels) und des Lösemittels, sowie des Potenzials. Dabei wird deren unterschiedliches Verhalten in den Bulk-Lösungsphasen, den hydrodynamischen Grenzschichten, den monopolaren Membranschichten und der Reaktionszone der Bipolarmembran (*junction layer*) berücksichtigt.
- Das Modell erlaubt die unabhängige Parametrierung von Kationenaustauscher- und Anionenaustauscherschicht der Bipolarmembran.
- In die Beschreibung des Gleichgewichts zwischen Lösungs- und Membranphase gehen die Festionenkonzentration, die Quellung sowie die Aktivitätskoeffizienten in Membran- und Lösungsphase ein.
- Der Stofftransport wird mit Hilfe des Nernst-Planck-Ansatzes beschrieben.
- Die Beschreibung der Kopplung von Kationen- und Anionenaustauscherschicht orientiert sich am physikalischen Bild. Demnach ergibt sich durch die räumliche Nähe örtlich fixierter, entgegengesetzt geladener Ionen eine Raumladungszone, in der die Eletroneutralitätsbedingung keine Gültigkeit besitzt. Die Beschreibung der Reaktionszone erfolgt deshalb mit Hilfe der Poisson-Gleichung. Die Konzentration der ionischen Komponenten und des Lösemittels hierin ergeben sich aus den Materialbilanzen, wobei sowohl diffusiver und migrativer Transport als auch chemische Reaktion berücksichtigt wird. Nur so ist es möglich, z.B. das Neutralisationsverhalten beim Abschalten des Stromes wiederzugeben.
- Berücksichtigt wird außerdem die Feldabhängigkeit der Lösemittel-Permittivität, sowie der Dicke der Reaktionszone, in der die Dissoziation des Lösemittels stattfindet.

Mit dieser Formulierung ist es möglich, die verschiedenen gängigen Modellansätze zur Lösemitteldissoziation miteinander und mit den experimentellen Ergebnissen zu vergleichen, vgl. Abschnitt 6.2.1. Eine gute Übereinstimmung zwischen Experiment und Simulation erhält man, indem man die Lösemitteldissoziation als durch das elektrische Feld und katalytisch aktive Gruppen exponentiell beschleunigte Reaktion beschreibt (sogenanntes *Chemical Reaction Model*). Die Rekombinationsreaktion wird dabei vereinfachend als feldunabhängig aufgefasst, weil nachgewiesen werden kann, dass die enstehenden ionischen Dissoziationsprodukte aufgrund des hohen Potenzialgradienten augenblicklich aus der Reaktionszone abtransportiert werden. D.h. das elektrische Feld sorgt durch den feldabhängigen Abzug der Reaktionsprodukte dafür, dass das Reaktionsgleichgewicht nicht erreicht werden kann.
Alternativ lässt sich auch die Feldbeschleunigung mit Hilfe des zweiten Wien-Effektes beschreiben und auf einen geeigneten expliziten kinetischen Ausdruck anwenden. Im

Vergleich zum *Chemical Reaction Model* ergibt sich aber eine schlechtere Wiedergabe der experimentellen Ergebnisse. Als Ansatzpunkt für eine verbesserte Analyse des Mechanismus der Lösemittel-Dissoziation wird deshalb die Berücksichtigung weiterer elementarer Reaktions- bzw. Transportschritte, wie sie auch in der heterogenen Katalyse üblich sind, betrachtet.
Das Modell besitzt lediglich einen freien Parameter, der aus der Anpassung des Modells an eine Strom-Spannungskennlinie ermittelt werden kann. Die Berechnung aller weiteren Strom- Spannungskennlinien für z.B. andere Lösungskonzentrationen, sowie der Potenzial-Zeitverläufe beruht ausschließlich auf Parametern aus unabhängigen Messungen. Der Vergleich von Modell und Simulation zeigt dabei die Bedeutung einer hinreichend genauen Bestimmung der Transportparameter, d.h. v.a. der ionischen Diffusionskoeffizienten, vgl. Abschnitt 7.1. Da sie aus direkten Messungen für die einzelnen Membranschichten der Bipolarmembran nicht zugänglich sind, wurden sie in der vorliegenden Arbeit durch Messwerte aus Versuchen mit monopolaren Membranen ersetzt. Es zeigt sich aber, dass dadurch erhebliche Abweichungen zum experimentellen Verhalten insbesondere beim dynamischen Verhalten in nichtwässrigen Lösemitteln hervorgerufen werden. Durch eine Korrektur der Diffusionskoeffizienten lassen sich diese Abweichungen aber brauchbar reduzieren. Unterschiede im transienten Verhalten sind auch eine Folge der von der Modellbeschreibung vernachlässigten Quellungsdynamik. Als weitere Verbesserungsmöglichkeit ergibt sich zudem die Berücksichtigung der weiter oben angesprochenen Dissoziation von Salz-Ionenpaaren im elektrischen Feld der Reaktionszone.
Trotz dieser Modellmängel ist die Übereinstimmung von Experiment und Simulation insgesamt überzeugend. Qualitativ werden alle auch experimentell beobachteten Trends wiedergegeben und zwar sowohl im stationären als auch im instationären Verhalten. Insbesondere bewährt sich die Modellstruktur auch zur Wiedergabe von Messungen in unterschiedlichen Lösemittelsystemen.
Neben einem vertieften Verständnis für das Systemverhalten ergeben sich aus den so möglichen Simulationsstudien unter anderem Hinweise auf die Optimierung der Prozessbedingungen hinsichtlich der wichtigen Größen Membranwiderstand und Coion-Leckage. Beispielsweise verringert sich mit der Dicke der hydrodynamischen Grenzschicht der Membranwiderstand, da die zunehmende Konzentration in der Lösungsphase auch zu einer Zunahme der Ionenkonzentration in der Membranphase führt. Allerdings ist damit auch eine Zunahme der Coionen-Leckage verbunden, vgl. Abschnitt 7.2. Aussichtsreicher für eine Verbesserung des Systemverhaltens ist daher eine Reduktion des Coionen-Diffusionskoeffizienten, z.B. durch entsprechende Optimierung des Membranmaterials, da damit bei nur geringfügiger Erhöhung des Membranwiderstandes eine entscheidende Verringerung der Coionen-Leckage erzielt werden kann.

Chapter 1

Introduction

1.1 Motivation

Today, electrodialysis with monopolar ion exchange membranes can be considered as a mature separation technique with many industrial applications. It is based on the unique property of ion exchange membranes to selectively reject cations or anions and has proved to be especially favorable for separation processes where moderate process conditions, continuous operation and modular, compact apparatus design are of interest. Examples are frequently found in chemical, food or bioindustries and include the removal of the salt load from washer effluent as well as the demineralization of whey, the stabilization of wine and the salt removal from inuline [100, 43, 96, 123].
An important extension of conventional electrodialysis results from its combination with bipolar membrane technology. Bipolar membranes are ion exchange membranes consisting of a cation and an anion exchange layer. They are able to enhance water autoprotolysis by many orders of magnitude which is due to catalytic effects and due to the action of the strong electric field observed at the phase boundary. Thus, in aqueous solutions, protons and hydroxyl ions can be produced *in situ* and without the generation of by-products. The main field of application for bipolar membrane electrodialysis is the generation of acids and/or bases from their respective salts. For example, bipolar membranes are successfully applied to mixed acid recycling in steel pickling processes, in the protonation of sodium lactate to form lactic acid or in the regeneration of loaded ion exchange resins [101, 64, 104, 61, 129].
However, so far all major applications of ion exchange *membranes* have been limited to aqueous electrolyte solution systems although for ion exchange *resins*, application to non aqueous media is common practice. E.g resins are used in polishing units, as heterogeneous catalysts or in ion exchange chromatography under completely water free conditions [29, 27, 30]. One main reason for the limited use of ion exchange membranes in non aqueous media is their reduced mechanical stability under these conditions. However, in recent years, materials have improved considerably, especially after the introduction of perfluorinated polymers. Also, latest

developments in the field of polymer electrolyte membrane fuel cells have served as an important stimulus. Therefore, interest in the application of ion exchange membranes to mixed or non aqueous solvent systems is constantly increasing [45, 119, 121, 122, 120, 19, 22, 21, 20, 53, 55]. Still, so far only little systematic work on the subject matter has been published, although a deeper understanding of analogies and differences between aqueous and non aqueous mono- and bipolar membrane electrodialysis and the potential application of ion exchange membrane technology to non aqueous solvent systems could result in considerable process improvements.

As an illustrative example the generation of acetoacetic ester, HAEE, from methylacetate and sodium methylate can be considered [122]. Conventionally, acetoacetic ester is obtained from the so-called Claisen condensation reaction, where methylacetate and sodium methylate react, forming sodium enolate, NaAEE, and methanol:

$$2\,CH_3COOCH_3 + NaCH_3O \longrightarrow CH_3(CO)CHCOOCH_3^- Na^+ + 2\,CH_3OH. \quad (1.1)$$

Upon addition of sulfuric acid, sodium enolate can be protonated which results not only in the desired acetoacetic ester but also in equimolar amounts of sodium sulfate:

$$\begin{aligned} &2\,CH_3(CO)CHCOOCH_3^- Na^+ + H_2SO_4 \longrightarrow \\ &\quad 2\,CH_3COCH_2COOCH_3 + Na_2SO_4. \end{aligned} \quad (1.2)$$

Alternatively, the diketene route can be used to generate acetoacetic ester. In this case, neutral salt by-products are avoided; however, the process suffers from problems related to the extreme toxicity of diketene.
As a third option, the Claisen condensation reaction (1.1) could be combined to electrodialysis with bipolar membranes

$$\begin{aligned} &CH_3(CO)CHCOOCH_3^- Na^+ + CH_3OH \stackrel{EDBM}{\longrightarrow} \\ &\quad CH_3COCH_2COOCH_3 + NaCH_3O, \end{aligned} \quad (1.3)$$

a schematic of the resulting electromembrane process is shown in Fig. 1.1.
Sodium enolate is dissolved in methanol dissociating into a sodium cation and an acetoacetic ester anion. Due to the external field, sodium migrates across the cation exchange membrane from the acid to the methylate cycle. At the same time, the bipolar membrane serves to dissociate methanol into protons and methylate anions such that acetoacetic ester anion and proton can recombine

$$AEE^- + H^+ \longrightarrow HAEE. \quad (1.4)$$

Simultaneously, the concentration of sodium methylate in the methylate cycle increases.

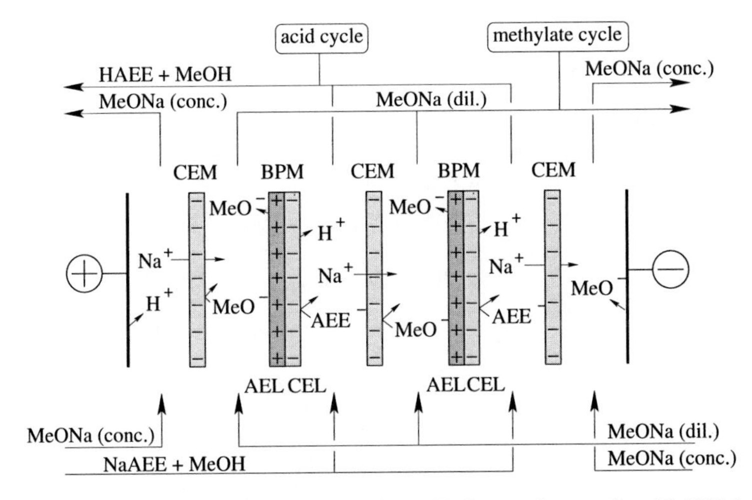

Figure 1.1: Production of acetoacetic ester, HAEE, from sodium enolate, NaAEE, by electrodialysis with bipolar membranes applied to a purely methanolic solvent system. CEM — cation exchange membrane, BPM — bipolar membrane, CEL — cation exchange layer, AEL — anion exchange layer, [122].

The benefits of such a process are:

- No generation of by-products.
- Sodium methylate recovery in equimolar amounts.
- Moderate process conditions: low temperatures, ambient pressure, low toxicity.

The applicability of this process has been proved by Sridhar *et al.* [121, 122] but it remains unclear to which extent electrodialysis can be used for other non aqueous systems and which kind of membranes are most suitable.

1.2 Structure and Contents of this Thesis

In order to obtain information on the applicability and the behavior of mono- and bipolar membranes in non aqueous electrolyte solutions beyond the mere proof of concept, a systematic examination of the following questions appears essential:

1. How do ion exchange membranes behave in non aqueous solutions and can their behavior be related to the characteristic properties of the membrane on the one side and of the electrolyte/solvent system on the other side?
2. Is it possible to confer experimental and theoretical methods and model approaches developed for *aqueous* solution systems to *non aqueous* solution systems and — if not directly — how could they be extended in a pertinent manner?
3. Can methods and models be employed to develop a detailed, physically meaningful, mathematical description of the observed behavior in order to improve system understanding and to develop a clear picture of required process improvements and limitations?

Working at an answer to these questions, this thesis resulted. Its structure is as follows:
In chapter 2 the characteristic properties of electrolyte solutions and their dependence on the properties of the solvents are described. The explanations are focused on water, methanol and ethanol as solvents and on $NaClO_4$ as an electrolyte. The latter is chosen because of its good solubility even in non aqueous solutions which allows to determine the concentration dependence in an industrially interesting range. Besides, due to its frequent use as a strong electrolyte in aqueous, methanolic and ethanolic solution, substantial information on thermodynamic data such as activity coefficients and transport numbers can be found in literature. The use of methanol and ethanol results from their homology to water. In particular, both alcohols are characterized by their ability to undergo solvent autoprotolysis, which is a prerequisite for the application of bipolar membranes. Besides, these solvents are frequently used and are relatively simple to handle. Furthermore, methanol and ethanol are known for their low tendency

to attack ion exchange polymers. Therefore, it can be expected that even commercial membranes developed for aqueous solutions can be employed.
The study is focused mainly on ion exchange membranes manufactured by Tokuyama Co. Ltd., Japan, because of their dominating position in bipolar membrane production. Their bipolar membrane BP-1 is described in some detail in chapter 3, which also summarizes the main theories developed to explain the phenomena of enhanced water dissociation and the related approaches developed to describe the interface region of cation and anion exchange layer. In addition, the cation exchange membrane N 117 of Du Pont de Nemours is employed, because it is expected that interesting insights into the relation of microscopic and macroscopic membrane properties can be obtained, due to the specifics of its polymer chemistry. Besides, N 117 is one of the favored materials in direct methanol fuel cell applications. Other ion exchange membranes from Solvay S.A., Aqualytics and WSI are used for comparison in some of the screening experiments.
The characteristic properties of the membranes examined in more detail are summarized in the first portion of chapter 4. The focus of this first section is the relation between the microscopic picture resulting from polymer chemistry and the macroscopic behavior as part of the membrane/solvent/electrolyte system. In order to study this behavior in more detail a systematic characterization of membrane properties is required. A description of the experimental techniques employed is given in the second portion of chapter 4. Also, the question is discussed in how far methods developed to characterize monopolar membranes in aqueous solutions can be applied to non aqueous solutions and to bipolar membranes.
The resulting experimental data is presented in chapter 5. Descriptions focus on the consideration of solvent uptake, ion pair formation in solution and membrane phase, and the membrane/solution equilibrium. Besides, characteristic differences between the three solvent systems and their dependence on the electrolyte concentration are discussed. Furthermore, the chapter comprises data obtained from experiments describing the stationary and dynamic behavior of bipolar membranes.
Based on these experimental findings, a bipolar membrane model is developed in chapter 6. The behavior of these monopolar membrane layers is the focus of the first portion of chapter 6. Here, the question is discussed under which conditions the behavior of a bipolar membrane resembles the behavior of a membrane assembly equivalent to a diluate chamber of an electrodialysis setup. I.e. the multilayered structure of a bipolar membrane is replaced by a series of cation exchange membrane, liquid solution layer and anion exchange membrane. The bipolar membrane model, developed in the second portion of chapter 6 is based on the model structure thus derived. It is used to compare the known theories on enhanced solvent dissociation and to evaluate their suitability to describe the observed experimental behavior. The development of a separate model for monopolar membranes is renounced, because the behavior of monopolar membranes can be derived from the behavior of the monopolar membrane layers of the bipolar membrane.
Finally, in chapter 7, experimental and calculated results are compared under steady

state and transient conditions and the deviations are discussed. Simulation and parameter studies conclude this thesis.

Chapter 2

Electrolyte Solutions

In this chapter the characteristic features of electrolyte solutions which generally consist of an ionic solute and a solvent are reviewed. In the case of aqueous, methanolic or ethanolic $NaClO_4$ solutions, the solute is a so-called *ionophoric* electrolyte, i.e. it already consists of ions. In contrast, so-called *ionogenic* electrolytes, such as carbonic acids, form ions only upon a dissociation reaction with solvent molecules. As far as the examined solvents are concerned two properties are of special interest. The first property is their common ability to undergo autoprotolysis, which is a necessary prerequisite if solvents should be applied to bipolar membrane enhanced solvent dissociation. Solvents of this type are termed *protic solvents* in literature. The second property of special interest is the relative permittivity of the solvents, which determines the range of electrostatic interaction, due to the electric fields exerted by ions. Because water is the strongest dipole of the solvents investigated in this study, electrostatic interactions are less far-reaching as compared to methanol and ethanol. Therefore, in non aqueous solutions, electrostatic phenomena may become more apparent that are negligible in aqueous solutions. In the following sections these and related features are described in more detail.

Literature on electrolyte solutions is abundant. Recommendable textbooks are the classics of Robinson and Stokes [103] and Bockris and Reddy [15] or more recently of Barthel *et al.* [12]. Good data collections are found at Barthel and Neueder [8, 9] or at Marcus [75].

2.1 Solvent Autoprotolysis

Formally speaking, water, methanol and ethanol are the first three elements of a homologous series obtained from substitution of a hydrogen atom in the water molecule by an alkyl fragment of increasing length. Due to their structural similarity, they have many properties in common, e.g. all three of them are dipolar in character with oxygen as the negative center of charge and the protons or alkyl fragment as the positive center of charge. As a consequence, all three solvents exhibit comparable dipole moments and tend to form hydrogen bonds resulting in relatively high boiling points, Tab. 2.1.

Parameter		Unit	Water	Methanol	Ethanol
Molar Weight	MW	[g/mol]	18.02	32.04	46.07
Molar Volume	v	[cm^3/mol]	18.07	40.74	58.69
Density	ϱ	[g/cm^3]	0.997	0.786	0.785
Freezing Point	ϑ_f	[°C]	0.0	-97.7	-114.25
Boiling Point	ϑ_b	[°C]	100.0	64.5	78.3
Dynamic Viscosity	η	[mPa s]	0.890	0.543	1.087
Autoprotolysis Constant	pK$_{AP}$	[-]	14.0	16.9 [75]	19.1 [75]
Relative Permittivity	ε_r	[-]	78.36	32.63	24.35
Averaged Dipole Moment in Gas Phase	$\mu \times 10^{30}$	[C m]	6.17	5.70	5.64 [68]
Polarizability	$\alpha \times 10^{40}$	[C m^2/V]	1.61 [68]	3.66 [68]	6.02 [68]
Refractive Index at 589.3 nm	n_D	[-]	1.333 [75]	1.327 [75]	1.359 [75]
Bjerrum Distance	r_B	[nm]	0.358	0.860	1.149
Nonlinear Dielectric Effect	$\beta \times 10^{18}$	[m^2/V^2]	-1080 [76]	-590 [76]	-400 [76]

Table 2.1: Physical data of pure solvents at 25 °C and 1 bar. Data is taken from Barthel *et al.* [12] unless indicated otherwise. The Bjerrum radius r_B is calculated according to Eqn. (2.10).

In view of their application to bipolar membrane solvent dissociation, their protic character, i.e. the ability to undergo autoprotolysis is of special importance. The corresponding equilibrium reaction can be written in the generic form

$$2\mathrm{HL} \overset{K_{AP}}{\rightleftharpoons} \mathrm{H_2L^+} + \mathrm{L^-}. \qquad (2.1)$$

HL denotes the solvent molecule in its undissociated form, H_2L^+ the protonated *lyonium* ion and L^- the deprotonated *lyate* ion. For water, methanol and ethanol, L^- corresponds to the hydroxide, methoxide and ethoxide ion, respectively. $K_{AP} = k_{diss}/k_{rec}$ is the equilibrium constant of autoprotolysis which can be calculated from the ratio of the rate constants for the dissociation and recombination reaction k_{diss} and k_{rec}. In case of water, the equilibrium constant usually is expressed in terms of its negative decade logarithm $\mathrm{pK}_{AP}^{H_2O} = 14.0$. For methanol and ethanol K_{AP} is considerably lower, Tab. 2.1, reflecting the decreasingly acidic character of the solvents.

2.2 Relative Permittivity

Though qualitatively water, methanol and ethanol have many properties in common, quantitative differences are significant. This is true for example for the molar weight and volume, which almost double and triple from water to methanol and ethanol, Tab. 2.1.

Most important, however, are the differences with respect to the relative permittivity ε_r. ε_r is a property which describes the effect of a solvent continuum on the strength of electrostatic interaction between two charges. According to Coulomb's law

$$F = \frac{|z_j z_k| e_0^2}{4\pi\varepsilon_0\varepsilon_r r^2}, \tag{2.2}$$

the electrostatic attraction F between two point charges is determined by the charge numbers z_j and z_k, the distance between the point charges r and the relative permittivity of the dielectric medium. ε_0 is the absolute permittivity, e_0 the elementary charge. In case of water, $\varepsilon_r = 78.36$, the relative permittivity is high and therefore, electrostatic attraction between charged species is low. For methanol and ethanol, ε_r decreases and thus interaction increases.

ε_r is a macroscopic property, i.e. it describes the dielectric property of the solvent considered as a *continuum*, neglecting the specific character of the individual molecules. It depends on the parameters dipole moment μ and polarizability α which both are microscopic properties ascribed to the structure of the molecule. According to Debye they are related by [4]

$$\frac{\varepsilon_r - 1}{\varepsilon_r + 2} = \underbrace{\frac{N_S}{3\varepsilon_0}\frac{\mu^2}{3\mathrm{k}T}}_{\text{orientation}} + \underbrace{\frac{N_S}{3\varepsilon_0}\alpha}_{\text{polarization}}. \tag{2.3}$$

$N_S = (\varrho_S N_A)/MW_S$ is the number density of solvent molecules, k the Boltzmann constant, T the temperature, N_A Avogadro's number, ϱ_S the solvent density and MW_S its molecular weight. The first term of the right-hand side of Eqn. (2.3) describes the orientation of a solvent molecule as an external field is applied. At this, the permanent solvent dipoles align while thermal motion counteracts in a randomizing manner. At a given field, alignment increases with increasing dipole moment which reflects the difference and distance between the centers of charge within a molecule. Alignment also increases with increasing polarizability. It reflects the changes in charge distribution due to the induced dislocation e.g. of electrons. In case of water, the difference in electronegativity between hydrogen and oxygen is large, thus the charge difference is high. Therefore, the dipole moment of water exceeds the dipole moment of methanol and ethanol. In contrast, the lower electronegativity of the alkyl fragment in methanol and ethanol favors electron dislocation and hence polarizability, Tab. 2.1.

The relative permittivity is also sensitive to the electric field. E.g. in the primary hydration shell of an ion, cf. section 2.4, water molecules are oriented to the ion and are so firmly fixed in this orientation that they are almost insensitive to the external field [15]. Thus, due to the decreased ability to orient upon an external field, ε_r is reduced. According to Booth, the field dependence can be described quantitatively by an expression of the generic form [16].

$$\varepsilon_r(E) = \varepsilon_r^\infty + (\varepsilon_r(0) - \varepsilon_r^\infty)\, L(E). \tag{2.4}$$

ε_r^∞ denotes the limiting value of the relative permittivity at very high fields which typicallly is determined from the refractive index

$$\varepsilon_r^\infty \approx n_\infty^2 = 1.1 n_D^2, \tag{2.5}$$

where n_∞ is the refractive index at high frequency alternating current fields and n_D the optical refractive index measured at a wavelength of 589.3 nm (the sodium D line). $L(E)$ is the Langevin function describing the field dependence for which numerous forms are suggested in literature [62, 16, 85, 4]. E.g. Marcus and Hefter propose [76]

$$\varepsilon_r(E) = n_\infty^2 + \frac{(\varepsilon_r(0) - n_\infty^2)^2}{\varepsilon_r(0) - n_\infty^2 - \beta E^2}. \tag{2.6}$$

β is termed nonlinear dielectric effect and is determined from fitting Eqn. (2.6) to experimental data for $\varepsilon_r(E)$. Values found for water, methanol and ethanol are listed in Tab. 2.1. The resulting field dependence is pictured in Fig. 2.1, top, for the three solvent systems. Thus, at fields above $\approx 10^8$ V/m the relative permittivity rapidly decreases, slowly approximating its limiting value of dielectric saturation for fields above $\approx 10^9$ V/m. In order to illustrate the field strengths obtainable in the vicinity of ions, E is calculated as a function of distance from the center of charge in case of a sodium ion, Fig. 2.1, bottom. Since (local) electric fields are primarily due to the presence of ions, ε_r is also a function of ionic concentration, Fig. 2.2. Field dependence of ε_r may be summarized by an illustrative example. While the bulk value of ε_r for water equals 78.4, it decreases to 50.6 if exposed to an external electrical field of 2.0×10^8 V/m. Solvent permittivity is even lower in a 5 mol/l $NaClO_4$ solution where the high density of ions lowers ε_r to 35.4. Finally in the primary hydration shell around a single charged ion $\varepsilon_r \approx 6$ [15].

2.3 Ion Pair Formation

According to Coulomb's law, Eqn. (2.2), electrostatic attraction between ions increases as the relative permittivity of the solvent decreases or as the distance between the ions is shortened, e.g. by increasing the electrolyte concentration. As the distance between two charges falls short of a critical distance, mutual attraction overbalances thermal agitation. This process is termed *ion pair formation* (or *association*) in solution chemistry. It may be interpreted as an equilibrium reaction between ions of opposite charge and ion pairs. The net charge of the ion pairs depends on the number and charge of the

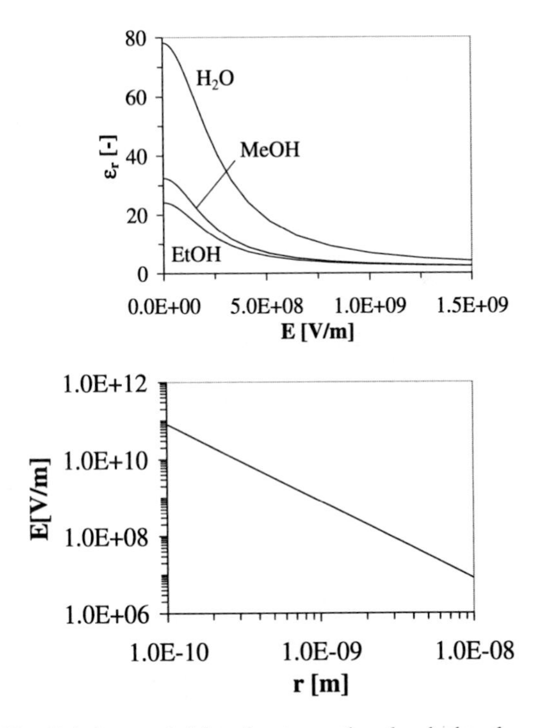

Figure 2.1: Top: Relative permittivity of water, methanol and ethanol as a function of the electric field according to Eqn. (2.6). Bottom: Electric field as a function of the distance from the center of charge of a sodium ion [76].

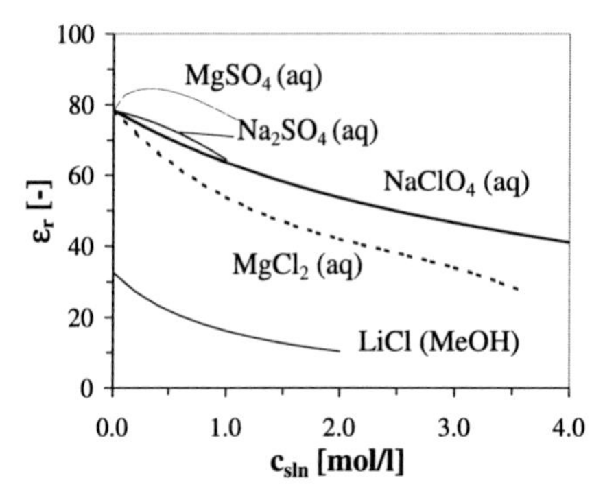

Figure 2.2: Dependence of the relative permittivity of water and methanol on the solute type and concentration [12].

individual ions involved. However, statistically, bi-ionic ion pairs are by far the most probable ion pairs to be formed. Therefore, in case of symmetric electrolytes, the net charge is nil. E.g. for a 1:1 electrolyte

$$\underbrace{\mathrm{M}^+ + \mathrm{X}^-}_{\text{ionic}} \quad \overset{K_A}{\rightleftharpoons} \quad \underbrace{\left[\mathrm{M}^+\mathrm{X}^-\right]^0}_{\text{neutral}}. \tag{2.7}$$

The association constant K_A is related to the dissociation constant K_D and the degree of dissociation α by

$$K_A = \frac{1}{K_D} = \frac{1-\alpha}{\alpha^2 c_{MX}} \frac{\gamma_{IP}}{\gamma_\pm^2}, \tag{2.8}$$

where c_{MX} is the total molar concentration of the electrolyte (dissociated and undissociated portion), γ_{IP} the molar activity coefficient of the ion pairs and $\gamma_\pm$ the mean molar activity coefficient of the electrolyte. For low to moderate concentrations, γ_{IP} may be assumed unity due to the lack of electrostatic interactions [8].

Quantitatively, ion pair formation was first treated by Bjerrum [14]. According to his calculations, the probability of an ion j to be present within a spherical shell of thickness Δr around a reference ion k, P_{jk}, is proportional to the volume of the shell, the molar concentration of j and the Boltzmann distribution reflecting thermal agitation. Hence, P_{jk} may be written as [15]

$$P_{jk} = 4\pi r^2 \Delta r N_j \mathrm{exp}\left(\frac{|z_j z_k| e_0^2}{4\pi\varepsilon_0\varepsilon_r r \mathbf{k}T}\right). \tag{2.9}$$

$N_j = N_A c_j = N_A \alpha c_{MX}$ is the number density of ion j. P_{jk} according to Eqn. (2.9) is shown for ε_r of pure water, methanol and ethanol in Fig. 2.3. In all three cases,

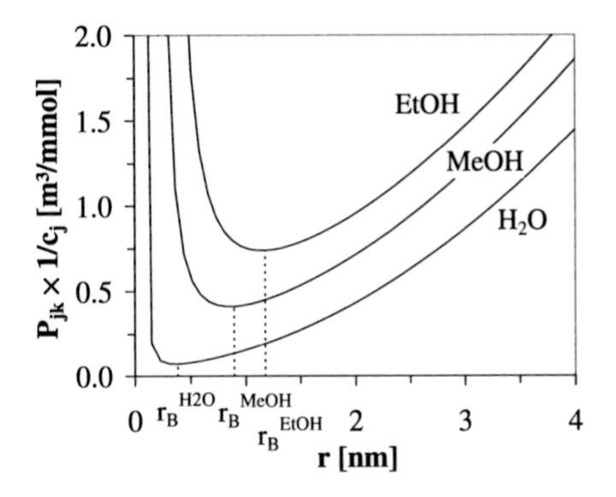

Figure 2.3: Illustration of Eqn. (2.9). N_j corresponds to a 1 mol/l solution of a 1:1 electrolyte; Δr is set to 10 pm; ε_r is taken from Tab. 2.1. The Bjerrum radius r_B is defined as the distance from the central ion with a minimum probability for an oppositely charged species.

P_{jk} steeply increases for distances shorter than the (Bjerrum) distance r_B of minimal residence probability due to electrostatic attraction. Therefore, Bjerrum considered oppositely charged ions approaching one another to a distance $r < r_B$ as ion pairs. For $r > r_B$, P_{jk} slowly increases because the volume of the spherical shells increases by $r^2\Delta r$. By differentiation of Eqn. (2.9), an expression for the critical Bjerrum distance is obtained

$$r_B = \frac{|z_j z_k| e_0^2}{8\pi\varepsilon_0\varepsilon_r \mathbf{k}T}. \tag{2.10}$$

r_B is plotted as a function of the relative permittivity in Fig. 2.4. Apparently, the Bjerrum distance increases as the relative permittivity decreases, especially as ε_r falls below ≈ 50. Therefore, *ion pair formation must be expected in low permittivity electrolytes* even for so-called strong electrolytes at low concentrations.

If Eqn. (2.9) is integrated between the distance of minimal approach, i.e. the contact distance a and r_B, an expression for the equilibrium constant of the association reaction is found [12]

$$K_A = 4\pi N_A \int_a^{r_B} r^2 \exp\left(\frac{2r_B}{r}\right) dr. \tag{2.11}$$

Thus, in case of $NaClO_4$, $a = 3.38$ nm, cf. Tab. A.1, association constants can be calculated, which favorably compare with experimental data.

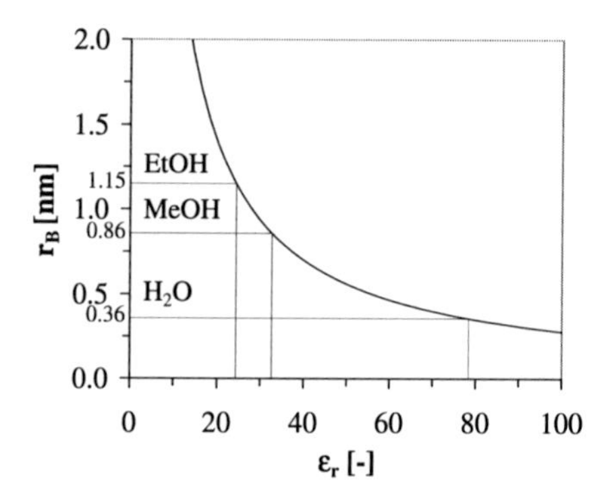

Figure 2.4: Bjerrum radius r_B as a function of relative permittivity, calculated for a 1:1 electrolyte according to Eqn. (2.10).

Solvent	K_A [l/mol]	
	Bjerrum Model	Experimental
Water	0.14	0.20 [6]
Methanol	30.20	18.96 [6]
		23.79 [8]
Ethanol	123.7	101.30 [9]

Criticism about Bjerrum's theory is mainly focused on the definition of the distance of critical approach r_B. Fuoss for example defines ion pairs as contact ion pairs, i.e. $r = a$ [37]. Also, more recently, Mauritz and Hopfinger proposed a four state model of ionic association characterized by an increasing degree of solvation shell overlap [79]. All this amounts to the fact that a quantitative analysis of ion pair formation depends on the underlying picture of ionic approach. However, due to the complex interactions on the microscopic scale, it is typically difficult to decide which picture is the "true" one. Therefore, the notion of an ion pair will be used in the following chapters in a qualitative manner simply to indicate a state of increased ionic interaction leading (in case of bi-ionic symmetric ion pairs) to the mutual compensation of electric charge.

2.4 Ion Solvation

Electrostatic forces not only govern ion-ion interactions but also ion-dipole interactions. Therefore, ions become solvated, i.e. polar solvent molecules orient in the local field around a charged species forming a so-called *solvation shell*. A simplified picture is shown in Fig. 2.5 [15] for the solvation of a cation in water. Due to the strong electrostatic forces close to the ion, cf. section 2.2, water dipoles closest to the ion are highly

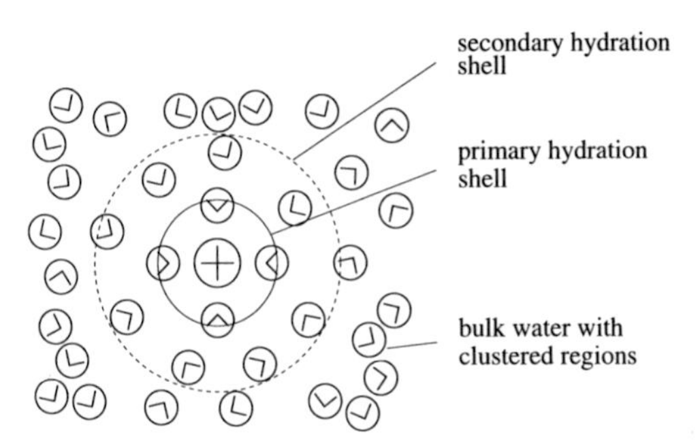

Figure 2.5: Schematic representation of the primary (solid circle) and secondary (dashed circle) hydration shell and of clustered bulk water around a cation [15].

oriented, forming the so-called primary hydration shell. At farther distance from the ion, water dipole orientation due to the coulombic interactions competes with cluster formation due to hydrogen bonding and thermal motion. This second hydration sheath therefore is less ordered and gradually attains the structure of bulk water. Likewise, methanol and ethanol form solvation shells.
In a quantitative description usually the so-called solvation number n_S is introduced. As a first approximation, it can be considered as the number of solvent molecules within the primary hydration shell. Usually it is calculated from transport properties which depend on the radius of the solvated ion, cf. Tab. 2.2. Thus, the results differ, depending on the measurement technique. A more accurate description of solvation numbers relates n_S to the ratio between the time of an average solvent ion interaction and the time required for cluster breaking and reorientation [15].
The general tendencies observed in Tab. 2.2 show that n_S decreases as the ionic radius increases. Obviously, this is due to the decrease in electrostatic attraction for decreasing charge densities according to Coulomb's law. The proportionality $F \propto 1/r^2$ in Eqn. (2.2) also explains why the decrease in n_S is less pronounced for large anions as compared to compact cations. Tab. 2.2 also illustrates that solvation is reduced as water is replaced by methanol and ethanol. Apparently, reduced orientation due to the lower dipole moment overbalances increased electrostatic forces due to a lowered solvent permittivity.

2.5 Conductivity

The conductivity of a solution can be described on a microscopic and a macroscopic scale. On the microscopic scale, conductivity is usually given in terms of ionic conductivities λ_j. It is related to the ionic diffusivity D_j and ionic mobility u_j according

Ion	Ionic Radius [nm]	Solvation Number n_S			Experimental Method
		Water	Methanol	Ethanol	
Li^+	0.078	14	7	6	Conductivity
		14–14.3			Transference
		5–6			Compressibility
Na^+	0.098	9	5–6	4–5	Conductivity
		8.4–9.8			Transference
		6–7			Compressibility
K^+	0.133	5	4	3–4	Conductivity
		5.0–5.4			Transference
		6–7			Compressibility
Cl^-	0.181		4	4–5	Conductivity
		4			Transference
		0–1			Compressibility
Br^-	0.196		2–3	4	Conductivity
		4			Transference
		0			Compressibility
I^-	0.220		0–3	2–3	Conductivity
		2			Transference
		0			Compressibility

Table 2.2: Ionic radii and solvation numbers of alkaline metal and halide ions in water, methanol and ethanol. Solvation numbers differ due to the different measurement techniques [15, 24].

to [15]

$$\lambda_j^\infty = \frac{|z_j|\mathbf{F}^2}{\mathbf{R}T} D_j^\infty = |z_j|\,\mathbf{F}u_j^\infty, \tag{2.12}$$

where superscript $^\infty$ indicates the fact that Eqn. (2.12) is strictly valid only in the case of infinite dilution, i.e. if ionic interactions are negligible. Applying the Stokes-Einstein equation

$$D_j = \frac{\mathbf{k}T}{6\eta_S \pi r_j^h}, \tag{2.13}$$

the ionic transport can be related to the frictional forces between a solvent continuum of dynamic viscosity η_S and a spherical ion of hydraulic radius r_j^h.

The limiting ionic conductivity of some cations and anions is listed in Tab. 2.3. Further data is found in Tab. A.2 of Appendix A. Except for anions in aqueous solutions, λ_j^∞ is increasing with increasing ionic radius. This is due to the fact that the charge density and hence the solvation shell decreases as r_j increases, cf. Eqn. (2.2) and Tab. 2.2. Hence, the *hydraulic* radius r_j^h decreases. However, due to the inverse

Ion	r [nm]	λ_j^∞ [S cm^2/mol]		
		Water	Methanol	Ethanol
H^+		350.0	146.1	62.7
Li^+	0.078	38.8	39.4	17.1
Na^+	0.098	51.1	45.1	20.3
K^+	0.133	73.5	52.4	23.4
L^-		199	52.8	23.1
Cl^-	0.181	76.3	52.4	21.9
Br^-	0.196	78.1	56.5	23.7
I^-	0.220	77.0	63.0	27.0
ClO_4^-	0.240	67.2	70.7	31.6

Table 2.3: Limiting ionic conductivity λ_j^∞ and ionic radius r_j of selected ions j in water, methanol and ethanol at standard conditions [12].

quadratic proportionality of electrostatic attraction and ionic radius, the decrease in charge density is more pronounced for a radius increase of small ions as compared to the same radius increase of large ions. Therefore, with large anions the reduction in hydraulic radius due to a lower charge density can be balanced by the increase due to a larger ionic radius.

Comparing the three solvent systems, it becomes obvious that the charge density effect becomes more important as the solvent permittivity decreases, $F \propto 1/\varepsilon_r$, Eqn. (2.2). Hence, in methanol and ethanol λ_j^∞ increases with increasing ionic radius even for large anions. Further complications arise from the dependence of λ_j^∞ on the solvent viscosity, cf. Eqn. (2.12) and Eqn. (2.13). Comparing the limiting conductivities of ion j in water, methanol and ethanol, the methanol conductivity is surprisingly high taking into account its low permittivity. However, methanol viscosity is low, Tab. 2.1, and therefore the mass transport resistance decreases.

The exceptionally high conductivity of protons and hydroxyl ions is due to the well known quantum-mechanical tunneling. Apparently, a comparable mechanism is also available in methanolic and ethanolic solutions. This is concluded from the fact that the proton conductivity in methanol and ethanol exceeds the average cationic conductivity by a factor of approximately three. However, though hydroxyl ions exhibit a significant extra conductivity, no similar effect is observed for methoxide or ethoxide. In contrast, the bulky ions even show a lower mobility compared to "conventional" ions.

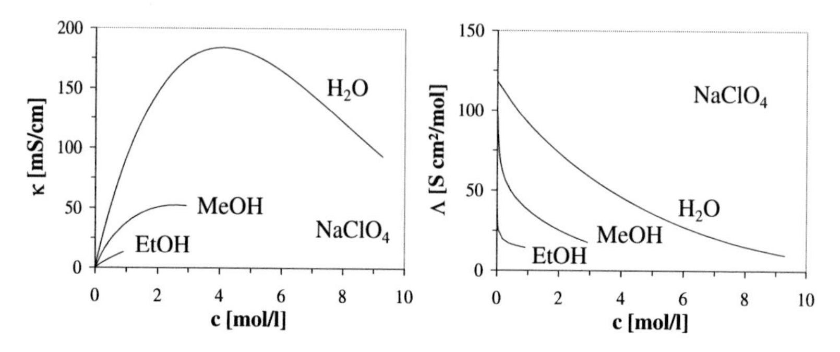

Figure 2.6: Specific conductivity (left) and molar conductivity (right) of aqueous, methanolic and ethanolic $NaClO_4$ solutions as a function of concentration. Concentration ranges from nil to the solubility limit at 25 °C.

On the macroscopic scale, the conductivity of a solution usually is expressed in terms of its specific conductivity κ

$$\kappa = \frac{d}{RA}, \tag{2.14}$$

where d denotes the thickness of a solution layer of cross sectional area A, over which the ohmic resistance R is measured. κ is related to the molar conductivity Λ by

$$\Lambda = \frac{\kappa}{c_{MX}}, \tag{2.15}$$

with c_{MX} denoting the electrolyte concentration. At infinite dilution, microscopic and macroscopic expressions become equivalent because $\Lambda(c_{MX} \to 0) = \Lambda^{\infty} = \sum_{j=1}^{J} \lambda_j^{\infty}$, i.e. the solvent conductivity results from the individual contribution of the ionic species. For increasing concentrations, the equivalence of microscopic and macroscopic conductivity becomes invalid, because the microscopic picture described so far does not account for the increasing ionic interactions, resulting in the pronounced concentration dependence of κ and Λ, Fig. 2.6.
In order to explain the observed concentration dependence the terms relaxation and electrophoretic resistance have to be introduced. Without an external field, ions arrange such that each central ion is surrounded by a concentric ion cloud of oppositely charged ions balancing the charge of the central ion such that the centers of charge coincide (cf. Fig. 2.7, left). Application of an external field displaces ions with respect to their original position. Relaxation is observed as the ion cloud readjusts to the new position: The process of readjustment is rate controlled and therefore lacks behind the continuous displacement of the central ion. Consequently, the initially concentric symmetry is distorted such that the centers of charge are separated. The resulting local

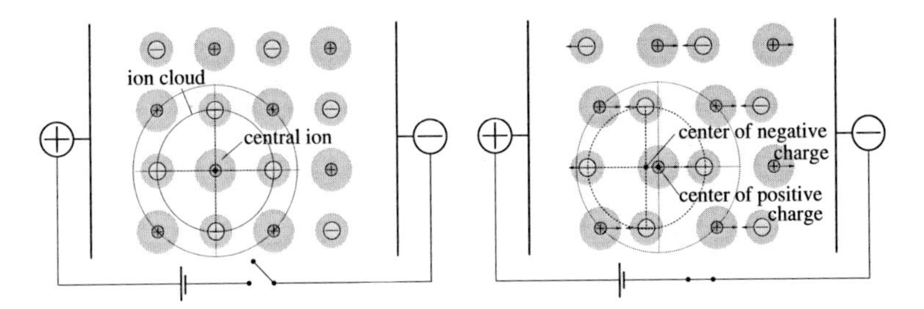

Figure 2.7: The center of charge of an ion cloud coincides with the center of charge of its central ion (left). Upon application of an external field the centers of charge become separated (right) resulting in the formation of an oppositely directed local field.

field is directed opposite to the external field and hence reduces the net mobility of the ions [15].
Also, while the central ion is accelerated in one direction, the ion cloud is accelerated in the opposite direction. Thus, due to the solvation of ions, a flux of solvent molecules is induced by the ion cloud that opposes the flux of solvent molecules induced by the central ion, hence mass transport resistance increases. This is termed electrophoretic resistance. Both, relaxation and electrophoretic resistance increase with increasing ionic concentration. Electrostatic interactions also increase with decreasing solvent permittivity which is evident when comparing aqueous, methanolic and ethanolic solutions.

The characteristic conductivity maximum for high electrolyte concentrations as shown in Fig. 2.6, left, may be explained by writing Eqn. (2.15) in its differential form

$$d\kappa = c_{MX} d\Lambda + \Lambda dc_{MX}. \tag{2.16}$$

From the preceding paragraph it can be concluded that $d\Lambda/dc_{MX}$ is negative while c_{MX}, dc and Λ remain positive at any concentration. Therefore, at sufficiently high electrolyte concentrations, the conductivity increase upon addition of ionic species, Λdc_{MX}, is overbalanced by the conductivity decrease due to strengthened electrostatic interactions in the whole solution, $c_{MX}d\Lambda$. Ion pair formation also contributes to the conductivity decrease at high concentrations but is considered of minor importance [11].

Much research has been devoted to accurately model the concentration dependence of the above effects. For the solutions conductivity, the generic equation

$$\Lambda(\alpha c) = \alpha\Lambda^{\infty} - \Lambda^{rel}(\alpha c, \Lambda^{\infty}, B, \varepsilon_r, T) - \Lambda^{ep}(\alpha c, B, \varepsilon_r, \eta, T), \tag{2.17}$$

reflects the conductivity reducing effects of relaxation Λ^{rel} and electrophoretic resistance Λ^{ep} and their dependence on concentration, type of electrolyte and solvent, viscosity and temperature. The dissociation constant α is introduced in case of weak or associating electrolytes, B denotes a distance parameter depending on the upper limit of association. Unfortunately, all model approaches detailing Λ^{rel} and Λ^{ep} share the common failure that predictions of the electrolyte conductivity are limited to concentrations of $c < 0.25$ mol/l (cf. [12] for further details).
Therefore, at moderate to high concentrations empirical conductivity equations prevail. Barthel and Neueder propose an equation on the molality scale M

$$\kappa = \kappa_{max} \left(\frac{M}{M_{max}} \right)^{\mathsf{a}} \exp \left[\mathsf{b} \left(M - M_{max} \right)^2 - \frac{\mathsf{a}}{M_{max}} \left(M - M_{max} \right) \right], \qquad (2.18)$$

which is able to accurately describe conductivity data in aqueous, methanolic and ethanolic solutions over the complete range of solubility [8, 9]. a and b denote empirical quantities and M_{max} the molality at maximum conductivity κ_{max}.

2.6 Activity Coefficients

Due to the far reaching electrostatic interactions, the behavior of electrolyte solutions is far from being ideal. Therefore, in general, the use of activity coefficients is required. However, due to the strength and complexity of interactions their calculation from purely theoretical approaches is limited to concentrations below approximately 0.1 mol/l. For technically interesting concentrations semi-empirical or empirical relations are available. An overview on a number of explicit models is given by Zemaitis *et al.* [140].
A well-established theory for the determination of activity coefficients in electrolyte solutions is the semi-empirical model of Pitzer [93]. It is frequently used in aqueous solutions where parameters are available for a long list of electrolytes. It has also proved to successfully describe non aqueous solutions. However, the number of electrolytes for which parameters are available is much shorter. Moreover, Pitzer's model has a number of drawbacks. E.g. at high solution concentrations ($>$ 10 mol/l) deviations from experimental results are typically large. In addition, the model does not account for interactions between solvent and solvent, and solvent and solute, and the solvent is only treated as a continuum. Therefore, it is impossible to extend Pitzer's model to mixed solvent solutions [66]. Finally, due to its semi-empirical nature, it is impossible to calculate activity coefficients of a specific system prior to the experimental determination of at least a number of data points. This is especially cumbersome in the present study because $NaClO_4$ is the principal electrolyte in many experiments with aqueous, methanolic and ethanolic solutions. For water and methanol, Pitzer parameters are available [93, 12], which are missing, however, in the

case of ethanol.

In order to determine the missing activity coefficients of $NaClO_4$ in ethanolic solutions, a more recent model, developed by Li *et al.* can be utilized [66, 94]. Not only does it account for solute/solute but also for solvent/solute and solvent/solvent interactions. Therefore, it can be applied to pure solvent as well as to mixed solvent systems. It also incorporates the UNIQUAC model which allows to predict activity coefficients for systems where interaction parameters are available but activity data is missing. Finally, the model proofs to be more accurate for high solution concentrations.
The fundamental idea of this model is to describe the complicated electrolyte solution as a nonelectrolyte solution to which charge interactions are added. According to Li *et al.* the ionic molal[1] activity coefficient of ion j can be described as

$$\ln \mathrm{y}_j = \left(\ln \mathrm{y}_j^{LR} + \ln \mathrm{y}_j^{MR} + \ln \mathrm{y}_j^{SR}\right) - \ln\left(1 + MW_S \sum_j M_j\right). \tag{2.20}$$

The first term on the right hand side of Eqn. (2.20) represents the long range (LR) interaction contribution due to electrostatic forces and mainly describes the direct effects of charge interactions. This is the so-called Debye-Hückel contribution dominating for low solute concentrations. The second term considers indirect electrostatic effects e.g due to ion/dipole interactions. They are termed middle range (MR) interactions. The third term accounts for short range (SR) interactions which arise from non-charge related effects. In case of the model proposed by Li *et al.* , the UNIQUAC model is used to calculate y_j^{SR}. M_j is the molality of ion j and subscript $_S$ refers to the solvent. Since the equations are rather involved, they are given here as required to calculate the mean molal activity coefficient of a single electrolyte in a pure solvent.

The long range contribution can be calculated from the Debye theory

$$\ln \mathrm{y}_j^{LR} = -\frac{A z_j^2 \sqrt{I_s}}{1 + b\sqrt{I_s}} \qquad j \in \left\{\mathrm{M}^+, \mathrm{M}^-\right\}, \tag{2.21}$$

where A and b are the Debye-Hückel parameters defined as

$$A = \left(\frac{2\pi N_A \varrho_S}{1000}\right)^{0.5} \left(\frac{e^2}{4\pi\varepsilon_0\varepsilon_r \mathbf{k}T}\right)^{1.5}, \tag{2.22}$$

and

$$b = a\left(\frac{2e^2 N_A \varrho_S}{\varepsilon_0\varepsilon_r \mathbf{k}T}\right)^{0.5}. \tag{2.23}$$

[1] Activity coefficient models usually are based on molalities M_j resulting in mean molal activity coefficients $\mathrm{y}_\pm$. However, the corresponding mean *molar* activity coefficient is readily obtained from

$$\gamma_\pm = \frac{\mathrm{y}_\pm M_{MX} \varrho_S}{c_{MX}}, \tag{2.19}$$

where ϱ_S denotes the solvent density.

A and b are given in [(kg/mol)$^{0.5}$], all other parameters are in SI-units. a denotes the distance of closest approach between two ions. A value of about 0.4 nm is common practice, however, often it is simply used as a fitting parameter [15]. I_s is the ionic strength calculated according to its definition

$$I_s = 0.5 \sum_{j=1} \left(z_j^2 M_j \right) \qquad \in \left\{ \mathrm{M}^+, \mathrm{M}^- \right\}. \tag{2.24}$$

on a molality basis, M_j in [mol/kg].

The middle range contributions of the cationic species M^+ follows from

$$\begin{aligned} \ln \mathrm{y}_{M+}^{MR} &= \frac{z_{M+}^2}{2MW_S} \sum_j B'_{S,j} M_j + B_{M+,X-} M_{X-} \\ &+ \frac{z_{M+}^2}{2} B'_{M+,X-} M_{M+} M_{X-} \qquad j \in \left\{ \mathrm{M}^+, \mathrm{X}^- \right\}, \end{aligned} \tag{2.25}$$

of the anionic species X^- from

$$\begin{aligned} \ln \mathrm{y}_{X-}^{MR} &= \frac{z_{X-}^2}{2MW_S} \sum_j B'_{S,j} M_j + B_{M+,X-} M_{M+} \\ &+ \frac{z_{X-}^2}{2} B'_{M+,X-} M_{M+} M_{X-} \qquad j \in \left\{ \mathrm{M}^+, \mathrm{X}^- \right\}. \end{aligned} \tag{2.26}$$

B denotes the second Virial coefficient whose concentration dependence is expressed according to

$$B_{M+,X-} = b_{M+,X-} + c_{M+,X-} \exp\left(a_1 \sqrt{I_s} + a_2 I_s \right), \tag{2.27}$$

for ion/ion interactions and according to

$$B_{S,j} = b_{S,j} + c_{S,j} \exp\left(a'_1 \sqrt{I_s} + a'_2 I_s \right) \qquad j \in \left\{ \mathrm{M}^+, \mathrm{X}^- \right\}, \tag{2.28}$$

in case of ion/dipole interactions. $b_{i,j}$ and $c_{i,j}$ are parameters describing the interaction between species i and j and hence are specific for the chosen electrolyte/solvent system. In contrast, constants a_1, a_2, a'_1 and a'_2 are system independent and determined from fitting the model to a number of reliable activity coefficient data. Best fit values according to Polka are summarized in Tab. 2.4. B' denotes the derivative of the second Virial coefficient with respect to the ionic strength, i.e

$$B'_{M+,X-} = c_{M+,X-} \left(\frac{a_1}{2\sqrt{I_s}} + a_2 \right) \exp\left(a_1 \sqrt{I_s} + a_2 I_s \right), \tag{2.29}$$

and

$$B'_{S,j} = c_{S,j} \left(\frac{a'_1}{2\sqrt{I_s}} + a'_2 \right) \exp\left(a'_1 \sqrt{I_s} + a'_2 I_s \right) \qquad j \in \left\{ \mathrm{M}^+, \mathrm{X}^- \right\}, \tag{2.30}$$

a_1	=	-1.0	$(\text{kg/mol})^{0.5}$	ion/ion interactions
a_2	=	0.13	kg/mol	
a'_1	=	-1.2	$(\text{kg/mol})^{0.5}$	ion/solvent interactions
a'_2	=	0.13	kg/mol	

Table 2.4: System independent parameters for the model of Li *et al.* [66, 94].

respectively.

As mentioned above, short range interactions are calculated according to the UNIQUAC activity coefficient model. Thus, $\ln \mathrm{y}_j^{SR}$ is composed of a combinatoric and a residual portion, $\ln \mathrm{y}_j^c$ and $\ln \mathrm{y}_j^r$, respectively. However, for ionic species, normalization with respect to the reference state of infinite dilution must be taken into account, which leads to

$$\ln \mathrm{y}_j^{SR} = \ln \mathrm{y}_j^c + \ln \mathrm{y}_j^r - \ln \mathrm{y}_j^\infty \qquad j \in \left\{\mathrm{M}^+, \mathrm{X}^-\right\}. \tag{2.31}$$

The correction term $\ln \mathrm{y}_j^\infty$ is given by

$$\begin{aligned} \ln \mathrm{y}_j^{c,\infty} &= 1 - \frac{r_j}{r_S} + \ln\left(\frac{r_j}{r_S}\right) - 5q_j\left[1 - \frac{r_j q_S}{r_S q_j} + \ln\left(\frac{r_j q_S}{r_S q_j}\right)\right] \\ &\quad + q_j\left(1 - \ln \psi_{S,j} - \psi_{j,S}\right) \qquad j \in \left\{\mathrm{M}^+, \mathrm{X}^-\right\}, \end{aligned} \tag{2.32}$$

and related to the relative van der Waals volume r_j and relative van der Waals surface q_j. $\psi_{i,j}$ is the UNIQUAC interaction parameter defined as

$$\psi_{i,j} = \exp\left(-\frac{a_{i,j}}{T}\right) \qquad i,j \in \left\{\mathrm{M}^+, \mathrm{X}^-, \mathrm{S}\right\}. \tag{2.33}$$

By definition, $\psi_{j,j} = 1$. The combinatoric portion of the short range interactions, $\ln \mathrm{y}_j^c$, can be calculated from

$$\ln \mathrm{y}_j^c = \ln\left(\frac{\Phi_j}{x_j}\right) + 1 - \frac{\Phi_j}{x_j} - 5q_j\left[\ln\left(\frac{\Phi_j}{\Theta_j}\right) + 1 - \frac{\Phi_j}{\Theta_j}\right] \qquad j \in \left\{\mathrm{M}^+, \mathrm{X}^-\right\}, \tag{2.34}$$

and the residual portion from

$$\begin{aligned} \ln \mathrm{y}_j^r &= q_j\left[1 - \ln\left(\sum_i \Theta_i \psi_{i,j}\right) - \sum_k\left(\frac{\Theta_k \psi_{j,k}}{\sum_i \Theta_i \psi_{i,k}}\right)\right] \\ &\quad j \in \left\{\mathrm{M}^+, \mathrm{X}^-\right\} \text{ and } i,k \in \left\{\mathrm{M}^+, \mathrm{X}^-, \mathrm{S}\right\}. \end{aligned} \tag{2.35}$$

x_j is the mole fraction and Θ_j, Φ_j the volume and surface fraction of species j, respectively. The latter are defined according to

$$\Phi_j = \frac{x_j r_j}{\sum_i x_i r_i} \qquad i \in \left\{\mathrm{M}^+, \mathrm{X}^-, \mathrm{S}\right\}, \tag{2.36}$$

Parameter	Unit	Water	Methanol	Ethanol
a_{Na+,ClO_4-}	K	128.3	128.3	128.3
a_{ClO_4-,ClO_4-}	K	-294.6	-294.6	-294.6
b_{Na+,ClO_4-}	kg/mol	0.1077	0.1077	0.1077
c_{Na+,ClO_4-}	kg/mol	0.09876	0.09876	0.09876
$a_{Na+,S}$	K	-299.8	601.3	-304.8
$a_{S,Na+}$	K	219.4	495.5	-172.2
$b_{Na+,S}$	kg/mol	-7.432	5.702	3.811
$c_{Na+,S}$	kg/mol	1.576	1.198	1.435
$a_{ClO_4-,S}$	K	316.5	-116.9	-381.2
a_{S,ClO_4-}	K	-28.14	-92.08	1986.0
$b_{ClO_4-,S}$	kg/mol	7.675	-1.253	-4.382
$c_{ClO_4-,S}$	kg/mol	-1.576		-0.8019
r_{M+}	—	1.0	1.0	1.0
r_{ClO_4-}	—	1.0	1.0	1.0
r_S	—	0.920	1.431	2.106
q_{M+}	—	1.0	1.0	1.0
q_{ClO_4-}	—	1.0	1.0	1.0
q_S	—	1.400	1.432	1.972

Table 2.5: System specific parameters for the model of Li *et al.* [66, 94].

and

$$\Theta_j = \frac{x_j q_j}{\sum_i x_i q_i} \qquad i \in \left\{\mathrm{M}^+, \mathrm{X}^-, \mathrm{S}\right\}. \tag{2.37}$$

System specific parameters $a_{i,j}$, $b_{i,j}$, $c_{i,j}$ and van der Waals parameters r_j and q_j are tabulated for a large number of electrolytes and solvents [66]. For the electrolyte $NaClO_4$ dissolved in the solvents water, methanol and ethanol, the respective values are compiled in Tab. 2.5.

Introducing system independent and system specific parameters into Eqn. (2.20)–Eqn. (2.37), the concentration dependence of the ionic mean molal activity coefficients of sodium and perchlorate can be calculated. From these, the mean molal activity coefficient $\mathsf{y}_\pm$ follows according to

$$\mathsf{y}_\pm^{\nu_{M+}+\nu_{X-}} = \mathsf{y}_{M+}^{\nu_{M+}} \mathsf{y}_{X-}^{\nu_{X-}}. \tag{2.38}$$

The result is shown in Fig. 2.8, lines, which for aqueous and methanolic solutions coincides perfectly with the activity coefficients obtained from the Pitzer model, Fig. 2.8, symbols. Parameters and model equations of the latter are summarized in section A.2.

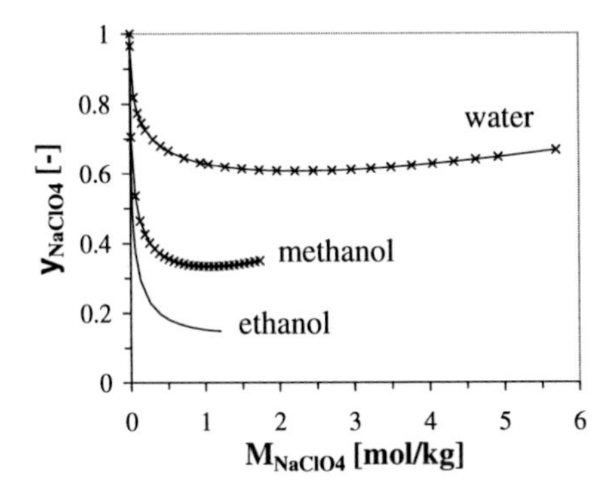

Figure 2.8: Mean molal electrolyte activity coefficients as a function of solution molality M for $NaClO_4$ in water, methanol and ethanol. Solid lines correspond to the model of Li *et al.* [66], symbols are calculated from Pitzer's model [93].

2.7 Chapter Summary

Due to the chemical homology, the three solvents water, methanol and ethanol have many properties in common. E.g. all three of them are dipolar in character with oxygen as the negative center of charge and the protons or alkyl fragment as the positive center of charge. As a consequence, all three solvents exhibit comparable dipole moments and tend to form hydrogen bonds resulting in relatively high boiling points. Most important, they share the ability to undergo autoprotolysis, i.e. the dissociation into a cationic lyonium and an anionic lyate ion. This is a necessary prerequisite for their application to bipolar membranes.
Differences between the behavior of electrolyte solutions arise predominantly from the unequal values for the relative permittivity of the solvents which decreases from water to methanol and further to ethanol. Thus, according to Coulomb's law the electrostatic interactions increase simultaneously. An important consequence of the increased electrostatic interactions is an increasing tendency towards ion pair formation due to the enhanced mutual attraction of anions and cations. Besides, the increasing electrostatic interactions result in an increasing concentration dependence of the molar conductivities. However, differences in the observed behavior of the three solvent systems are also caused by the differences in polarizabilities, viscosities and molar volumes.
Due to the complexity of the subject matter, a purely theoretical description of electrolyte solutions is not yet possible and available models are rather elaborate. Therefore, the use of semi-empirical models e.g. to describe non-ideal behavior by means of activity coefficients, is common practice. An example is the model of Li and Polka which allows to determine activity coefficients for high electrolyte concentrations in

pure and mixed solvent systems even if the specific combination of solvent and electrolyte has not yet been measured [66, 94].

Chapter 3

Bipolar Membranes

The following chapter is focused on bipolar membranes and their characteristic property of enhanced water — or more generally speaking — solvent dissociation. The structure of the chapter is as follows: First, the working principle of bipolar membranes is explained. Besides, Tokuyama's BP-1 bipolar membrane which is examined in subsequent chapters is introduced. Second, the principal characterization techniques, current voltage curve and chronopotentiometric measurements, are described and interpreted according to published literature. Third, possible explanations for the enhanced water dissociation are summarized. Fourth, the model approaches corresponding to the different theories are presented. Fifth, the concept of internal space charge regions is introduced and sixth, results concerning the application of bipolar membranes to non aqueous solvent systems are reviewed.

3.1 Fundamentals

3.1.1 Working Principle

The working principle of a bipolar membrane may be explained drawing the analogy to the salt ion removal from a diluate compartment of an electrodialysis cell arrangement, Fig. 3.1 [100]. Applying an external electric field, the diluate chamber of a conventional electrodialysis setup is desalted. At first, charge transport is predominantly due to salt ion removal, whereas a negligible amount of charge is transported by hydronium and hydroxyl ions resulting from the autoprotolysis of water (cf. Fig. 3.1, top). Complete desalination of the diluate chamber is achieved as the current density drops to a value corresponding to the charge transport due to coion leakage (dashed arrows) and due to the flux of water dissociation products (cf. Fig. 3.1, middle). While coion leakage is driven by the concentration difference between concentrate and diluate compartment, hydronium and hydroxyl ions are continuously generated *in situ* by water autoprotolysis.

Joining together a cation exchange membrane and an anion exchange membrane, a

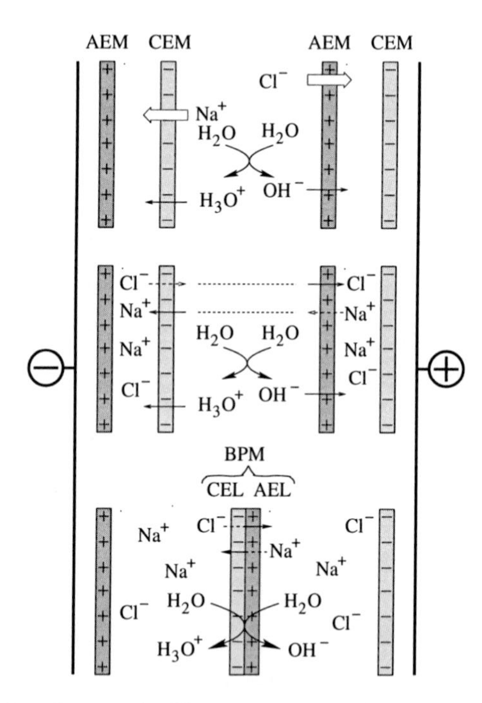

Figure 3.1: Analogy between the diluate compartment of an electrodialysis setup and a bipolar membrane for the case of water dissociation. CEM — cation exchange membrane, AEM — anion exchange membrane, CEL — cation exchange layer of bipolar membrane, AEL — anion exchange layer of bipolar membrane, BPM — bipolar membrane. Coion leakage is indicated as dashed arrows.

bipolar membrane is obtained. Now, the former diluate compartment becomes a membrane layer termed *junction region* located around the CEL/AEL interface while the former cation and anion exchange *membranes* become the cation and anion exchange *layers* (CEL and AEL) of the bipolar membrane. During water dissociation electrically neutral water diffuses through cation and anion exchange layer to the junction region where the dissociation reaction takes place. The dissociation products, hydronium and hydroxyl ions, are removed from the bipolar membrane diffusively due to the resulting concentration gradients and migratively due to the applied electric field. As a result the pH in the compartment adjacent to the CEL decreases, while the pH in the compartment adjacent to the AEL increases. Independent of the water dissociation processes, charge transport due to the coion leakage across the bipolar membrane layers is observed.
Enhanced water dissociation is observed only for *reverse bias conditions*, i.e. for conditions where the cation exchange layer faces the cathode and the anion exchange layer the anode. Under *forward bias conditions* (the cation exchange layer is facing the anode, the anion exchange layer is facing the cathode) salt ions accumulate in the membrane layers which loose their selectivity. In this case, charge transport due to coion leakage is dominating while under reverse bias conditions charge transport is due to coion leakage and due to the generation of water dissociation products.
An important advantage of *bipolar membrane* water dissociation as compared to *electrolytic* water dissociation is the associated energy saving. At standard conditions (298 K, 1.013 bar) the theoretically required energy of water dissociation in bipolar membranes amounts to 79.89 kJ per mol of generated dissociation products as compared to 198.37 kJ/mol for water electrolysis. This means that 118.48 kJ/mol may be saved because no by-production of hydrogen or oxygen gas is coupled. Besides, analogous to electrodialytic cell arrangement, bipolar membranes may be repeated several times resulting in a compact stack design between a single pair of electrodes. Yet another advantage is that electrodes employed for electrodialysis with bipolar membranes usually face less destructive conditions compared to electrolysis and replacement is required less frequently.

3.1.2 Tokuyama's BP-1 Bipolar Membrane

The performance of modern bipolar membranes is evaluated with respect to their water dissociation ability and their mechanical, chemical and thermal stability. Water dissociation can be quantified in terms of the membrane electrical resistance and the water splitting efficiency. According to Strathmann *et al.* [124] the total membrane resistance $R_{A,\,total}$ may be estimated from

$$R_{A,\,total} = \frac{\Delta\varphi^{M}}{i} = \frac{1}{i}\left(\Delta\varphi^{conc} + \Delta\varphi^{CEL} + \Delta\varphi^{AEL} + \Delta\varphi^{*}\right), \tag{3.1}$$

where $\Delta\varphi^{M}$ is the potential drop across the membrane and i the current density. $\Delta\varphi^{conc}$ denotes the potential required to balance the Nernst concentration potential

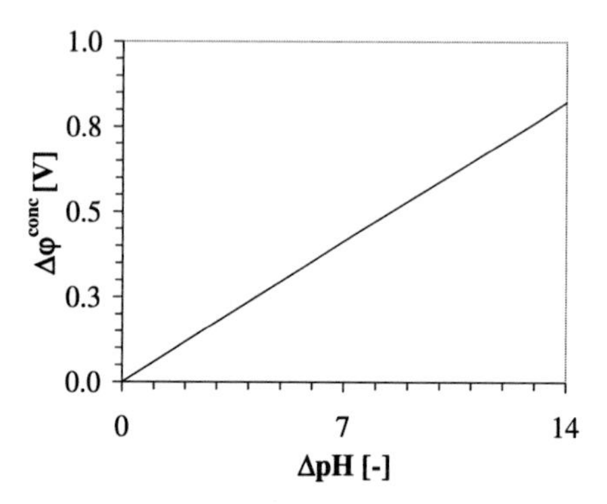

Figure 3.2: Concentration potential $\Delta\varphi^{conc}$ as a function of pH difference between acid and base compartment at 25°C.

arising from the accumulation of water dissociation products in the acid and base compartment adjacent to the bipolar membrane. Thus, for a 1 N acid and base solution at standard conditions (298 K, 1.013 bar), a concentration potential of $\Delta\varphi^{conc} = (-\mathbf{R}T)/(z_{H+}\mathbf{F})\ln[a_{H+}(\mathrm{p}H14)/a_{H+}(\mathrm{p}H0)] \approx 0.82$ V is obtained. Of course, initially at neutral solution conditions, $\Delta\varphi^{conc} = 0$, Fig. 3.2. For the ohmic resistance across cation and anion exchange layer, the potential drop can be estimated from $\Delta\varphi^{CEL/AEL} = R_A^{CEL/AEL} i$. Thus, with a typical membrane resistance of about 1.5 Ω cm², $\Delta\varphi^{CEL} = \Delta\varphi^{AEL} = 0.15$ V is obtained at $i = 100$ mA/cm² which is a typical current density in bipolar membrane applications. Additional resistances arise from water dissociation kinetics and water transport, contributing to $\Delta\varphi^{*}$. In sum, a minimum $\Delta\varphi^{M}$ of about 1.12 V is to be expected at $i = 100$ mA/cm².
Water dissociation ability may also be quantified in terms of the contribution of water dissociation products to the overall charge transport, the water dissociation efficiency η_{diss}. It is defined as

$$\eta_{diss} = \underbrace{\frac{\mathbf{F} z_{H+} \dot{n}_{H+}}{i}}_{\text{CEL}} = \underbrace{\frac{\mathbf{F} z_{OH-} \dot{n}_{OH-}}{i}}_{\text{AEL}}, \tag{3.2}$$

where $\dot{n}_j$ denotes the molar flux density of ion j. Alternatively, water dissociation efficiency may be expressed in terms of the salt ion transport

$$\eta_{diss} = 1 - t_{CoI}^{BPM}. \tag{3.3}$$

t_{CoI}^{BPM} denotes the bipolar membrane coion transference number which describes the salt ion transport across the membrane because independent of its valence any ion is

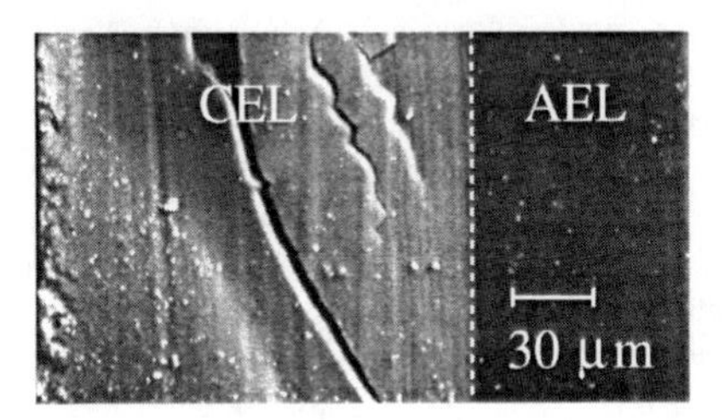

Figure 3.3: Scanning electron micrograph of the commercial bipolar membrane BP-1 (Tokuyama Soda Co., Ltd., Japan).

coion to one of the membrane layers. For a single electrolyte MX, t_{CoI}^{BPM} is defined as

$$t_{CoI}^{BPM} = \underbrace{\frac{\mathbf{F}\left(z_{M+}\dot{n}_{M+} + z_{X-}\dot{n}_{X-}\right)}{i}}_{\text{CEL or AEL}} . \tag{3.4}$$

Both quantities, η_{diss} and t_{CoI}^{BPM} depend on the current density. At low i, salt ion charge transport is dominating while at high i, charge transport by water dissociation products prevails and $\eta_{diss} \gg t_{CoI}^{BPM}$.

For Tokuyama's BP-1 bipolar membrane the performance according to the manufacturer is shown in the table below [132].

membrane potential drop*	$\Delta\varphi^M$ [V]	1.2–2.2
water dissociation efficiency*	η_{diss} [%]	>98
peel strength	F_p [kg/cm^2]	4–7

* Conditions: $i = 100$ mA/cm^2, 1.0 N HCl — BP-1 — 1.0 N NaOH, 30°C.

A scanning electron micrograph of BP-1 is shown in Fig. 3.3. The lighter left portion of the membrane corresponds to the cation exchange layer, which makes up about 60% of the overall membrane thickness. The darker right portion corresponds to the anion exchange layer of the bipolar membrane. The cracks in the CEL are due to the different shrinkage of CEL polymer and the embedded reinforcing textile (backing).
The manufacturing process is based on Tokuyama's original patent and indicates what techniques are useful in order to obtain a modern bipolar membrane. According to the patent literature [47, 48] the starting material is a commercial cation exchange membrane containing sulfonic acid groups as fixed ion sites. The capacity is chosen such that the number of fixed ions per mass of dry polymer $X^{CEL} \approx 1 \ldots 2$ mol/kg. The anion exchange polymer consists of aminated polysulfone with quaternized amino groups

as fixed ions. The recommended capacity in this case is $X^{AEL} \approx 0.6 \ldots 1.5$ mol/kg. First, one side of the cation exchange membrane is roughened with sand paper. Subsequently, the cation exchange membrane is soaked in a 2 w-% $FeCl_2$ for one hour at 25 °C. Thorough rinsing and air drying follows. Finally, anion exchange polymer dissolved in a 1:1 mixture of methanol and chloroform is cast on the roughened surface of the treated cation exchange membrane such that an anionic film of approximately 90 μm thickness remains after evaporation of the solvent.
In the above procedure membrane capacity is chosen such that low membrane resistance and coion uptake is combined with sufficient mechanical strength and moderate swelling. The roughening of the initial cation exchange membrane serves to increase the internal surface of the junction region and hence to improve the peel strength. The ferrous chloride initially present all over the cation exchange layer is removed from the membrane during operation except for a thin layer of about 0.5 μm extending from the CEL/AEL interface into the AEL. Here, ferrous ions possibly are immobilized due to the very low solubility of $Fe(OH)_2$ formed when water dissociation takes place. Apparently, the iron ions act catalytically, significantly reducing the required membrane potential for water dissociation. This assumption is further supported by comparison with alternative preparation procedures without the corresponding membrane treatment. The patent also reports on other heavy metal ions (e.g. Fe^{3+}, Ti^{4+}, Zr^{4+}, Pd^{2+}), which also show a catalytic effect.

3.2 Experimental Observation and Physical Interpretation

3.2.1 Current Voltage Curves

Typically, bipolar membranes are characterized, measuring the current voltage curves [72, 99, 98, 84, 59, 100, 125, 124, 134, 52]. For this, a constant external field is applied and the corresponding potential drop $\Delta\varphi^M$ across the bipolar membrane and current density i is measured *under steady state conditions*. Stepwise increase of the external field results in the current voltage curve. Details of the measurement technique are described in section 4.2.9. An example is shown in Fig. 3.4 for Tokuyama's BP-1 bipolar membrane in an aqueous 0.5 mol/l NaCl solution. The upper diagram shows the full range of data measured up to $\Delta\varphi^M = 10$ V. The middle diagram contains a close-up view for current densities below 1 mA/cm^2. As indicated in roman numbers, the current voltage curve is composed of four sections. In order to better resolve the first two sections, the data is also plotted as resistance vs. inverted current density, the so-called *Cowan-Brown plot*, Fig. 3.4, bottom.

In section I at very low current densities, current and voltage show a linear relationship, i.e. the membrane resistance R_A^0 determined from the initial slope of the current voltage curve, remains approximately constant, Fig. 3.4, bottom. Increasing

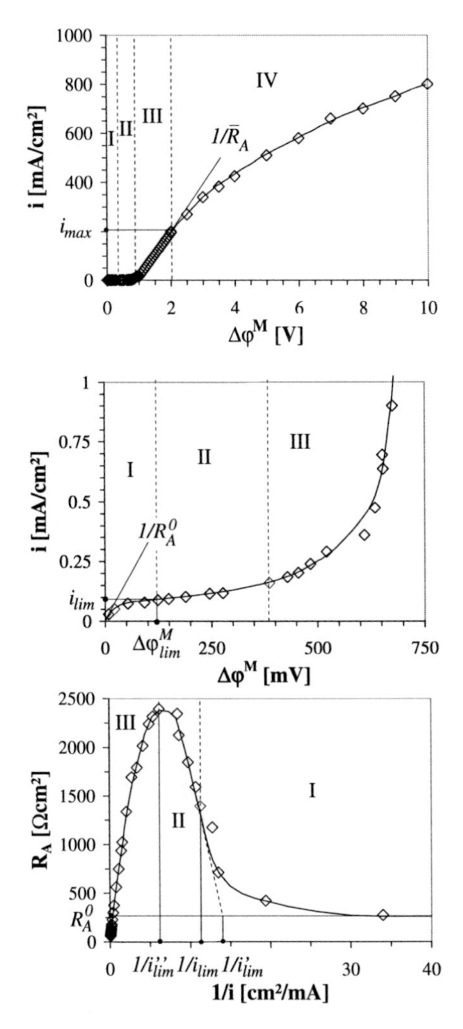

Figure 3.4: Experimental steady state current voltage curve and its characteristic parameters of BP-1 bipolar membrane in 0.5 mol/l NaCl (aq). Top: Current voltage curve for membrane potentials at overlimiting current densities. Middle: Close-up for $i \approx i_{lim}$. Bottom: Corresponding Cowan-Brown plot.

the external field gradually increases the resistance, which is highest around the so-called limiting current density i_{lim}. i_{lim} denotes the current density at which the characteristic plateau is observed. In the Cowan-Brown plot the plateau corresponds to a sharp resistance increase. Due to the smooth transition of section I and II there is no universally agreed procedure of how to determine the limiting current density. Cowan and Brown suggest to determine the limiting current density from the intersection of the tangents to the Cowan-Brown plot in sections I and II, Fig. 3.4, bottom, i'_{lim} [23]. Other authors tend to define i_{lim} at the point of highest resistance, i''_{lim} in Fig. 3.4, bottom, [106]. While the current density is relatively insensitive to the chosen definition, the corresponding membrane potential $\Delta\varphi^M$ changes considerably. Therefore, in Fig. 3.4 the suggestion of Wilhelm is chosen and i_{lim} is determined at the inflection point of the current voltage curve [137]. In any case, the plateau is always tilted, and the tilt is increasing (i.e. the resistance is decreasing) as the external field is further increased.
A low and approximately constant resistance $\bar{R}_A$ is characteristic for the third section of the current voltage curve (Fig. 3.4, top) which typically includes the working range of a bipolar membrane. Again transition between section II and III is smooth and therefore the definition of the boundaries between the two sections somewhat arbitrary. Here, section III is defined to start as the resistance of the bipolar membrane starts to decrease. The fourth section is characterized by a re-increase in membrane resistance. Usually, this is not observed unless for current densities well beyond the typical working current densities. The onset of the re-increase is termed upper limiting current density or maximum current density, i_{max} [124, 59, 137].

In order to explain the observed behavior, three assumptions are common practice [100, 124, 85]. First, for the membrane/solution interfaces equilibrium is assumed. Second, mass transport is assumed to be due to diffusive, i.e. concentration gradient driven and migrative, i.e. potential gradient driven, flux. Thus, for each ion $\dot{n}_j^{total} = \dot{n}_j^{diff} + \dot{n}_j^{mig}$ with $\dot{n}_j^{diff} \propto D_j dc_j/dz$ and $\dot{n}_j^{mig} \propto D_j c_j d\varphi/dz$ according to the Nernst-Planck equation. Third, electroneutrality is assumed to prevail throughout the bulk of the membrane.
These assumptions in mind, the observed behavior can be explained in terms of ionic transport. As an example, the explanations are given for the case of a NaCl solution in equilibrium with both bipolar membrane layers, Fig. 3.5. In this case, the cationic species Na^+ is counterion with respect to the cation exchange layer but coion with respect to the anion exchange layer. For the anionic species Cl^-, the inverse is true. At zero current density, the bipolar membrane layers are in equilibrium with the external solutions. Due to the Donnan equilibrium, coions are taken up within the cation and anion exchange layers. For electroneutrality reasons the corresponding amount of counterions must be taken up beyond the fixed ion concentration c_{FI}, Fig. 3.5, left. For $i = 0$ no charge transport occurs, i.e. $\dot{n}_j = 0$, and concentration profiles within the membrane layers are even. For very low current densities the concentration profiles remain basically unchanged. At this, the initial slope of the current voltage curve

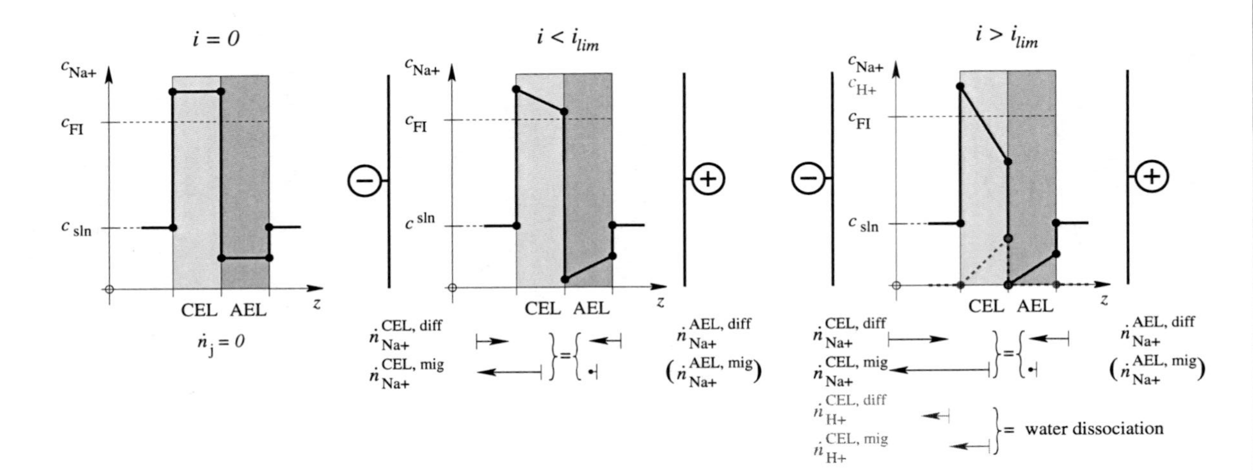

Figure 3.5: Linearized concentration profiles of the cationic species across a symmetrical bipolar membrane in equilibrium with the external electrolyte solution (left), for underlimiting current densities $i < i_{lim}$ (middle) and for overlimiting current densities $i > i_{lim}$ (right). Sodium ion concentrations are shown as solid lines, proton concentrations as dashed lines.

corresponds to the ohmic resistance of the membrane $R^0_{A,}$ in equilibrium with the electrolyte solution, Fig. 3.4, section I [137].
As the current density i is increased, ions are removed from the membrane phase. Because the solution phase usually is much larger than the membrane phase, equilibrium at the solution/membrane interface remains unchanged, whereas concentrations at the CEL/AEL interface, the bipolar membrane junction region, decreases. Hence, concentration gradients build up across the membrane layers, Fig. 3.5, middle. At steady state, the migrative removal of counterions is compensated by diffusive replenishment [100, 124, 59]. For continuity reasons

$$\left|\dot{n}_{Na+}^{CEL,\ mig}\right| - \left|\dot{n}_{Na+}^{CEL,\ diff}\right| = \left|\dot{n}_{Na+}^{AEL,\ diff}\right| + \left|\dot{n}_{Na+}^{AEL,\ mig}\right|,$$

where the migrative coion transport (the second term on the right hand side) can be neglected due to the proportionality $\dot{n}_j^{mig} \propto c_j$. Thus, more generally

$$\left|\dot{n}_{GgI}^{mig}\right| - \left|\dot{n}_{GgI}^{diff}\right| = \left|\dot{n}_{CoI}^{diff}\right|. \tag{3.5}$$

Subscript $_{CoI}$ refers to coions, subscript $_{GgI}$ to counterions. I.e. at low current densities charge transport is due to coion transport.
Further increase of i results in a further salt ion removal from the membrane layers. Eventually, the coion concentration at the CEL/AEL interface approaches nil (and counterion concentration approaches the fixed ion concentration), corresponding to the maximum co-ionic charge transport possible. This is referred to as *limiting current density*. i_{lim} may be overcome only if additional charge carriers become available. These can be generated in the junction region from water dissociation which is seen as an electric field activated reaction [124, 71]. The pronounced potential increase in section II of Fig. 3.4 corresponds to the onset of water dissociation. Thus, hydronium and hydroxyl ions are generated, additional charge carriers become available and the resistance decreases. The situation for a membrane at overlimiting current density $i > i_{lim}$ is shown in Fig. 3.5, right. The sodium concentration in the CEL at the CEL/AEL interface has fallen below the fixed ion concentration which is compensated by protons generated *in situ* from water dissociation. Hence, charge transport is composed of a constant salt coion flux and a flux of water dissociation products increasing as the current density is increased. At overlimiting current densities $i \gg i_{lim}$ charge transport by water dissociation products is dominating and membrane resistance $\bar{R}_A$ approximately constant.
At very high current densities, dissociation of water becomes transport limited because diffusive replenishment of solvent does not suffice to counterbalance migrative removal of ionic solvent dissociation products. According to Krol this results in an irreversible destruction of the bipolar membrane due to the high membrane resistance and/or the exposure of the anion exchange layer to high hydroxyl ion concentrations [59].

3.2.2 Chronopotentiometric Measurements

Speaking in practical terms the dynamic behaviour of ion exchange membranes raises little interest, because in general steady state is readily obtained. However, dynamic studies may serve as a powerful tool to improve the understanding of ongoing transport processes as is shown for aqueous systems by Wilhelm [137]. A common experimental technique for dynamic studies is chronopotentiometry, which records the time course of the membrane voltage to a preset current signal [63, 59, 52, 92]. Usually, the current signal is a modified Heaviside function and is kept constant until steady state is obtained. A detailed description of the experimental procedure is given in section 4.2.9.

Examples of measured time courses for an aqueous 0.5 mol/l NaCl solution are shown in Fig. 3.6 and in Fig. 3.7 for an increase in current density and in Fig. 3.8 for a decrease in current density. Upon current switch-on Fig. 3.6, top, a potential drop is measured which corresponds to the ohmic resistance of a bipolar membrane in equilibrium with its adjacent solutions at zero current density. It is called *reversible* potential drop U_{rev} because no transport limited process has changed the state of the membrane yet [136]. As soon as charge is transported across the membrane, desalting processes take place. The removal of mobile charge carriers causes the resistance and hence the potential to increase. For current densities $i < i_{lim}$, potential U asymptotically approaches the steady state value U_{SS}. At steady state, concentration profiles from current voltage curve measurements and from chronopotentiometric measurements coincide for a given current density. Therefore, U_{SS} and i_{SS} represent one point of the (steady state) current voltage curve.
The time course of membrane voltage upon a step increase in current density from $i = 0$ to $i > i_{lim}$ is shown in Fig. 3.7, top. Again, immediately after switch-on the ohmic resistance of the membrane can be calculated from U_{rev}/i_{SS}. Due to the higher current density, salt ion removal proceeds much faster as in Fig. 3.6. Since i exceeds the limiting current density, the coion concentration at the CEL/AEL interface approaches nil and the membrane resistance increases until enhanced water dissociation is initiated. At $t = t_{desalt}$ the potential increase $\partial U/\partial t$ is highest. For $t > t_{desalt}$ the resistance increase is slowed down because highly mobile hydronium and hydroxyl ions are available as charge carriers which start to exchange against less mobile salt ions. Again, in steady state, current density i_{SS} and membrane voltage U_{SS} correspond to one point of the current voltage curve.
In Fig. 3.8 the situation for switching-off the current density, initially being at $i > i_{lim}$ is illustrated. If the current is switched off the potential immediately drops to U_{rev}, the potential difference $U_0 - U_{rev}$ corresponding to the ohmic resistance of the membrane at current density conditions of $i = i_0$. Since $U_{rev} > 0$, the membrane can not be in equilibrium with its adjacent solutions. However, equilibrium must be regained under the limiting condition of zero current. For the four ionic species, Na^+, Cl^-, H^+ and

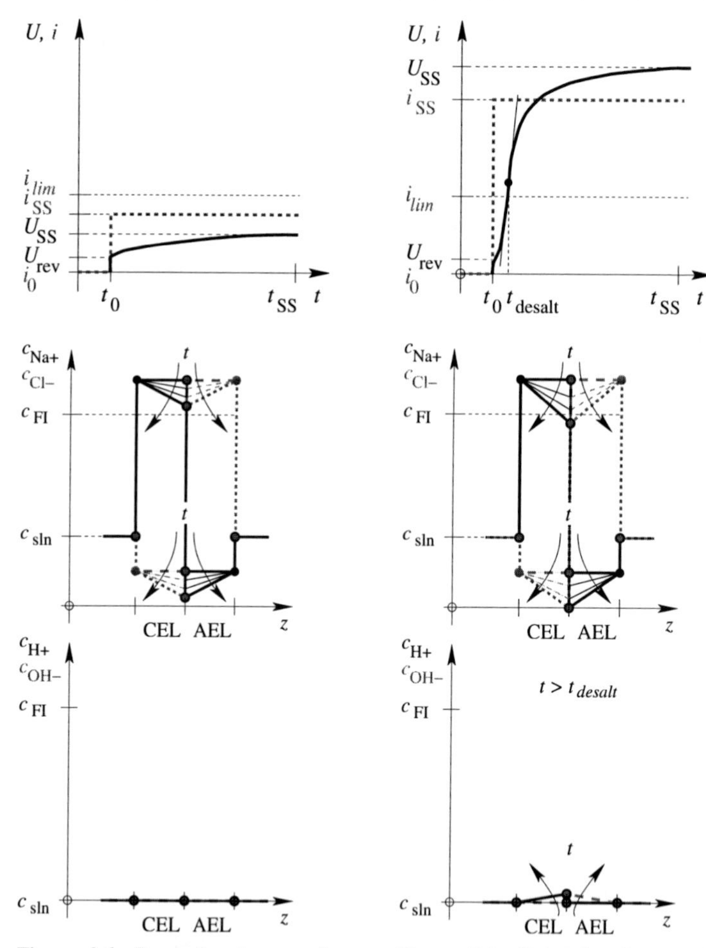

Figure 3.6: Dynamic change of membrane potential upon a step increase of current density from 0 to $i_{SS} < i_{lim}$. Top: Experimental data for membrane voltage (solid line) and current density (dashed line); middle: salt ion concentrations (Na^+ — solid line, Cl^- — dashed line); bottom: concentration of protons (solid line) and hydroxyl ions (dashed line).

Figure 3.7: Dynamic change of membrane potential upon a step increase of current density from 0 to $i_{SS} > i_{lim}$. Top: Experimental data for membrane voltage (solid line) and current density (dashed line); middle: salt ion concentrations (Na^+ — solid line, Cl^- — dashed line); bottom: concentration of protons (solid line) and hydroxyl ions (dashed line).

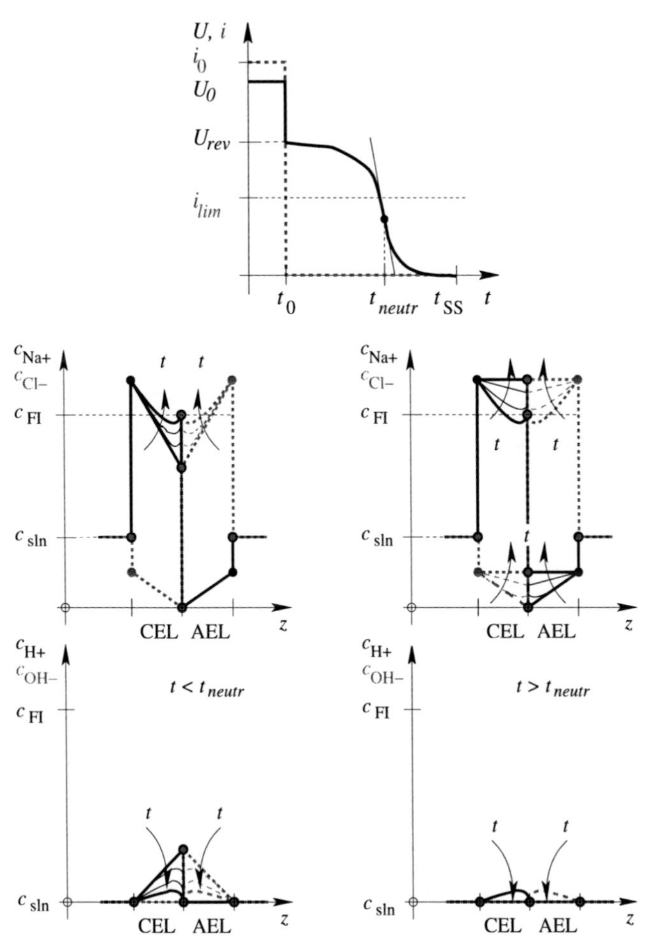

Figure 3.8: Dynamic change of membrane potential upon switching off the current density. Top: time course of voltage (solid line) and current density (dashed line). Below: corresponding change in concentration profiles across a symmetric bipolar membrane. Concentration profiles for $t_0 < t < t_{neutr}$ are shown to the left; concentration profiles for $t_{neutr} < t < t_{SS}$ are shown to the right. Middle row: Salt ion concentrations (Na^+ — solid line, Cl^- — dashed line); bottom row: concentration of protons (solid line) and hydroxyl ions (dashed line).

OH^-, follows from Faraday's law

$$\dot{n}_{Na^+} - \dot{n}_{Cl^-} + \dot{n}_{H^+} - \dot{n}_{OH^-} = 0, \tag{3.6}$$

at any point within the membrane. In the immediate vicinity to the CEL/AEL interface high concentrations of hydronium ions oppose high concentrations of hydroxyl ions. Here, neutralization may be assumed [137]. However, due to the coupling of ionic fluxes according to Eqn. (3.6) salt ion diffusion has to counterbalance H^+/OH^- charge transport. Hence, salt counterion concentration at the CEL/AEL interface increases as the concentration of water dissociation products is reduced. Close to the solution/membrane interfaces H^+/OH^- are exchanged against salt ions taken up from the solution phase (Fig. 3.8, left). t_{neutr} appears to indicate the exhaustion of the neutralization reaction, since the plateau for $t_0 < t < t_{neutr}$ may be extended substantially if the concentration of water dissociation products has been increased prior to current switch-off [137]. For $t > t_{neutr}$ the curved concentration profiles even out by ion exchange and coion uptake from the adjacent solutions until the initial equilibrium profiles are obtained for $t = t_{SS}$ (Fig. 3.8, right).

3.3 Enhanced Water Dissociation

So far, *sufficient* water dissociation has been tacitly assumed to explain the observed behavior of bipolar membranes. In the following some of the explanations developed for the kinetics of water dissociation are introduced in greater detail.

For the purpose of a mathematical treatment of water dissociation, a junction region of thickness δ^J located at the CEL/AEL interface is introduced, which may be understood as the origin of water dissociation products. The situation is illustrated in Fig. 3.9. Provided the thickness δ^J is known, the concentration of water dissociation products can be estimated from a mass balance about the junction region [100]

$$\delta^J A \frac{\partial c^M_{H3O+}}{\partial t} = A\left(\dot{n}^{AEL}_{H3O+} - \dot{n}^{CEL}_{H3O+}\right) + \delta^J A \sum_{k=1}^{K} \nu_{k,\ H3O+} r_k. \tag{3.7}$$

A is the membrane cross-sectional area, $\nu_{k,\ H3O+}$ the stoichiometric coefficient of the dissociation reaction k, which proceeds with reaction rate r_k. c_j^M denotes the concentration of ion j in the membrane phase. $\dot{n}^{AEL}_{H3O+}$ and $\dot{n}^{CEL}_{H3O+}$ denote the molar flux densities of hydronium ions entering and leaving the junction region, respectively. Applying the steady state approximation to Eqn. (3.7) and replacing the reaction term according to the autoprotolysis reaction of water

$$2\,H_2O \underset{k_{rec}}{\overset{k_{diss}}{\rightleftharpoons}} H_3O^+ + OH^-, \tag{3.8}$$

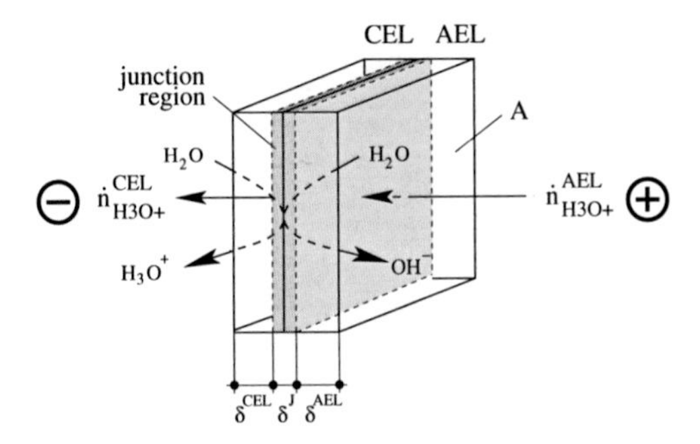

Figure 3.9: Location of the junction region within a bipolar membrane.

$$\dot{n}^{CEL}_{H3O+} - \dot{n}^{AEL}_{H3O+} = \delta^J (k_{diss} {c^M_{H2O}}^2 - k_{rec} c^M_{H3O+} c^M_{OH-}) \tag{3.9}$$

is obtained, where k_{diss} denotes the reaction rate constant of dissociation and k_{rec} the reaction rate constant of recombination. $\dot{n}^{AEL}_{H3O+}$ may be neglected assuming ideal selectivity of the anion exchange layer. Furthermore, for instantaneous removal of the ionic products $k_{rec} \approx 0$ may be assumed. Thus,

$$\dot{n}^{CEL}_{H3O+} \approx \delta^J k_{diss} {c^M_{H2O}}^2 \tag{3.10}$$

follows. Values for δ^J are obtained from resistance measurements and values which range from 1–5 nm are reported [114, 100]. The solvent concentration in the membrane may be concluded from swelling experiments and is approximately 6 mol/l [100]. Finally, rate constants of water dissociation and recombination in free solution have become available by Eigen's work, $k_{diss} \approx 4.5 \times 10^{-7}$ l/(mol s) and $k_{rec} \approx 1.4 \times 10^{11}$ l/(mol s)[1] [31, 32]. Thus, from Eqn. (3.10) follows that 1.6×10^{-11}mol/(m^2 s) $< \dot{n}^{CEL}_{H3O+} < 8.1 \times 10^{-11}$ mol/(m^2 s) for 1 nm $< \delta^J <$ 5 nm. Applying Faraday's law, the corresponding current density is calculated as 1.6×10^{-7}mA/cm^2 $< i <$ 7.8×10^{-7} mA/cm^2. In contrast, bipolar membranes are typically operated at current densities of approximately 100 mA/cm^2. Hence, it can be concluded that assuming solely the autoprotolytic dissociation of water, the rate constant k_{diss} has been underestimated by a factor of 10^8–10^9. Apparently, autodissociation of water is far too low, to explain the observed massive presence of water dissociation products. Thus, the water dissociation process must be accelerated or enhanced.

[1]From $k_{diss} = 4.5 \times 10^{-7}$ l/(mol s) and $k_{rec} = 1.4 \times 10^{11}$ l/(mol s), $K'_w = k_{diss}/k_{rec} = 3.2 \times^{-18}$ is calculated, from which $K_w = K'_w c^2_{H_2O} = K'_w (55.34 \text{ mol/l})^2 = 9.8 \times 10^{-15}$ mol^2/l^2 $= 10^{-14}$ mol^2/l^2 follows.

3.3.1 Electric Field Enhancement

Quite obviously the external field must be a major contributor to the rate enhancement, because only for sufficiently high external fields a significant increase in current density is observed for current voltage curves (cf. section 3.2.1). As a matter of fact, Wien discovered that strong electric fields tend to increase the rate of dissociation of weak electrolytes, the so-called second Wien effect [135]. Based on these findings Onsager developed a mathematical expression for the dissociation rate constant as a function of the external field $k_{diss}(E)$ [88]. For a 1:1 electrolyte the increase in dissociation rate constant can be described by a power series expansion

$$\begin{aligned} \frac{k_{diss}(E)}{k^0_{diss}} &= 1 + b + \frac{b^2}{3} + \frac{b^3}{18} + \frac{b^4}{180} + \frac{b^5}{2700} + \frac{b^6}{56700} + \cdots \\ \text{with } b &= \frac{0.09636E}{\varepsilon_r T^2} \text{ and } E \text{ in [V/m] and } T \text{ in [K]}, \end{aligned} \tag{3.11}$$

where k^0_{diss} denotes the dissociation rate constant at zero external field. In contrast to that, the rate of recombination is considered as independent of the the electrical field, i.e. $k_{rec}(E) = k^0_{rec} = \text{const}$, because as in the derivation of Eqn. (3.10), water dissociation products are assumed to be rapidly removed from the junction region due to the high potential gradient. *Thus, as a consequence of the selective acceleration of the dissociation reaction, the equilibrium constant is changed.*

High electric fields must be expected within the junction region because the negative potential of the CEL is in immediate contact with the positive potential of the AEL [124, 71]. Since the bulk membrane layers typically exhibit a relatively low resistance, most of the applied external voltage must drop within the junction region. For an external voltage of 1 V and the above mentioned values for δ^J an electric field of $E = \Delta\varphi^J/\delta^J \approx 10^8 \ldots 10^9$ V/m is to be expected [100, 71]. Thus, in pure water, the resulting dissociation enhancement according to the second Wien effect, Eqn. (3.11), amounts to about a 1000-fold acceleration of the dissociation reaction if the relative permittivity of water ε_r = 78.4 and a temperature of T = 298 K is applied. Although the rate enhancement is considerable, this is still far too low, to explain the observed current densities.
According to Eqn. (3.11), ε_r has a strong influence on b and hence on the accelaration of the dissociation reaction. Besides it is known to be field dependent, cf. section 2.2. E.g. values as low as 6 are mentioned for water in the primary hydration shell. Thus, due to the presence of fixed ion charges and the high potential drop within the junction region ε_r can be expected to be significantly lower than its value in plain water [71]. The effect on the Wien dissociation rate enhancement is illustrated in Fig. 3.10. Apparently, as ε_r decreases, a dissociation rate enhancement of several orders of magnitude is observed even for rather moderate conditions. Moreover, if the field dependence of the relative permittivity itself is considered, the resulting field dependence

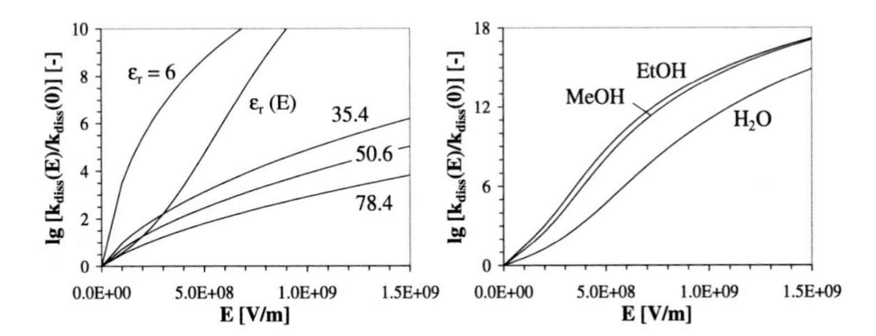

Figure 3.10: Dissociation rate enhancement according to Onsager's formulation of the second Wien effect, Eqn. (3.11). Left: Dependence of dissociation rate enhancement on the relative permittivity. A relative permittivity of $\varepsilon = 78.4$ corresponds to plain water under standard conditions, $\varepsilon = 50.6$ corresponds to a static electric field of $E = 2 \times 10^8$ V/m, $\varepsilon_r = 35.4$ corresponds to a 5 mol/l aqueous $NaClO_4$ solution and $\varepsilon_r = 6$ corresponds to water in the primary hydration shell of a fixed ion. If the field dependence of the relative permittivity itself is considered according to Eqn. (2.6), curve $\varepsilon_r(E)$ results. Right: The field dependence of the dissociation rate is shown for water, methanol and ethanol, considering the field dependence of ε_r according to the Eqn. (2.6).

of the dissociation rate becomes even more pronounced. In this case, a field of approximately 7.5×10^8 V/m suffices to reduce the relative permittivity to about 10, corresponding to a dissociation rate enhancement by a factor of about 10^8. For the non aqueous solvents methanol and ethanol the corresponding dissociation rate enhancement is shown in Fig. 3.10, right. Thus, the dissociation rate enhancement due to the electric field in principle could explain the observed high current densities. However, criticism arises from the fact that Onsager's theory has been verified experimentally only for electric fields up to $E = 7 \times 10^7$ V/m [88, 111, 99]. Besides, the above mentioned field dependence of ε_r has been neglected in the original treatment. Also, it is quite unclear, what the effective values of E and ε_r in the junction region are. Furthermore, Eqn. (3.11) predicts the same water dissociation rate enhancement regardless of the nature of the bipolar membrane.

3.3.2 Catalyzed Water Dissociation

Dissociation rate enhancement is not only due to the electric field but also due to catalytic effects which appears most natural considering the intense contact to the membrane polymer. It was Simons who first reported on the catalytic activity of functional groups such as tertiary amines, carboxylic acids and phenol groups. He also mentions rate enhancement due to the presence of chromium, ruthenium, iron, stannum, rhodium and tantalum ions [110, 112, 113]. Meanwhile many other weak acids and bases as well as heavy metal ions have proved to show catalytic activity for water dissociation [108, 13, 48, 133].
A basic difference between electric field enhancement and catalyzed water dissociation is its influence on the recombination rate constant k_{rec}. k_{rec} has been assumed unaffected by the electrical field, resulting in a change of the equilibrium constant $K = k_{diss}(E)/k_{rec}$ with E. Contrary, a catalyst cannot change chemical equilibrium, hence k_{diss} and k_{rec} are increased simultaneously. This is also assumed in the following equilibrium reactions Eqn. (3.12)–Eqn. (3.17).

The general mechanism of the rate enhancement can be described as a proton transfer reaction [111]

$$BH^+ + H_2O \quad \underset{k_{rec}^{BH+}}{\overset{k_{diss}^{BH+}}{\rightleftharpoons}} \quad B + H_3O^+, \tag{3.12}$$

$$B + H_2O \quad \underset{k_{rec}^{B}}{\overset{k_{diss}^{B}}{\rightleftharpoons}} \quad BH^+ + OH^-, \tag{3.13}$$

in case of B being a weak neutral base such as a tertiary amine. Interesting to note, tertiary amines may be converted into quaternary amines through methylation, which results in their loss of water dissociation activity. Conversely, quaternary amines may degenerate to tertiary amines at high pH conditions, thus gaining water dissociation activity [109]. Presumably, this is the reason why strong basic anion exchange polymers (with quaternary amines as fixed ion sites), show a considerable catalytic activity. Alternatively, the mechanism

$$A^- + H_2O \underset{k_{rec}^{A-}}{\overset{k_{diss}^{A-}}{\rightleftharpoons}} AH + OH^-, \tag{3.14}$$

$$AH + H_2O \underset{k_{rec}^{AH}}{\overset{k_{diss}^{AH}}{\rightleftharpoons}} A^- + H_3O^+, \tag{3.15}$$

is suggested, where AH is a weak neutral acid such as phenol. Finally, rate enhancement due to multivalent metal ions may be described following the form [112]

$$M^{m+} + 2\,m\,H_2O \underset{k_{rec}^{M+}}{\overset{k_{diss}^{M+}}{\rightleftharpoons}} M(OH)_m + m\,H_3O^+, \tag{3.16}$$

$$M(OH)_m \underset{k_{rec}^{MOH}}{\overset{k_{diss}^{MOH}}{\rightleftharpoons}} M^{m+} + m\,OH^-. \tag{3.17}$$

Due to its experimental evidence the catalytic activity of functional groups has regularly been accounted for in a variety of bipolar membrane models. This is done either by incorporation into a lumped parameter model or by an explicit description of the dissociation kinetics.

3.3.3 Mathematical Description of Enhanced Water Dissociation

3.3.3.1 Lumped Parameter Models

Different model approaches have been proposed to account for the effects leading to a rate enhancement as described in the preceding section. The so-called chemical reaction model is based on the suggestion of Timashev and Kirganova to describe bipolar membrane water dissociation analogous to other heterolytic decomposition reactions such as electrolysis, corrosion and oxidation processes [130]. For this purpose, the rate enhancement of the dissociation reaction $k_{diss}(E)/k_{diss}^0$ is empirically described by an exponential expression in order to account for a field *and* a catalytic effect [131]

$$\frac{k_{diss}(E)}{k_{diss}^0} = \exp\left(\frac{\mathbf{F}\alpha}{\mathbf{R}T}E\right). \tag{3.18}$$

In this case, k_{diss}^0 is the effective dissociation rate constant resulting from chemical reactions such as Eqn. (3.12) – Eqn. (3.17) leading to the protonation and deprotonation

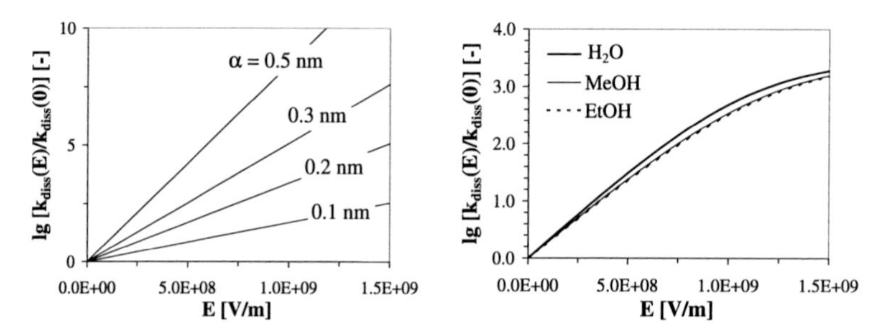

Figure 3.11: Model calculations for the dependence of the dissociation rate enhancement $k_{diss}(E)/k^0_{diss}$ on the electric field E. Rate enhancement according to the chemical reaction model Eqn. (3.18) for various values of the length parameter α (left). Rate enhancement according to the statistical thermodynamics approach Eqn. (3.19) for dipole moments μ corresponding to water, methanol and ethanol (right).

of water at zero electric field [71]. Distance parameter α may be considered as a highly sensitive fitting parameter. According to Timashev, a typical value of α is in the order of 1.0×10^{-10} m [131]. Comparison of calculated and experimental data has led to estimations for α that range from $0.5 \ldots 8.6 \times 10^{-10}$ m [97, 72, 85]. Using Eqn. (3.18) to plot $k_{diss}(E)/k^0_{diss}$ against the electric field, Fig. 3.11, left, is obtained which illustrates the high sensitivity with respect to α.

Mafe *et al.* attempt a physical interpretation of the chemical reaction model based on statistical thermodynamics [73, 71]. Their analysis is based on the observation that proton diffusion proceeds via quantum mechanical tunnelling, where the reorientation of water molecules is the rate limiting step. Provided the rate of reorientation could be increased, proton removal would be accelerated and presumably the solvent dissociation enhanced. In this situation, a strong electrical field could induce solvent orientation and thereby would favorably counterbalance thermal agitation. By means of statistical thermodynamics an expression can be derived that relates the probability P_N for the existence of a favorably oriented chain of N water molecules to the dissociation rate enhancement due to an electrical field

$$\frac{k_{diss}(E)}{k^0_{diss}} = \frac{P_N(E)}{P_N(0)} = \left(\frac{z^{N-1} - z^N}{1 - z^N}\right)\left(\frac{1 - (1/g)^N}{(1/g)^{N-1} - (1/g)^N}\right), \qquad \text{where } z \equiv \frac{\exp\left(\frac{\mu E}{kT}\right)}{g}. \tag{3.19}$$

Here, μ is the dipole moment of the solvent and g is an integer describing the possible orientations corresponding to the dipole rotational degree of freedom. $g = 5$ is mentioned as a reasonable choice for water. If a thickness of the junction region of $\delta^J = 1$–2 nm is assumed, a chain of $N = 6$ oriented water molecules is able to bridge the junction layer thus facilitating the transport of water dissociation products. The result of Eqn. (3.19) is given in Fig. 3.11, right, for dipole moments corresponding to water, methanol and ethanol. In contrast to Eqn. (3.18), the curves approach a limiting value for high fields which is explained by dielectric saturation. Besides, it is shown how solvent dissociation enhancement decreases as the polarizability of the solvent molecules increases. In a final step, Eqn. (3.18) is fitted to Eqn. (3.19) for E below the onset of dielectric saturation. Thus, $\alpha \approx 0.2$ nm is obtained, which corresponds to a dissociation rate enhancement of approximately 5 orders of magnitude. The tendency of experimental data towards higher values of α may then be due to the incorporation of a catalytical activity of functional groups into the fitting parameter [73, 71].

3.3.3.2 Physical Models

Although Eqn. (3.18) has been applied to various bipolar membrane systems quite successfully [72, 85, 2], the chemical reaction approach especially suffers from the empirical nature of distance parameter α. An alternative formulation is given by Rapp and Strathmann *et al.* [125, 100, 124, 59].
Following the suggestion of Simons, an explicit description of the water dissociation mechanism is introduced. It consists of three equilibrium reactions, the autoprotolysis reaction, Eqn. (3.8), and the catalytic dissociation of water due to a weak base B and its conjugate acid BH^+, Eqn. (3.13) and Eqn. (3.12). Electric field enhancement is considered for all three reactions according to the second Wien effect, Eqn. (3.11). Introducing a reaction rate expression obtained from collision theory into a mass balance about the ideally mixed junction region

$$\delta^J \frac{\partial c_j}{\partial t} = \dot{n}_j^+ - \dot{n}_j^- + \delta^J \sum_{k=1}^{K} \nu_{k,\,j} r_k, \tag{3.20}$$

a dynamic description of the concentration of species j = H_3O^+, OH^-, H_2O, B and BH^+ is possible. E.g. hydronium and hydroxyl ion concentration can be calculated from

$$\begin{aligned} \delta^J \frac{\partial c_{H3O+}}{\partial t} &= \dot{n}_{H3O+}^+ - \dot{n}_{H3O+}^- + \\ &\quad \delta^J \Big(k_{diss} c_{H2O}^2 - k_{rec} c_{H3O+} c_{OH-} + \\ &\quad k_{diss}^{BH+} c_{BH+} c_{H2O} - k_{rec}^{BH+} c_B c_{H3O+} \Big), \end{aligned} \tag{3.21}$$

$$\begin{aligned} \delta^J \frac{\partial c_{OH-}}{\partial t} &= \dot{n}_{OH-}^+ - \dot{n}_{OH-}^- + \\ &\quad \delta^J \Big(k_{diss} c_{H2O}^2 - k_{rec} c_{H3O+} c_{OH-} + \\ &\quad k_{diss}^{B} c_B c_{H2O} - k_{rec}^{B} c_{BH+} c_{OH-} \Big). \end{aligned} \tag{3.22}$$

k_{diss}, k_{rec}, k^B_{rec} and k^{BH+}_{rec} are taken from literature, while the dissociation rate constants k^B_{diss} and k^{BH+}_{diss} are derived from the reaction equilibrium constants. Due to the assumption that base B and acid BH^+ form an acid base pair, k^B_{diss} and k^{BH+}_{diss} are related via the pK_a of the corresponding acid base equilibrium

$$k^B_{diss} = k^B_{rec} 10^{-(pK_w - pK_a)} v_{H2O}, \quad (3.23)$$

$$k^{BH+}_{diss} = k^{BH+}_{rec} 10^{-pK_a} v_{H2O}, \quad (3.24)$$

where v_{H2O} is the molar volume of water. It follows that increasing pK_a accelerates the dissociation of water according to Eqn. (3.12), thus enhancing the production of hydroxyl ions. From the coupling of both reactions follows, that at the same time dissociation of water according to Eqn. (3.13) is slowed down, thus decreasing the production of hydronium ions. It can be concluded, that a maximum flux of water dissociation products can be expected only for $pK_a = pK_w - pK_a = 7$ [100].
Besides, calculations show that equilibrium is established within a few milliseconds. Hence, the kinetic approach may as well be replaced by an equilibrium description.

Although the model allows for some insight into the physical nature of the proposed reaction mechanism, agreement between simulated and experimental results is worse as compared to the lumped parameter model, even if the pK_a is fitted to experimental data. This is due to the fact, that the underlying proplem — the deficit in information about the actual reaction mechanism — remains unsolved. A more detailed discussion on the subject matter is given in section 6.2.

3.4 Junction Region

3.4.1 Space Charge Regions

So far it remained uncommented where the electrical field in the junction region originates from and how its value could be determined. An approximate, but simple experimental answer to the second question is to estimate the potential drop over the junction region $\Delta\varphi^J$, from bipolar membrane resistance measurements as shown e.g. by Rapp and Strathmann *et al.* [100, 124]. However, a more elaborate answer is found in the treatment of Mauro, who adopted the theory of space charge regions developed in the context of semiconductor p-n junctions to bipolar membrane theory [80].
For a macroscopic treatment, it suffices to assume that electroneutral membranes or solution phases are in equilibrium with each other. However, this amounts to ignoring a virtually infinite concentration gradient resulting from the immediate vicinity of significantly different concentrations of species j in the membrane and in the solution phase. As a consequence, an infinite diffusive flux would result, $\dot{n}_j \propto -(c^M_j - c_j)/d$ with $d \to 0$.
Therefore, a microscopic treatment is based on a continuous change in concentrations

and potential at the membrane/solution interface. However, in this case uncompensated charges must be considered as is shown schematically in Fig. 3.12, top left, for a symmetrical configuration of cation and anion exchange membranes [72]. Within the so-called space charge regions (SCR), extending from $-d/2 - \lambda^{CEL} < z < -\Lambda$ and from $\Lambda < z < d/2 + \lambda^{AEL}$ the electroneutrality condition must be replaced by the Poisson-Boltzmann equation

$$\frac{\partial^2 \varphi}{\partial z^2} = -\frac{\partial E}{\partial z} = -\frac{\rho}{\varepsilon_0 \varepsilon_r} = -\frac{\mathbf{F}}{\varepsilon_0 \varepsilon_r} \sum_{j=1}^{J} z_j c_j, \tag{3.25}$$

where ρ denotes the space charge density and which corresponds to the concentration of uncompensated charges. As shown in Fig. 3.12, left column, second row, the uncompensated negative fixed ions in the cation exchange membrane result in a negative space charge density in the membrane layer, whereas the surplus of cations in the adjacent solution layer causes a positive space charge density. At the anion exchange membrane/solution interface the respective space charges are of opposite sign. The corresponding electrical field is obtained from integration of the space charge density according to Eqn. (3.25), Fig. 3.12, left column, third row. Further integration of E leads to the potential profile shown in Fig. 3.12, bottom left.
If the distance d between cation and anion exchange membrane is reduced, the surplus of cations in the cationic solution layer is electrically compensated by the surplus of anions in the anionic solution layer. In the limit of $d = 0$ the remaining negative space charge region in the CEL immediately faces a positive space charge region in the AEL. In Fig. 3.12, middle, this is shown for the case of a bipolar membrane with different fixed charge concentrations $c_{FI}^{CEL} \neq c_{FI}^{AEL}$ in both membrane layers.
A simplified picture can be derived if the (in reality smooth) transition of the counterion concentration is replaced by a step decrease to zero in the junction region (Fig. 3.12, right). This assumption of *completely uncompensated fixed ion charges*, is usually introduced for the simplification of the mathematical treatment [80, 72], but is in particular true in bipolar membranes for currents above the limiting current density, because in this case counterions are immediately removed from the junction layer. The resulting behavior is analogous to the situation of a plate capacitor, where a dielectric of permittivity ε separates the plates by a distance of $\lambda^{CEL} + \lambda^{AEL}$. Mauro pointed out and demonstrated experimentally, that this phaenomenon gives rise to the capacitive properties attributed to the CEL/AEL interface of a bipolar membrane.

3.4.2 Abrupt Transition

The situation of the immediate vicinity of cation and anion exchange layer, as developed above, is termed abrupt transition. It may be expected for bipolar membranes whose monopolar films are joined by hot pressing or by casting a monopolar polymer solution on an existing monopolar film [42, 48].

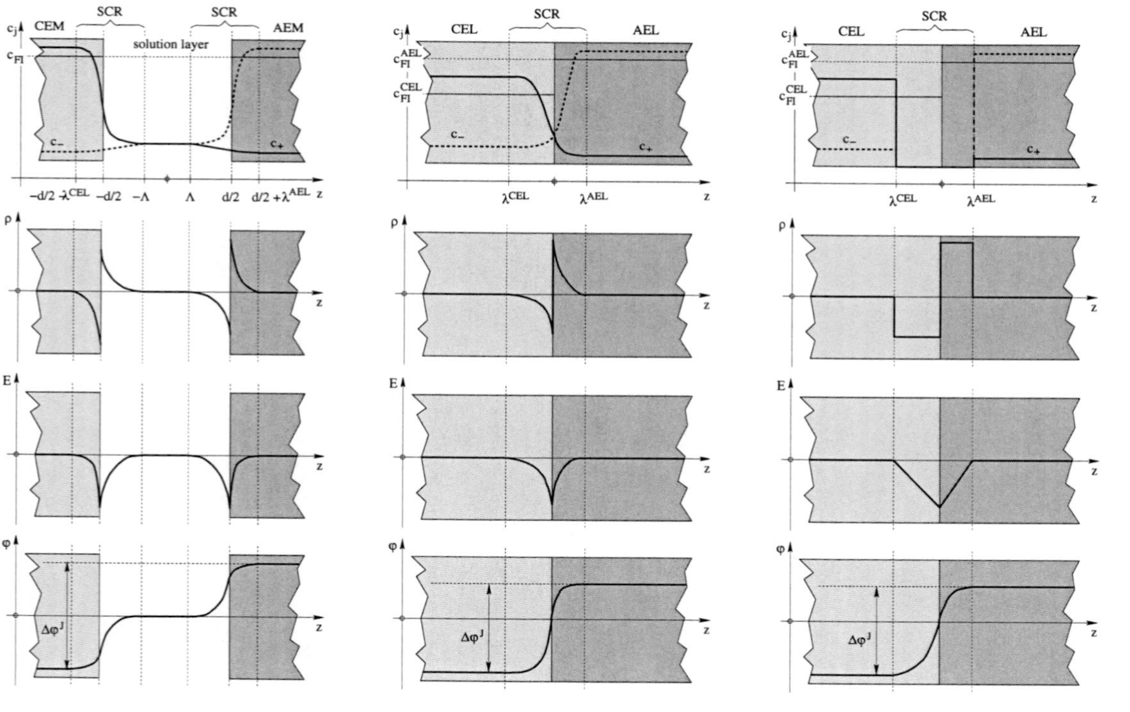

Figure 3.12: Schematic of the space charge regions (SCR) at a membrane/solution interface (left column) and at the cation/anion exchange layer interface of a bipolar membrane (middle column). A simplified picture of the latter situation is derived introducing the assumption of completely uncompensated fixed ions (right column). For each situation, the profiles of ionic concentration c_j (top row), of space charge density ϱ (second row), of electric field E (third row) and of electric potential φ (bottom row) are shown. [72].

In this case the Poisson-Boltzmann equation, Eqn. (3.25), may be written

$$\frac{\rho(z)}{\varepsilon_0\varepsilon_r} = \begin{cases} 0 & \text{for} \quad -\delta^{CEL} < z < -\lambda^{CEL} \\ -\frac{\mathbf{F}}{\varepsilon_0\varepsilon_r} c_{FI}^{CEL} & \text{for} \quad -\lambda^{CEL} < z < 0 \\ \frac{\mathbf{F}}{\varepsilon_0\varepsilon_r} c_{FI}^{AEL} & \text{for} \quad 0 < z < \lambda^{AEL} \\ 0 & \text{for} \quad \lambda^{AEL} < z < \delta^{AEL}, \end{cases} \tag{3.26}$$

Fig. 3.12, right, [72]. δ^{CEL} and δ^{AEL} denote the thickness of CEL and AEL, respectively. Introducing Eqn. (3.25) into Eqn. (3.26) and subsequent integration of Eqn. (3.26) from $-\lambda^{CEL}$ to λ^{AEL} considering the boundary conditions

$$E(-\lambda^{CEL}) = E(\lambda^{AEL}) = 0 \tag{3.27}$$

yields

$$E(z) = \begin{cases} -\frac{\mathbf{F}}{\varepsilon_0\varepsilon_r} c_{FI}^{CEL} \left(z + \lambda^{CEL}\right) & \text{for} \quad -\lambda^{CEL} < z < 0 \\ -\frac{\mathbf{F}}{\varepsilon_0\varepsilon_r} c_{FI}^{AEL} \left(\lambda^{AEL} - z\right) & \text{for} \quad 0 < z < \lambda^{AEL}. \end{cases} \tag{3.28}$$

This is the Schottky approximation, valid in cases where the concentration of fixed ions greatly exceeds the concentration of mobile ions as may be expected for the situation of solvent dissociation. For continuity reasons, $E(0+) = E(0-)$ at $z = 0$ from which

$$\frac{c_{FI}^{CEL}}{c_{FI}^{AEL}} = \frac{\lambda^{AEL}}{\lambda^{CEL}} \tag{3.29}$$

follows. From Eqn. (3.29) it can be deduced, that λ^{CEL} must increase as c_{FI}^{CEL} is decreased, provided the situation in the anion exchange layer remains unchanged.
Integration of Eqn. (3.28) from $-\lambda^{CEL}$ to λ^{AEL} finally yields an expression for the potential drop across the space charge region

$$\Delta\varphi^J = \frac{\mathbf{F}}{2\varepsilon_0\varepsilon_r} \left(c_{FI}^{CEL} \lambda^{CEL^2} + c_{FI}^{AEL} \lambda^{AEL^2}\right). \tag{3.30}$$

Equating for λ^{CEL} and λ^{AEL}

$$\lambda^{CEL} = \sqrt{\frac{2\varepsilon_0\varepsilon_r}{\mathbf{F}} \Delta\varphi^J \frac{c_{FI}^{AEL}}{c_{FI}^{CEL} c_{FI}^{AEL} + c_{FI}^{CEL^2}}}, \tag{3.31}$$

$$\lambda^{AEL} = \sqrt{\frac{2\varepsilon_0\varepsilon_r}{\mathbf{F}} \Delta\varphi^J \frac{c_{FI}^{CEL}}{c_{FI}^{CEL} c_{FI}^{AEL} + c_{FI}^{AEL^2}}}. \tag{3.32}$$

is derived.
Hence, the total thickness of the space charge region can be calculated [72]

$$\delta^J = \lambda^{CEL} + \lambda^{AEL} = \sqrt{\frac{2\varepsilon_0\varepsilon_r}{\mathbf{F}}\Delta\varphi^J \frac{c_{FI}^{CEL} + c_{FI}^{AEL}}{c_{FI}^{CEL} c_{FI}^{AEL}}}. \tag{3.33}$$

Finally, introducing Eqn. (3.31) and Eqn. (3.32) in Eqn. (3.28) the maximum electric field can be calculated at $z = 0$

$$E(0) = -\sqrt{\frac{2\mathbf{F}}{\varepsilon_0\varepsilon_r}\Delta\varphi^J \frac{c_{FI}^{CEL} c_{FI}^{AEL}}{c_{FI}^{CEL} + c_{FI}^{AEL}}}. \tag{3.34}$$

As an example, δ^J and $E(0)$ are calculated in case of a bipolar membrane placed between a 0.05 mol/l solution of the same 1:1 electrolyte. No external field is applied. Thus, the potential drop across the junction equals the sum of the Donnan potentials at the solution/membrane interfaces. Assuming a fixed ion concentration of $c_{FI}^{CEL} = c_{FI}^{AEL} = 1.2$ mol/l, $\Delta\varphi^J$ amounts to 52.2 mV. Provided $\varepsilon_r \approx 20$, a space charge region thickness of $\delta^J = 0.56$ nm and a maximum electric field of $E(0) = -1.85 \times 10^8$ V/m is obtained.

3.4.3 Smooth Transition

Depending on the manufacturing process, bipolar membranes may exhibit a gradual change in fixed ion concentration rather than an abrupt one. E.g. Chlanda and Lan describe a bipolar membrane whose CEL/AEL interface is increased by introduction of micro-beads made from ion exchange resin [18]. Fig. 3.13 illustrates the situation for the case of fixed ion concentrations changing linearly between $-\Delta^{CEL}$ and Δ^{AEL}. As before in the case of the abrupt transition, it is assumed that within the space charge region fixed ions are completely uncompensated. Under these conditions the space charge region typically is smaller than the transition region and

$$\Delta\varphi^J = \frac{2\mathbf{F}}{3\varepsilon_0\varepsilon_r}\lambda^3\left(s^{CEL} + s^{AEL}\right), \tag{3.35}$$

and

$$\delta^J = \lambda^{CEL} + \lambda^{AEL} = \sqrt[3]{\frac{12\varepsilon_0\varepsilon_r}{\mathbf{F}}\frac{\Delta\varphi^J}{\left(s^{CEL} + s^{AEL}\right)}}, \tag{3.36}$$

results [72, 116]. Comparing the results to the situation of an abrupt transition, it follows that with increasing thickness of the transition region $\Delta^{CEL} + \Delta^{AEL}$ the thickness of the space charge region δ^J increases and thus the maximum electrical field $E(0)$ decreases [116]. Thus, in case $\Delta^{CEL} + \Delta^{AEL} = 10$ nm, $\delta^J = 1.3$ nm and $E(0) = -5.9 \times 10^7$ V/m follow as the result of a calculation with the parameters employed in the numerical example of the preceding section.

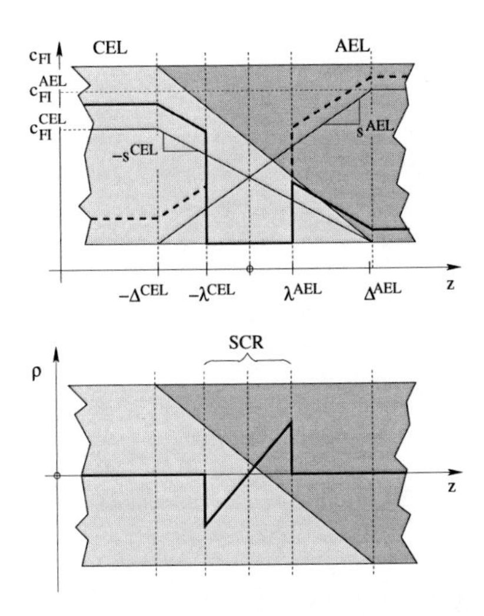

Figure 3.13: Space charge regions for the situation of a gradual change in fixed ion concentration. Top: Fixed ion concentration profiles. Bottom: Corresponding space charge density profiles.

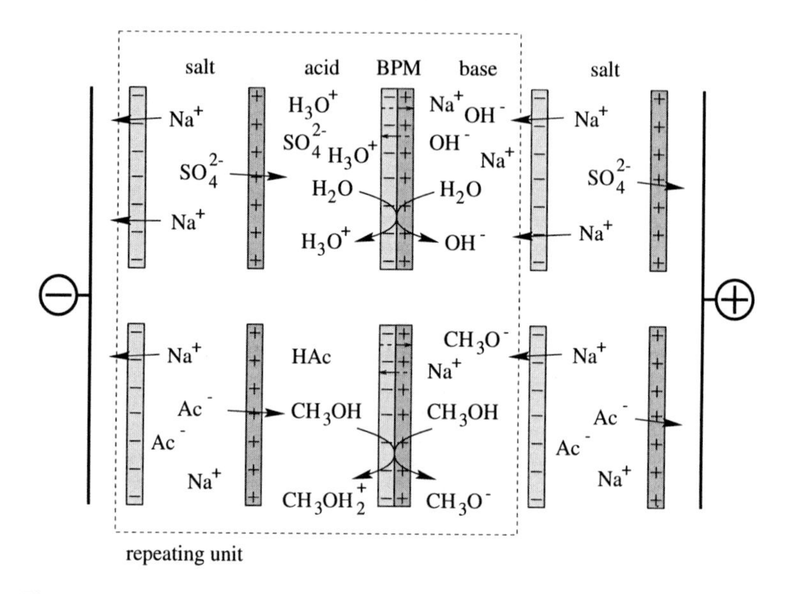

Figure 3.14: Schematic representation of a 3-cell arrangement for the regeneration of acids and bases from neutral salts in aqueous (top) and methanolic solutions (bottom). A bipolar membrane is used to dissociate the solvent into protons and lyate ions (i.e. OH^- in the case of water, CH_3O^- in the case of methanol).

3.5 Bipolar Membranes in Non Aqueous Electrolyte Solutions

So far, explanations have been given in terms of water dissociation because originally bipolar membranes were developed for aqueous solutions. Therefore, most of the publications focus on the dissociation of water, its mechanism and its potential applications. Far less literature can be found on bipolar membranes applied to non aqueous electrolyte systems. The first application on the subject matter was published and patented in 1996 and 1997 by Sridhar [119, 121, 122, 120]. Two potential applications are reported. The first process studied is focused on the production of sodium methoxide and acetic acid from sodium acetate and methanol. A schematic representation is shown in Fig. 3.14, bottom. The working principle is analogue to the regeneration of sulfuric acid and sodium hydroxide from sodium sulfate, Fig. 3.14, top. A laminate of a cation and an anion exchange membrane or — more efficiently — a bipolar membrane is used to efficiently dissociate the solvent into protons and solvent lyate ions (i.e. OH^- in the case of water, CH_3O^- in the case of methanol) which combine with the salt anion and the sodium to form the regenerated acid and base, respectively. In Sridhar's paper different cell arrangements are compared. In case the process aims for the production of sodium methoxide, a 2-cell arrangement is more favorable than a 3-cell arrangement. In this case Sridhar reports a methoxide current efficiency of approximately 70% at a cell voltage of 40 V, from which an energy consumption of about 28.4 kWh per kg of sodium methoxide can be calculated. The production of methoxide is proved by analysis of the product solutions. An economically interesting application is studied in a second publication [122]. There, the production of acetoacetic ester from its sodium enolate form by means of bipolar membrane protonation is discussed. Apart from the in situ generation of protons, the process features the advantage of a coupled sodium methoxide production required for the generation of the sodium enolate from methyl acetate. Besides, no salt load of the effluent exists.

The idea of Sridhar has been studied in a more theoretical context by Tanioka and co-workers. Apart from the solvent methanol they also studied the potential of dissociating ethanol, 1-propanol, ethylene glycol, propylene glycol as well as formic acid, acetic acid and propionic acid [19, 20, 87]. Only for methanol and for formic acid the enhancement of solvent dissociation could be confirmed by measuring the current voltage curve for a cell voltage of $U \leq 10$ V. However, the authors mention the possibility that dissociation enhancement for higher alcohols requires a further increase in cell voltage. This assumption seems to be proved by the work of Licis on C_3–C_8 alcohols. E.g. in propanol a current density of approximately 50 mA/cm^2 is obtained at a cell voltage of 400 V. Higher alcohols also seem to dissociate, although the achievable current densities decrease and the cell voltage to be applied increases [67].
Partially organic systems have been studied by Chou and Tanioka with loose laminates of commercial monopolar membranes [19, 21, 20]. For the organic solvents methanol, ethanol and 1-propanol an increase in organic solvent mole fraction goes along with an increase in membrane potential drop as shown by measuring the current voltage curves. In contrast, for the organic solvents formic acid, acetic acid and propionic acid, the membrane potential drop first decreased, then increased as the organic solvent mole fraction was increased [20]. The potential decrease at low mole fractions is explained by an increasing concentration of dissociated acid molecules. At high mole fractions, potential increase is interpreted in terms of the reluctance of the organic solvent to dissociate. Furthermore, the authors observe a decrease in effective fixed ion concentration which is accounted for by introduction of a contact factor. The latter is said to consider a possible fixed charge compensation at the CEL/AEL interface.
The role of traces of water as a solvent impurity is discussed by Onishi *et al.* [87]. For a 10 mmol/l LiCl (methanol) system, a water concentration of about 20 mmol/l is measured for commercial grade methanol. Upon application of an external field the production of both, LiOH and CH_3OLi, can be proved. However, as the current density is increased, or the operating time is prolonged, the current efficiency of LiOH van-

ishes. From the measurements follows, that the experimental current densities are far too high to be explained by water impurity dissociation alone.
The modification of the CEL/AEL-interface region by introduction of functionalized polymers is studied in [21, 127]. Dissociation rate enhancement is obvious for introduction of N-succinyl-chitosan (a polymer containing quaternary amines as well as carboxylate groups) < polyacrylic acid (a polymer containing carboxylate groups only) < PAS-H (a polymer containing quaternary amines only). The measured current voltage curves show a decrease in membrane resistance upon interface modification in aqueous *and* methanolic solutions. From the experimental results, the similarity of the dissociation mechanism in both solvents is concluded. Following the original suggestion of Simons [111] the catalytic activity of a base group B is generalized for the solvent S

$$\mathrm{B} + \mathrm{S} \rightleftharpoons \mathrm{BH}^+ + \mathrm{S}^-, \tag{3.37}$$

$$\mathrm{BH}^+ + \mathrm{S} \rightleftharpoons \mathrm{B} + \mathrm{SH}^+, \tag{3.38}$$

where SH^+ denotes the corresponding protonized (lyonium) form and S^- the corresponding lyate form of the solvent. Complementary, a catalytic activity of an acid group A is proposed

$$\mathrm{A}^- + \mathrm{S} \rightleftharpoons \mathrm{AH} + \mathrm{S}^-, \tag{3.39}$$

$$\mathrm{AH} + \mathrm{S} \rightleftharpoons \mathrm{A}^- + \mathrm{SH}^+. \tag{3.40}$$

3.6 Chapter Summary

According to experimental and theoretical studies, the behavior of bipolar membranes as observed from current voltage curves and chronopotentiometric measurements, is determined by different transport processes, namely the transport of salt ions and the transport of water dissociation products. Salt ions originate from the solution phase which is coupled to the membrane phase by coion uptake and ion exchange. In contrast to that, hydroxyl and hydronium ions are generated in situ from the dissociation of neutral water. From a simple mass balance about the junction region follows, that the dissociation reaction must be a highly activated process. The activation can be explained by electric field enhancement according to the second Wien effect and by the effect of catalytically active groups. Based on these findings most observations can be explained qualitatively. However, the quantitative picture is still fragmentary, which is partially due to the inaccessibility of modelling parameters but also due to the lack of detailed bipolar membrane models.
Also, though the underlying mechanisms can be expected to be similar, only little effort has been devoted to clarify the behavior of bipolar membranes in non aqueous solution systems. Experimental studies carried out so far indicate that solvent dissociation is more reluctant compared to aqueous systems leading to considerably higher

membrane potentials. Nonetheless, rate enhancement appears to be possible by means of the electric field and catalytically active groups. However, further experimental details are missing so far. Here, a systematic comparative study could help to identify the potential of bipolar membranes for applications in non aqueous solutions and possibly contribute to an improved understanding of enhanced solvent dissociation in general. This is the aim of the following chapters.

Chapter 4

Membranes and Methods

This chapter introduces to the characteristics of the examined polymers in aqueous and in non aqueous solutions and it describes the experimental techniques employed to characterize the same. The chapter is divided into two sections. In the first section, findings on the polymer chemistry and on its relation to morphology are summarized in order to develop an idea of the microscopic picture of the different ion exchange polymers. In the second section, the experimental methods employed for membrane characterization and their modifications for non aqueous media are described. Also, the relevant expressions required to evaluate the experimental data are introduced. The corresponding derivations are summarized in Appendix B.

4.1 Membranes

Experiments have been carried out with commercial monopolar and bipolar membranes of different manufacturers. They are focused on Du Pont's[1]N 117 cation exchange membrane and on Tokuyama's[1] CMB cation exchange membrane, AHA-2 anion exchange membrane and BP-1 bipolar membrane. N 117, CMB, AHA-2 and BP-1 are chosen for reasons of their commercial availability, their high mechanical and chemical stability with respect to methanol and ethanol and to solutions of high alkalinity. They are also characterized by a high selectivity and a low electrical resistance. Other membranes such as CMX, CM-1 and C66-10F (Tokuyama) or CRA (Solvay[1]) cation exchange membranes, ACLE-5P and AMX (Tokuyama) or ADP (Solvay) anion exchange membranes and AQ-BA-06-PS (Aqualytics[1]), AQ-BA-04-PSf (Aqualytics) or WSI-BP (WSI[2]) bipolar membranes are chosen for reasons of comparison. Values for the characteristic parameters of the examined monopolar membranes in aqueous 0.5 mol/l NaCl solution are summarized in Tab. 4.1. Tab. 4.2 compiles the manufacturers' data on the chemical stability of these membranes. Finally, in Tab. 4.3 the manufacturers' information regarding the bipolar membranes is put together.

[1]For contact addresses refer to Appendix C.

[2]Membranes no longer available.

Membrane	Manufacturer	X [mmol/g]	δ^M [μm]	R_A^{AC} [Ω cm^2]	t_{GgI}^M [–]	Reinforce-ment
CMB	Tokuyama	2.9	230	4.3	0.99	yes
CMX	Tokuyama	1.6	170	2.9	0.98	yes
CM-1	Tokuyama	2.0	150	1.9	$> 0.98^{*,\,1)}$	yes
C66-10F	Tokuyama	1.7	350	6.5	$> 0.99^{*,\,1)}$	yes
N 117	Du Pont	0.9	180	1.5	0.99	no
CRA	Solvay	2.1	160	2.5	$> 0.96^{*,\,2)}$	no
AHA-2	Tokuyama	1.4	180	4.0	0.99	yes
AMX	Tokuyama	1.6	150	2.8	0.97	yes
ACLE-5P	Tokuyama	1.1	250	15	$> 0.99^{*,\,1)}$	yes
ADP	Solvay	1.4	160	5.5	$> 0.97^{*,\,2)}$	no

1) Measured by electrophoresis

2) Measured in a 0.3/0.9 mol/l KCl (aq) concentration cell

Table 4.1: Characteristic parameters of monopolar membranes as determined in 0.5 mol/l (aq) NaCl solution. X denotes the membrane capacity, δ^M the membrane thickness, R_A^{AC} the membrane areal resistance as measured by means of impedance spectroscopy and t_{GgI}^M the counterion transference number determined from a 0.1/0.5 mol/l NaCl (aq) concentration cell. Data is measured according to the experimental procedures described in section 4.2. * denotes data taken from the manufacturer's product sheet.

Membrane	Manufacturer	MeOH	EtOH	H_2SO_4	NaOH	pH
CMB	Tokuyama	50%: +	NA	40%: +	20%: +	NA
CMX	Tokuyama	50%: +	50%: +	40%: +	5%: +	NA
CM-1	Tokuyama	50%: +	50%: +	40%: +	5%: +	NA
C66-10F	Tokuyama	50%: +	50%: +	40%: +	5%: +	NA
CRA	Solvay	NA	NA	NA	NA	0–10
AHA-2	Tokuyama	NA	NA	NA	NA	0–14
AMX	Tokuyama	50%: +	50%: +	40%: +	5%: ±	NA
ACLE-5P	Tokuyama	50%: +	50%: +	40%: +	5%: +	0–14
ADP	Solvay	NA	NA	NA	NA	0–14

Table 4.2: Chemical resistance according to the information provided by the manufacturer. Test solutions are: aqueous solutions of methanol and ethanol, sulfuric acid, caustic soda with the respective concentrations given in weight percent.
Classification: chemically stable (+), limited stability (±), instable (–). NA: no information available.

Membrane	Manufacturer	$\Delta\varphi^M$ [V]	η^{diss} [%]	δ^M [μm]	Reinforce-ment
BP-1	Tokuyama	0.9 [1)]	99	250	yes
AQ-BA-06-PS	Aqualytics	< 1.1 [2)]	> 98	250	no
AQ-BA-04-PSf	Aqualytics	< 1.1 [2)]	> 98	225	no
WSI-BP	WSI	1.0 [1)]	> 97	130	no

[1)] i = 100 mA/cm^2 (1 N NaOH/1 N HCl)
[2)] i = 108 mA/cm^2 (1 N NaOH/1 N HCl)

Table 4.3: Characteristic parameters of bipolar membranes according to the information provided by the manufacturer. $\Delta\varphi^M$ denotes the potential drop across the membrane at the conditions specified, η^{diss} the water dissociation efficiency and δ^M the membrane thickness.

4.1.1 Perfluorosulfonic Membranes

Du Pont's Nafion membrane N 117 belongs to the class of so-called perfluorosulfonic membranes. Their generic structure is shown in Fig. 4.1. It consists of a perfluorinated backbone without chemical crosslinking and relatively long and flexible ether side chains to which the functional (fixed ion) groups are attached. The latter dissociate effectively due to the electron pulling −I-effect of the perfluorinated side chains. In case of sulfonic acid end groups a pK_a as low as −6 is reported [57]. Such polymers are synthesized by copolymerization of CF_2=CF_2 and CF_2=CFR with R being a perfluorinated chain of suitable length with a sulfonate, sulfonyl or ester end group. Preparation of CF_2=CFR monomers is difficult and typically requires a multi-step synthesis. Copolymerization is carried out by radical initiated polymerization in aqueous or non aqueous media. In the first case, multi phase emulsion or suspension polymerization is employed, in the latter case the polymerization is a single phase process. Obtained polymer particles are extruded to form the final membrane. A more detailed introduction to the fabrication process is given in [26].
A characteristic feature of perfluorosulfonic membranes is that phase separation occurs on the scale of a few nanometers. This is due to the combination of a highly hydrophobic backbone with a hydrophilic fixed ion end group linked together by a flexible side chain of intermediate hydrophobicity. The resulting morphology is illustrated by the classical model of Gierke and Hsu, cf. Fig. 4.2 [40]. The authors suggest an arrangement of the solution domain in spherical clusters interconnected by narrow channels in a three-dimensional network. Clusters and channels are encased by sulfonic acid groups forming an inverted micelle with the polar fixed ion groups pointing inwards. Approximately 70 sulfonic acid residues at a distance of about

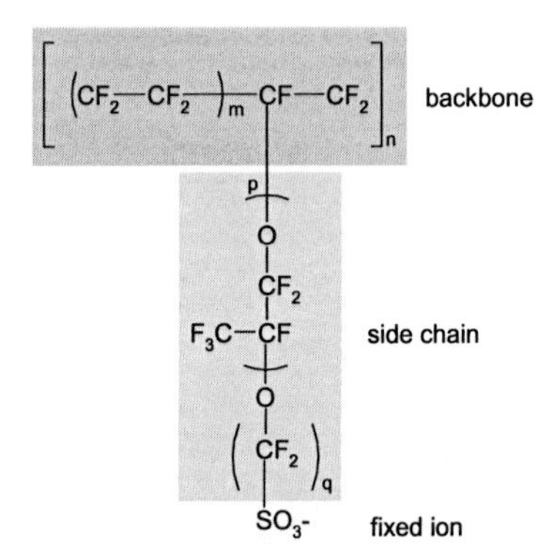

Figure 4.1: Chemical structure of a generic perfluorinated cation exchange membrane. Typically, m = 5–10, n = 600–1500, p = 0–2 and q = 1–4 [26]. For N 117, $m = 6.5$, $n = 230$, $p = 1$ and $q = 2$ [49].

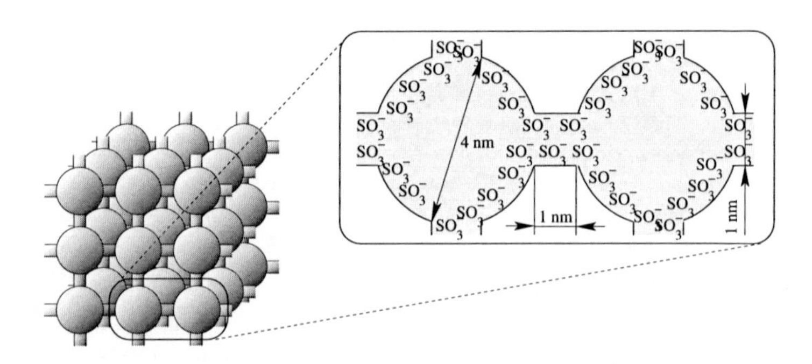

Figure 4.2: Nafion clustering according to Gierke and Hsu [40, 51].

1 nm form a cluster of 4 – 5 nm in diameter which contains about 1000 water molecules [41]. In this way, the phase boundary between polar solution domains and hydrophobic polymer backbone as well as the rejection between the fixed ion groups can be minimized. Due to the narrow pores, the local fixed ion concentration may considerably exceed the integral ion exchange capacity and explains the high selectivity observed e.g. in chlorine-alkali electrolysis.
More recently the Gierke model tends to be detailed by the idea of a system of solvent filled nano-pores irregularly penetrating the hydrophobic polymer phase [56, 57, 49]. The polymer phase may be subdivided into three domains. Up to 50% of the backbone is arranged in a crystalline structure which provides mechanical strength to the polymer. The remaining portion of the backbone may be considered amorphous [81]. The interfacial region between solvent phase and hydrophobic backbone is likely to be rich of (partially solvated) perfluorovinyl ether side chains which are characterized by an intermediate hydrophobicity [89]. Sulfonic acid groups are located at regular intervals thus forming a uniform potential surface [26, 57]. From SAXS[3], NMR[4]and permeation studies Kreuer *et al.* conclude that the channels are relatively wide, clearly phase separated and well connected compared to polyetherketone membranes [69, 57]. Fig. 4.3, top, illustrates some of the characteristic features of such a model, such as strong phase separation and classification of polymer into crystalline and amorphous backbone as well as a portion of perfluorovinyl ether side chains located between backbone and solvent domains.

Further information on the microscopic picture of perfluorosulfonic membranes can be derived from studies of the solvent uptake. For Nafion, from calorimetric, absorption and spectroscopic experiments three major locations for water within the membrane structure may be identified: The first location is attributed to the primary hydration shell. Approximately 5–6 water molecules are required to hydrate a fixed ion group [57]. Molecular dynamics simulations show that hydrogen bonding between fixed ions and these water molecules leads to a rather strong allocation of the solvent [54, 90, 91]. Therefore, the dielectric constant of Nafion swollen only to the degree of simple hydration is considerably lower than in pure water. Paddison *et al.* report a value of approximately 4 [89].
In contrast, the behavior of a second portion of membrane liquid is much closer to the behavior of water in a free solution. Therefore, it is called "free" water and is ascribed to the solvent clusters of the membrane phase. Apparently, cluster sizes are large enough to enable the partial formation of the characteristic water lattice. Thus, proton transport does occur not only by slow vehicle transport of the solvated ion but also by fast structural diffusion by means of quantum mechanical tunnelling. A diffusion coefficient of D_{H+}^{M} (H_2O) $= 12 \times 10^{-10}$ m^2/s is reported [107]. In the same line is the finding that fully hydrated Nafion exhibits a dielectric constant of about 30 [89].

[3]Small Angle X-ray Scattering
[4]Nuclear Magnetic Resonance

The third portion of water is characterized by an intermediate degree of bonding and therefore is ascribed to the outer solvation shell of the fixed ion groups and/or the (partial) hydration of the electronegative parts of the fluorether side chains [34, 139].
Information on methanol uptake is available in the context of direct methanol fuel cell applications. From solvent uptake measurements it is found that water/methanol mixtures are absorbed without fractionation [115, 56, 57]. From this, Kreuer concludes that both solvents must be located in the same part of the microstructure. However, methanol is also mentioned to act as a surfactant opening up the hydrophobic polymer. Besides, methanol leads to a gradual weight loss of the polymer upon repeated treatment [115], i.e. it can be considered as a (moderate) solvent for the polymer. From electron spin resonance measurements in purely methanolic solutions, Schlick *et al.* conclude a decrease in cluster size below approximately 2 nm and an increase in cluster density [126, 65]. This situation is illustrated in Fig. 4.3, middle. Due to the narrower channels and the smaller cluster diameters a decrease in ionic diffusion may be expected. As a matter of fact, the reported value of proton diffusivity D^M_{H+} (MeOH) $= 3 \times 10^{-10}$ m^2/s is about one order of magnitude lower than in hydrated Nafion. This is attributed to the breakdown of structural diffusion due to the limited cluster size [107].
Studies on the behavior of Nafion in ethanolic solutions are far less frequent. In purely ethanolic systems, Li and Schlick find a further reduction of ionic mobility but an increased mobility of the polymeric backbone as compared to methanolic systems [65]. The further decrease in ionic mobility is explained by a reduced size and an increased density of solvent domains; increasing polymeric mobility is attributed to a penetration of the rather apolar ethanol into the side chain domains and even into the amorphous regions of the backbone [81]. Therefore, some authors tend to characterize the effect of ethanol uptake rather as plasticizing than as phase separating [126]. This also goes along with the fact that ethanol is used to dissolve Nafion at higher temperatures [44, 78]. Again, the situation is illustrated in Fig. 4.3, bottom.

CRA and ADP membranes also belong to the class of perfluorinated polymers. However, in contrast to N 117, mechanical strength is provided by chemical crosslinking. According to the manufacturer, functional groups are introduced by means of radiation grafting [118].

4.1.2 Hydrocarbon Membranes

The polymers of Tokuyama's monopolar and bipolar membranes belong to the class of so-called hydrocarbon ion exchange polymers. They are characterized by a less hydrophobic aliphatic or aromatic hydrocarbon backbone, chemical crosslinking of the polymer chains and short side chains to which the fixed ion groups are attached. As an example, the generic structure of a polystyrene based polymer is shown in Fig. 4.4 [26]. Many hydrocarbon cation exchange membranes are synthesized from copolymerization of styrene and divinylbenzene; for anion exchange membranes, vinylpyridine

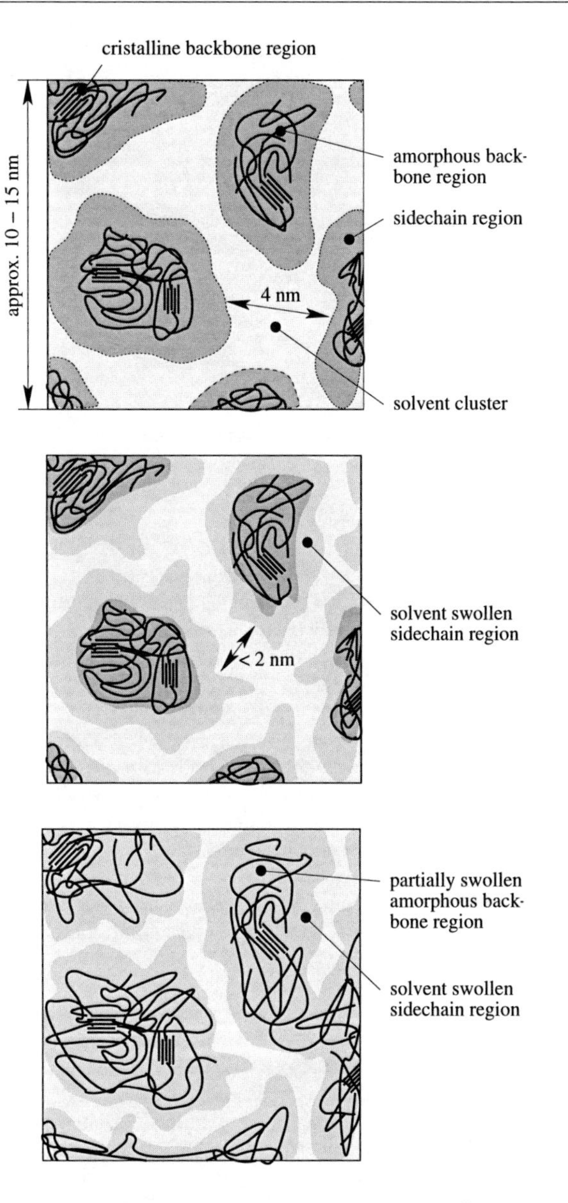

Figure 4.3: Illustration of morphological changes of a perfluorosulfonic polymer upon uptake of water (top), methanol (middle) and ethanol (bottom).

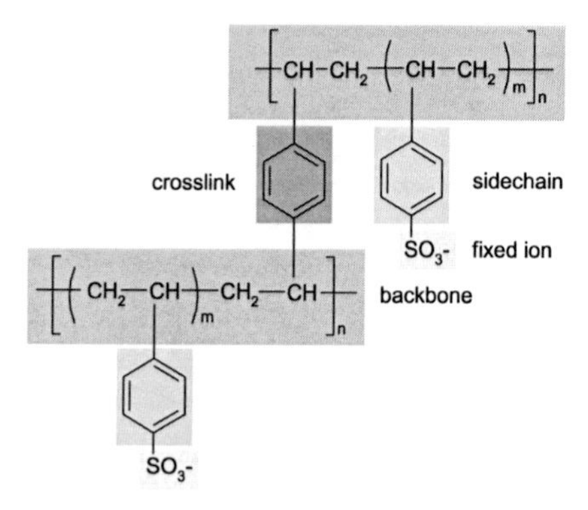

Figure 4.4: Chemical structure of a polystyrene based cation exchange membrane with $m = 6$–8 and n large [26].

and divinylbenzene are typical educts. Polymerization is carried out at 80–100 °C with a radical initiator. Divinylbenzene is a crosslinking agent which causes the formation of a polymeric network of chemically interconnected polystyrene chains. Functional groups are introduced by subsequent sulfuric acid treatment in the case of cation exchange membranes. In the case of anion exchange membranes, the nitrogen center of the vinylpyridine is quaternized by the reaction with alkyl halides [26].

Though membranes of this class typically show a sufficient degree of coion exclusion, the extensive chemical crosslinking often leads to brittleness and insufficient mechanical stability. One way to solve this problem is Tokuyama's so-called paste method [83, 82]. Here, monomer and crosslinker are mixed with a fine powder of polyvinylchloride particles prior to polymerization. Thus, polymerization not only results in a continuous polystyrene phase but also in a continuous polyvinylchloride phase consisting of coagulated particles. Both phases are mixed on a scale of 20–100 nm forming an interpenetrating network. As a result, flexibility and mechanical strength is provided by the polyvinylchloride phase, while permselectivity and conductivity is due to the sulfonated polystyrene.

Morphological data on polystyrene based membranes is very limited. However, to a certain extent, analogies may be drawn to polyetherketone based polymer studied in much greater detail. As polystyrene polymers, polyetherketone based membranes are characterized by a polymer backbone of a reduced hydrophobicity. Fixed ions are directly attached to the backbone and hence are even less flexible than in the case of polystyrene. Therefore, for polyetherketone membranes a morphology characterized by a network of narrow channels, a high degree of branching and a considerable fraction of dead-end channels is postulated. Also, because of the lower degree of phase

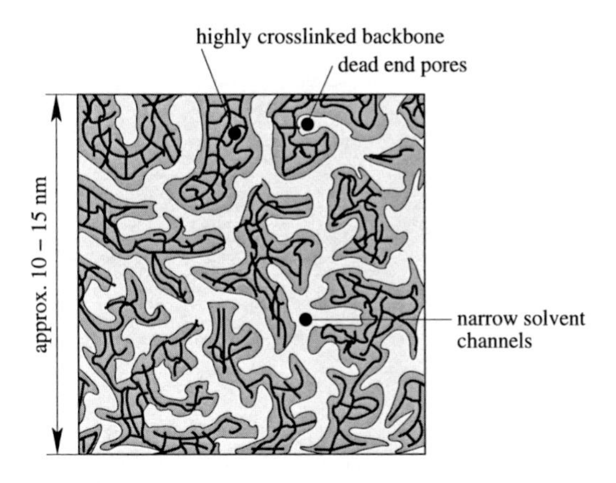

Figure 4.5: Morphological aspects of a polyetherketone polymer according to Kreuer [57].

separation, sulfonic acid groups distribute irregularly over the phase boundary as compared to Nafion, Fig. 4.5 [107, 36, 56, 57].

A qualitative idea of solvent uptake in hydrocarbon membranes is described by Davis who opposes differential scanning calorimetric measurements of Nafion and of polystyrene membranes [26, 139, 128]. In contrast to the discrimination between different water locations for perfluorinated membranes, no such differentiation appears to be justified for the polystyrene membranes. Rather, water seems to bind more or less uniformly within the polymer. In the same direction points the result of Paddison *et al.* whose examination of the dependence of the dielectric constant on the water content of polyetherketones showed a considerably lower variation between dried and hydrated state as compared to perfluorinated polymers. Besides, from the relatively low dielectric constant of $\varepsilon \approx 10$ a stronger interaction between polymer and solvent molecules can be deduced. Thus, one may conclude that the lower hydrophobicity of the hydrocarbon polymer supports a stronger hydrogen bonding of the water molecules. As a consequence, proton diffusivity is expected to be inferior with respect to Nafion because of the lack of quantum mechanical tunnelling [36]. As a matter of fact, the reported value of D^M_{H+} (H_2O) $= 3.0 \times 10^{-10}$ m^2/s for polyaromatic cation exchange membranes is about one order of magnitude below the value for N 117 [58]. The idea of strong hydrogen bonding between water molecules and fixed ions is also supported by quantum mechanical *ab initio* calculations which point out the stabilizing effect of hydrocarbons attached to the sulfonic acid site [54]. The calculations

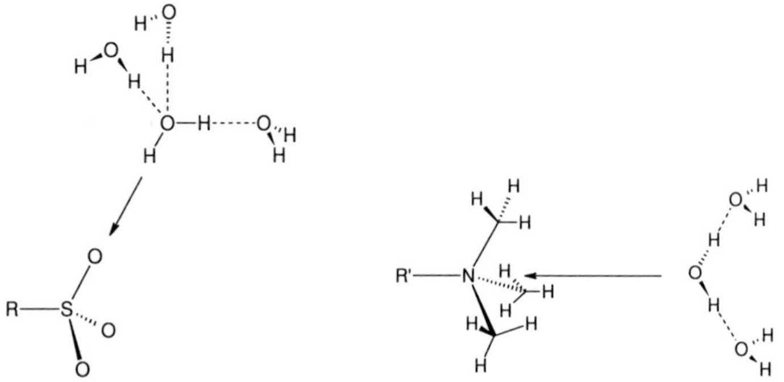

Figure 4.6: Structured water molecules approaching a sulfonic acid site (left) and a quaternary ammonium site (right) according to Irwin *et al.* [54]. R and R$'$ denote the polymer backbone.

also draw attention to the steric aspects of solvent uptake. E.g., compact sulfonic acid groups favor the approach of water molecules which results in strong hydrogen bonds but also in a considerable degree of disturbance with respect to the formation of a water lattice, Fig. 4.6, left. In contrast, the hydration of quaternary ammonia is sterically less favored. Therefore, hydrogen bonding is weaker as is the disturbance of the water structure, Fig. 4.6, right.
Data on proton diffusivities in methanol swollen hydrocarbon membranes is not available. However, Kreuer and Kujawski *et al.* mention the lower dissociative ability of the sulfonic acid (as opposed to perfluorsulfonic acid) as well as ion pair formation between fixed ions and counterions as mechanisms which possibly lead to a further reduction of ionic transport [56, 60].

Information about the polymeric material employed for BP-1 bipolar membrane is not provided by the manufacturer. According to the original patents and the 'Bipolar Membrane Handbook', the cation exchange layer is made from commercial CM-1 cation exchange membrane (polystyrene base material, sulfonic acid functional groups), which also is a hydrocarbon type of ion exchange polymer manufactured by Tokuyama [47, 48, 136]. However, other authors claim the more recent CMX standard grade cation exchange membrane to form the basis of BP-1 bipolar membrane [85]. Although made from the same base material with the same type of fixed ion groups, membrane properties of CMX and CM-1 membrane vary, Tab. 4.1 and Tab. 4.2. For the anion exchange layer, no commercial counterpart is known although Neubrand assumes AMX standard grade anion exchange membrane (base material unknown, quaternary ammonium functional groups) to be similar in behavior [85]. Due to its better stability with respect to high alkalinity the anionic material could also be similar to AHA-2 anion exchange membrane (base material unknown, quaternary ammonium groups). In any case, membrane layers are likely to be of *hydrocarbon* polymer material because this is what Tokuyama's paste method is based on. Also, due to the need for high membrane permselectivity it is most probable that the functional groups employed are sulfonic acid and quaternary ammonium sites for cation and anion exchange layer, respectively.

4.2 Experimental Methods

4.2.1 Membrane Conditioning

The notion of an *equilibrated membrane* is used to denote a membrane in thermodynamic equilibrium to its contacting solution. For this purpose, Donnan equilibrium, ion exchange equilibrium and osmotic equilibrium must be attained. Donnan equilibrium and ion exchange equilibrium may be described by the same reaction formalism [117]

$$\frac{1}{z_A}\mathrm{A} + \frac{1}{z_B}\overline{\mathrm{B}} \rightleftharpoons \frac{1}{z_A}\overline{\mathrm{A}} + \frac{1}{z_B}\mathrm{B}, \tag{4.1}$$

where z_j denote the charge numbers of ion j. Overbars refer to species in the membrane phase. The Donnan equilibrium describes the uptake of coions in the membrane phase. Then, A and B refer to the counter- and coion of an electrolyte. In contrast to that, the ion exchange equilibrium determines the concentration ratio of different counterions in the membrane at given solution composition. In case of a cation exchange membrane, A and B refer to different cations, e.g. Na^+ and H^+. In order to consider the osmotic equilibrium, Eqn. (4.1) can be formally extended

$$\frac{1}{z_A}\mathrm{A} + \frac{1}{z_B}\overline{\mathrm{B}} + \frac{1}{z_W}\mathrm{W} + \frac{1}{z_S}\mathrm{S} \rightleftharpoons \frac{1}{z_A}\overline{\mathrm{A}} + \frac{1}{z_B}\mathrm{B} + \frac{1}{z_W}\overline{\mathrm{W}} + \frac{1}{z_S}\overline{\mathrm{S}}. \tag{4.2}$$

z_W and z_S denote the number of water and solvent molecules W and S, respectively, exchanged between membrane and solution phase. In contrast to the ionic charge numbers z_j, they are not constant, but depend on the electrolyte and the concentration range examined.

The time required to achieve equilibrium, can range from a few minutes up to several weeks depending on type and state of membrane and solution. An example is shown in Fig. 4.7, left, for a CMB cation exchange membrane initially equilibrated in aqueous $NaClO_4$ solution. Solvent exchange against methanol attains equilibrium within less than two hours. It is remarkable however that in equilibrium no total water replacement is accomplished due to the strong hydrogen bonding between water molecules and fixed ion sites, cf. section 4.1.2.
In contrast to that, ion exchange may take considerably longer as illustrated in

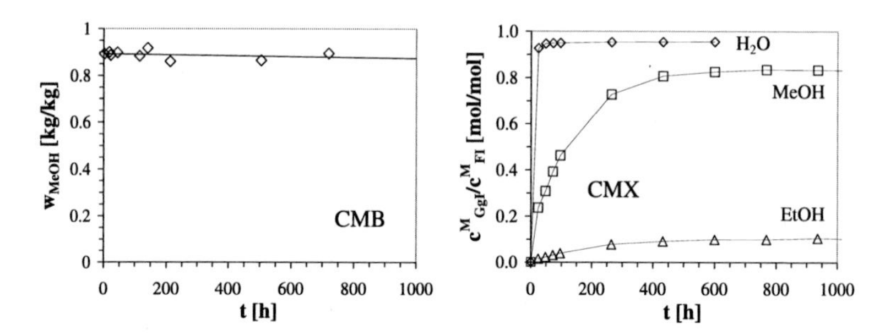

Figure 4.7: Kinetics of solvent exchange and ion exchange. Left: Methanol weight fraction in a CMB cation exchange membrane initially equilibrated in aqueous $NaClO_4$ solution as determined after t hours of contact with pure methanol. Right: Normalized counterion concentration c^M_{GgI}/c^M_{FI} of a CMX cation exchange membrane initially equilibrated in aqueous, methanolic and ethanolic $NaClO_4$ solution after t hours of contact with 0.25 mol/l $CaCl_2$ (H_2O), 0.25 mol/l $CoCl_2$ (MeOH) and 0.25 mol/l $CoCl_2$ (EtOH), respectively.

Fig. 4.7, right, for the exchange of of Na^+ against Co^{2+} in aqueous, methanolic and ethanolic solutions. Apparently, in case of the non aqueous solutions, equilibrium is not accomplished before approximately four weeks' time.

Experimentally, equilibration is preceded by a pretreatment and a conditioning step. Pretreatment is required only for N 117 membranes prior to their first use. It aims to remove impurities and to obtain a morphologically defined state.

- 1 h of shaking the membrane at 80°C in deionized water.
- 1 h of shaking the membrane at 80°C in 5 w-% aqueous H_2O_2 solution.
- 1 h of shaking the membrane at 80°C in deionized water.
- 1 h of shaking the membrane at 80°C in 0.5 mol/l H_2SO_4.
- 1 h of shaking the membrane at 80°C in deionized water.
- Replacement of solution and again 1 h of shaking the membrane at 80°C in fresh deionized water.

Membrane conditioning denotes the process of equilibrating a membrane with a single electrolyte solution such that all counterions in the membrane phase exchange against the counterions in the solution and such that the amount of coions in the membrane is negligible. In this case, membranes are also said to be in a specific counterionic form.

The experimental procedure employed is the following (volumes given refer to approx. 1 g of wet membrane):

- 6 h of shaking the membrane in 50 ml of 1 mol/l aqueous solution.
- 24 h of shaking the membrane in 100 ml of 1 mol/l aqueous solution.
- Replacement of aqueous solution and again 24 h of shaking the membrane in 100 ml of fresh 1 mol/l aqueous solution.

After that, all counterions are exchanged. In order to remove the adsorbed coions, the following steps are applied

- 6 h of shaking the membrane in 100 ml of deionized water.
- Replacement of the solution and repeated shaking in deionized water until the conductivity of the solution falls below 25 μS/cm.

Up to this point, experimental steps employ aqueous solutions due to their faster ion exchange kinetics, Fig. 4.7, right. In case conditioning requires solvent exchange against methanol or ethanol, further steps follow:

- Removal of all external liquid.
- 1 h of shaking the membrane in 50 ml of pure methanol/ethanol.
- 1 h of shaking the membrane in 100 ml of pure methanol/ethanol.
- 6 h of shaking the membrane in 100 ml of pure methanol/ethanol.

Now the membrane is in its desired form.
As mentioned above, equilibration procedures depend on the type and state of membrane and solution. Unless mentioned otherwise the following instructions have been followed:

- 6 h (7 d) of shaking a preconditioned membrane in 50 ml of the desired solution.
- 24 h (14 d) of shaking the membrane in 100 ml of the desired solution.
- Replacement of solution and again 24 h (14 d) of shaking the membrane in 100 ml of fresh solution.

The times given in brackets apply to methanolic and ethanolic solutions.
Monopolar and bipolar membranes are treated in the same way. However, in case of bipolar membranes, the different swelling of the two monopolar layers must be considered. Thus, in order to avoid handling difficulties due to coiling up, membranes are mounted between two cell frames prior to equilibration procedures. Then, coiling up is considerably lower.

4.2.2 Solvent Uptake

Solvent uptake can be quantified by measuring the membrane *swelling* ε defined as

$$\varepsilon = \frac{m^M - m^P}{m^P} = \frac{m_S}{m^P}. \tag{4.3}$$

m_S denotes the mass of the solvent taken up by the membrane, m^P is the mass of the dry polymer and m^M the mass of the wet membrane, $m^M = m^P + m_S$.
Alternatively, the *volume fraction of the solvent* ψ can be used. It relates membrane concentrations $\bar{c}$ based on the solvent volume V_S of the pore liquid to membrane concentrations c^M based on the volume of the swollen membrane V^M

$$c^M = \psi \bar{c}. \tag{4.4}$$

The solvent or pore liquid volume fraction can be derived from the swelling measurements by means of the densities of the wet membrane $\varrho^M = m^M / V^M$ and of the pore liquid ϱ_S,

$$\psi = \frac{V_S}{V^M} = \frac{\varrho^M}{\varrho_S} \left(\frac{\varepsilon}{1+\varepsilon} \right). \tag{4.5}$$

The densities for the membranes examined in the subsequent chapter are listed in Tab. C.1 of Appendix C.
Finally, the *solvent content* λ_S, which relates the number of solvent molecules n_S to the number of fixed ion sites n_{FI} is in common use. It can be derived from the swelling ε and the solvent volume fraction by means of the membrane capacity X and the molar fixed ion concentration c_{FI}, respectively,

$$\lambda_S = \frac{n_S}{n_{FI}} = \frac{\varepsilon}{MW_S X} = \varrho_S \frac{\psi}{MW_S c_{FI}}. \tag{4.6}$$

MW_S denotes the molecular weight of the solvent.

The swelling behavior of a membrane is determined by the osmotic pressure difference between solution and membrane, the electrostatic repulsion between the fixed ion sites and by London–van der Waals interactions of solvent and membrane. Swelling is increased by a large osmotic pressure difference which is due to the difference between the concentration of dissociated fixed ion sites and the external electrolyte solution concentration. Therefore, the osmotic pressure difference decreases with increasing solution concentration. It also decreases if the *effective* fixed ion concentration is decreased as can be observed with weakly acidic or basic ion exchangers due to incomplete dissociation of the fixed ion groups [50]. A high fixed ion concentration corresponds to a short distance between the individual fixed ion sites and therefore increases electrostatic repulsion and hence swelling. Furthermore, the importance of electrostatic interactions increases with decreasing permittivity as can be concluded from Coulomb's law. Finally, in apolar solvents also London-van der Waals interactions may play a role. An illustrative example is the affinity of quaternary ammonia groups to organic solvents which leads to an increased solvent uptake [50]. Besides, swelling is a function of the size of the solvated ions and the degree of chemical crosslinking which determines the contractive forces within the polymer. For polymers without chemical crosslinking, the degree of cristallinity limits the polymer elasticity.

Experimentally, swelling is determined with a conditioned membrane sample of approximately 1 g mass. The following procedure has been employed:

- Complete removal of all external liquid and determination of the wet membrane mass within an accuracy of ± 1 mg.
- 24 h of drying the membrane at 80°C and atmospheric pressure.
- Further drying over P_2O_5 until the mass of the membrane does not change any further. Determination of the dry membrane mass to a precision of ± 1 mg.

In methanolic and ethanolic solutions, attention must be paid to the fast solvent evaporation when the wet membrane mass is determined. For the BP-1 bipolar membrane only the overall solvent uptake, not the solvent uptake of the individual membrane layers can be determined. In this case, solvent uptake of CMX cation exchange membrane is assumed to be comparable to the solvent uptake of the cation exchange layer. Solvent uptake of the anion exchange layer results from the difference of total and cation exchange layer solvent uptake.

4.2.3 Capacity

Membrane *capacity* is defined as the number of fixed ion sites n_{FI} related to the polymer mass m^P

$$X = \frac{n_{FI}}{m^P}. \tag{4.7}$$

It is converted into the molar fixed ion concentration c_{FI} by means of the membrane swelling and the membrane density,

$$c_{FI} = \frac{n_{FI}}{V^M} = \frac{\varrho^M}{1+\varepsilon}X. \tag{4.8}$$

Typically, the fixed ion concentration is determined indirectly, employing the ability of the polymer to ion exchange. In this case, the fixed ion concentration is calculated based on the assumption that all fixed ion sites participate in ion exchange. If, however, fixed ion sites remain inaccessible e.g. due to their low degree of dissociation as observed for weak ion exchange resins, only an *effective* value of X and c_{FI} can be determined. Therefore, experimental data will be denoted X^{eff} and c_{FI}^{eff} rather than X and c_{FI}.

Experimentally, the effective capacity of cation exchange membranes is determined with membranes conditioned in aqueous NaCl solutions. Subsequently, Na^+ counterions are exchanged against Ca^{2+}. The following procedure is applied (volumes refer to approximately 1 g of wet membrane mass):

- 6 h of shaking the membrane in precisely 100 ml of 0.25 mol/l $CaCl_2$ (aq) solution.
- Removal of the solution and collection of the same in a sealed bottle.
- 24 h of shaking the membrane in precisely 200 ml of 0.25 mol/l $CaCl_2$ (aq) solution.
- Removal of the solution and collection of the same in a sealed bottle.
- 24 h of shaking the membrane in precisely 200 ml of 0.25 mol/l $CaCl_2$ (aq) solution.
- Removal of the solution and collection of the same in a sealed bottle.
- Drying of the membrane sample according to the procedure described in section 4.2.2 and determination of the dry polymer mass.

The number of the replaced sodium ions is determined from analysis of the collected solution by atomic absorption spectroscopy. Measuring the mass of the dried membrane sample, the effective membrane capacity is obtained from Eqn. (4.7).

In methanolic and ethanolic solutions the procedure starts out with Na^+ (MeOH) or Na^+ (EtOH) conditioned membranes. Also, because of the low solubility of $CaCl_2$ in organic solvent, 0.25 mol/l $CoCl_2$ solution is used instead. Finally, the slow ion exchange kinetics, cf. Fig. 4.7, right, must be considered. Therefore, shaking periods are extended to 7 d/14 d/14 d, respectively. Anion exchange membrane capacity is determined from Cl^- conditioned membranes. Ion exchange against NO_3^- is applied to water, methanol and ethanol according to the initial procedure because ion exchange kinetics for all three solvents are much faster. In order to determine the ion exchange capacity of the individual bipolar membrane layers, a Na^+/Cl^- conditioned membrane undergoes Na^+ exchange against Ca^{2+} (or Co^{2+}), subsequent desorption of adsorbed coions in pure solvent and final Cl^- exchange against NO_3^-. X^{CEL} results from the number of Na^+ ions, X^{AEL} from the number of Cl^- ions collected.

4.2.4 Donnan Equilibrium

The Donnan equilibrium relates the coion uptake in the membrane to the coion concentration in the solution. It may be described by the equilibrium relation

$$\left(\frac{c_M^M}{c_M}\right)^{|z_X|}\left(\frac{c_X^M}{c_X}\right)^{|z_M|} = \left(\frac{\gamma_\pm}{\gamma_\pm^M}\right)^{|z_M|+|z_X|}\psi^{|z_M|+|z_X|} = \mathbf{S}_{MX}\psi^{|z_M|+|z_X|}, \qquad (4.9)$$

which at the same time defines the concentration dependent distribution coefficient S_{MX}. The derivation of Eqn. (4.9) is given in section B.4.1. M and X denote counter-ion and coion, z_j the charge number of ion j and $\gamma_\pm$, $\gamma_\pm^M$ the mean molar activity coefficient of electrolyte MX in solution and membrane, respectively. Determination of c_X^M from coion uptake experiments, ψ from swelling measurements, $\gamma_\pm$ from an appropriate activity coefficient model (cf. e.g. section 2.6) and consideration of the electroneutrality condition in the solution and in the membrane phase, the mean molar activity coefficient in the membrane $\gamma_\pm^M$ can be calculated.
According to Eqn. (4.9) coion uptake c_X^M is increasing with

- increasing solution concentration,
- decreasing membrane capacity,
- increasing solvent volume fraction,
- lower coion and higher counterion charge numbers,
- increasing solution and decreasing membrane activity coefficients.

Experimentally, the coion uptake is determined with membrane samples of approximately 1 g mass equilibrated in single electrolyte solutions of different concentrations. The procedure employed is as follows:

- Removal of all external liquid and determination of the wet membrane mass within an accuracy of $\pm$ 1 mg.
- 6 h of shaking the membrane in precisely 50 ml of deionized water
- Removal of the solution and collection of the same in a sealed bottle.
- 24 h of shaking the membrane in precisely 100 ml of deionized water
- Removal of the solution and collection of the same in a sealed bottle.
- 24 h of shaking the membrane in precisely 100 ml of deionized water
- Determination of the counterion or coion concentration in the collected solution.

In methanolic or ethanolic solution, pure methanol or ethanol replaces deionized water, respectively. Given the measured number of coions, the wet membrane mass and the wet membrane density, the unknown coion concentration in the membrane c_X^M can be calculated.

4.2.5 Ion Exchange Equilibrium

The ion exchange equilibrium relates the uptake of a counterion M to the competing uptake of another counterion N according to

$$
\begin{aligned}
\left(\frac{c_M^M}{c_M}\right)^{|z_N|}\left(\frac{c_N}{c_N^M}\right)^{|z_M|} &= \left(\frac{y_M}{y_M}\right)^{|z_N|}\left(\frac{x_N}{y_N}\right)^{|z_M|}\left(\frac{c_{sln}}{c_{FI}}\right)^{|z_M|-|z_N|} \\
&= \left(\frac{\gamma_M}{\gamma_M^M}\right)^{|z_N|}\left(\frac{\gamma_N^M}{\gamma_N}\right)^{|z_M|}\psi^{|z_N|-|z_M|} \\
&= \mathbf{S}_N^M\psi^{|z_N|-|z_M|}, \qquad (4.10)
\end{aligned}
$$

which at the same time introduces the concentration dependent selectivity coefficient $\mathbf{S}_N^M$. For the derivation of Eqn. (4.10), refer to section B.4.2. x_j and y_j denote the mole fraction of ion j in solution and membrane, respectively. They are defined according to

$$
x_j = \frac{c_j}{c_{sln}} = \frac{c_j}{\sum_j c_j}, \qquad (4.11)
$$

$$
y_j = \frac{c_j^M}{c_{FI}} = \frac{c_j^M}{X}\frac{(1+\varepsilon)}{\varrho^M}, \qquad (4.12)
$$

where j denotes a counterionic species. c_{sln} is the total counterion concentration in the solution. $\mathbf{S}_N^M > 1$ indicates that counterion uptake of M is preferred over N. Counterion uptake increases with [29, 50]:

- increasing charge number,
- decreasing volume of the solvated ion,
- increasing polarizability,
- increasing interaction between counterion and fixed ion site.

Experimentally, the ion exchange equilibrium between counterion M and N is determined with membrane samples of approximately 1 g mass equilibrated in solutions of constant total counterion concentration c_{sln} but different mole fractions of species M and N. In order to avoid coion uptake, c_{sln} must be low. A solution concentration of 10 mmol/l is a save choice. The procedure employed is as follows:

- Determination of the concentration of species M and N in the solution used for equilibrating the sample results in c_M or c_N.
- Complete ion exchange of species M or N against a highly preferred counterion according to the procedure described in section 4.2.3.
- Determination of the concentration of species M or N in the solution used for complete counterion exchange results in c_M^M or c_N^M.

Provided a known total counterion concentration in the solution and a known fixed ion concentration in the membrane, the missing concentrations can be calculated from the electroneutrality conditions. The procedure may be applied to monopolar membranes as well as to the individual layers of a bipolar membrane.

4.2.6 Diffusion Coefficient

The Nernst-Planck equation

$$\dot{n}_j^M = \underbrace{-D_j^M \frac{dc_j^M}{dz}}_{\text{diffusion}} \underbrace{-z_j u_j^M c_j^M \frac{d\varphi^M}{dz}}_{\text{migration}} \underbrace{+v^M c_j^M}_{\text{convection}} . \tag{4.13}$$

relates the total flux density $\dot{n}_j^M$ of ion j in the membrane to the individual contributions from diffusive, migrative and convective transport. D_j^M is the ionic diffusion coefficient, u_j^M the ionic mobility and v^M the velocity of the solvent in the membrane phase. φ denotes the electrical potential. Convective transport is often of minor importance and therefore neglected here. Eqn. (4.13) is frequently used to describe ionic transport in solution and membrane because of its physical meaning and the experimental accessability of its transport parameters D_j^M and u_j^M, related according to Eqn. (2.12).

In order to determine the ionic diffusion coefficients two methods are employed. Coion diffusion coefficients are obtained from diffusion measurements while counterion diffusion coefficients can be related to resistance measurements. The setup used to determine coion diffusion coefficients is shown in Fig. 4.8. It consists of a cell divided into two compartments by the membrane under examination. In the donor compartment, a solution of total concentration c^L, in the receiving compartment, pure solvent is recycled. Prior to the experiment, the membrane is equilibrated in solution c^L. Provided sufficient turbulence and low enough concentration c^L, the electrolyte flux $\dot{n}_{MX}$ through the membrane can be expressed as a function of the interdiffusion coefficient D_{MX}

$$\dot{n}_{MX} = -D_{MX}^M \frac{dc_{CoI}^M}{dz} \approx -D_{MX}^M \frac{c_{CoI}^{ML} - c_{CoI}^{MR}}{\delta^M}, \tag{4.14}$$

where D_{MX} is related to the ionic diffusion coefficients by [61]

$$D_{MX} = \frac{D_{M+} D_{X-} (z_{M+} - z_{X-})}{z_{M+} D_{M+} - z_{X-} D_{X-}}, \tag{4.15}$$

in case of a 1:1 electrolyte. Thus, for known counterion diffusion coefficients, the coion diffusion coefficient can be calculated from Eqn. (4.15). c_{CoI}^{ML} and c_{CoI}^{MR} denote the coion concentration at the membrane surface in equilibrium with solution c^L and c^R, respectively. c_{CoI}^{ML} and c_{CoI}^{MR} can be calculated from c^L and c^R according to the Donnan equation, Eqn. (4.9). δ^M is the wet membrane thickness and $\dot{n}_{MX}$ the electrolyte flux density which can be determined from the conductivity change in the receiving solution. With these parameters given, the coion diffusion coefficient can be

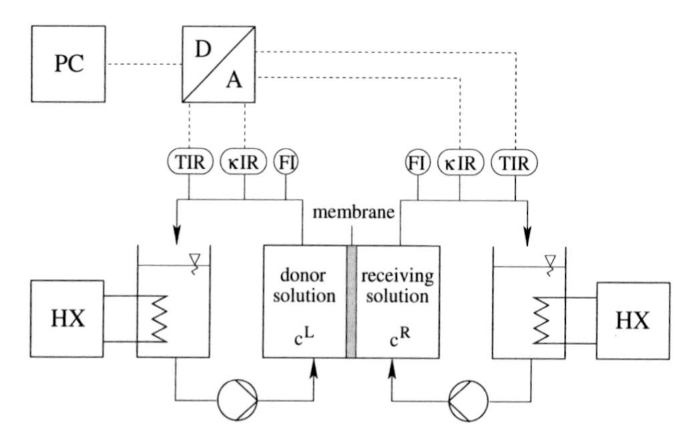

Figure 4.8: Experimental setup for the determination of coion diffusion coefficients in monopolar membranes. (PC — computerized data logging, D/A — digital/analog converter, HX — heat exchanger, TIR — temperature indicator and recorder, κIR — conductivity indicator and recorder, FI — flux indicator).

concentration of donor solution c^L	=	0.1	mol/l
effective membrane area A^M	=	500	cm^2
volume of the receiving solution V^R	=	500	ml

Table 4.4: Experimental conditions for the determination of the membrane coion diffusion coefficient.

calculated. Typically, D^M_{CoI} is in the order of 10^{-10} m²/s or lower and hence flux densities are low [85]. Thus, in order to shorten experimental times, a large membrane area and a small volume of the receiving solution is recommended. Besides, the temperature dependence of diffusion coefficients and solution conductivity must be considered. Therefore, heat exchangers are required to keep the solution temperature at 25 ± 0.5 °C. Experimental conditions employed are summarized in Tab. 4.4.

Counterion diffusion coefficients are determined from membrane resistance measurements. For this, an electric field is applied to a membrane separating two identical solutions. In this case, ionic transport is primarily of migrative nature. Besides, if the solution concentration is kept low, coion transport can be neglected. Thus,

$$\sum_j z_j \dot{n}_j \approx z_{GgI} \dot{n}^{mig}_{GgI} = -z^2_{GgI} u_{GgI} c^M_{GgI} \frac{d\varphi^M}{dz} \approx -z^2_{GgI} \frac{D_{GgI}\mathbf{F}}{\mathbf{R}T} c^M_{GgI} \frac{\Delta\varphi^M}{\delta^M}, \tag{4.16}$$

where $\Delta\varphi^M$ denotes the potential drop across the membrane. Relating the total ionic charge transport $\sum_j z_j \dot{n}_j$ to the electric current density i as given by Faraday's law

$$\frac{i}{\mathbf{F}} = \sum_j z_j \dot{n}_j, \tag{4.17}$$

the counterion diffusion coefficient is obtained from membrane potential and current density measurement. The experimental setup employed is shown in Fig. 4.14 and described in further detail in section 4.2.9.
Due to the nature of the technique, ionic diffusion coefficients can be determined for monopolar membranes only. For BP-1 bipolar membrane, the results of CMX and AHA-2 characterization are used to substitute for the diffusion coefficients of cation exchange layer and anion exchange layer, respectively.

4.2.7 Concentration Potentials

Due to the equivalence of ionic and charge transport according to Faraday's law, transport parameters may be determined from (laborious) concentration or (generally more simple) potential measurements. A typical application of potential measurements is the determination of the transference number t_j which describes the fraction, an ion j contributes to the overall charge transport

$$t_j = \frac{z_j \dot{n}_j}{\sum_i z_i \dot{n}_i} = \frac{\mathbf{F} z_j \dot{n}_j}{i}. \tag{4.18}$$

t_j is determined measuring the potential drop across a membrane $\Delta\varphi^M$ separating two solutions of equal composition but different concentration c^L and c^R. In this case, the membrane potential is also called *concentration potential*. The situation is illustrated in Fig. 4.9. $\Delta\varphi^M$ is composed of three contributions. Assuming thermodynamic equilibrium at the phase boundaries between membrane and external solution, the so-called *Donnan equilibrium potential* $\Delta\varphi^D$ develops at both membrane/solution interfaces

$$\Delta\varphi^{DL} = \varphi^{CL} - \varphi^L = -\frac{\mathbf{R}T}{z_j \mathbf{F}} \ln\left(\frac{a_j^{CL}}{a_j^L}\right), \tag{4.19}$$

and

$$\Delta\varphi^{DR} = \varphi^R - \varphi^{CR} = -\frac{\mathbf{R}T}{z_j \mathbf{F}} \ln\left(\frac{a_j^R}{a_j^{CR}}\right), \tag{4.20}$$

(cf. section B.5 for its derivation). For simplicity, a_j is often approximated by the mean electrolyte activity $a_\pm$.
The *diffusion potential* $\Delta\varphi^{diff} = \varphi^{CR} - \varphi^{CL}$ results from the fact that the mobilities of counter- and coion generally are different. Usually, $u^M_{GgI} > u^M_{CoI}$, from which a potential gradient results that accelerates coion and slows down counterion movement [50]. Thus, in the case of the cation exchange membrane shown in Fig. 4.9, the potential

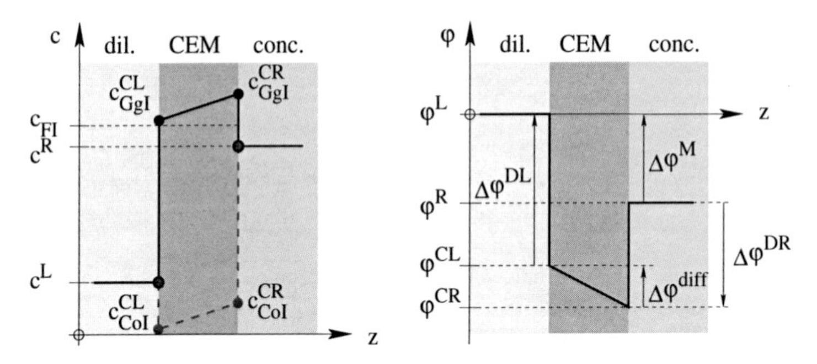

Figure 4.9: Linearized representation of the concentration profile (left) and the potential profile (right) in a cation exchange membrane between dilute and a concentrated electrolyte solution.

increases in the direction of the electrolyte movement, i.e. from right to left. In case that $u^M_{GgI} = u^M_{CoI}$, no diffusion potential is observed.
More generally, the differences in ionic movement can be expressed in terms of transference numbers t_j. According to Eqn. (4.18), the transference number is related to the ionic flux density $\dot{n}_j$ which in turn is composed of a diffusive, migrative and convective contribution, Eqn. (4.13). Assuming migration as the dominant transport mechanism and focusing on a single 1:1 electrolyte

$$\begin{aligned} \frac{t^M_{CoI}}{t^M_{GgI}} &= \frac{t^M_{CoI}}{1-t^M_{CoI}} \approx \frac{u^M_{CoI}c^M_{CoI}}{u^M_{GgI}c^M_{GgI}} \qquad \text{and} \\ t^M_{CoI} &\approx \frac{u^M_{CoI}c^M_{CoI}}{u^M_{CoI}c^M_{CoI} + u^M_{GgI}c^M_{GgI}}, \end{aligned} \tag{4.21}$$

is derived. Although applicable only for approximative treatments, Eqn. (4.21) makes clear, that the transference number not only depends on kinetic properties, i.e. ionic mobility, but also on thermodynamic properties, i.e. coion uptake.

From irreversible thermodynamics the relation

$$\Delta\varphi^{diff} = -\frac{\mathbf{R}T}{\mathbf{F}} \int_{CL}^{CR} \sum_j \frac{t_j}{z_j} d\ln a_j, \tag{4.22}$$

for the diffusion — or more generally — for the transference potential can be derived (cf. section B.6 for its derivation). It has to be integrated across the membrane between the left and the right boundary CL and CR, respectively. Adding up the Donnan potentials at the left and the right membrane/solution interface and the diffusion potential

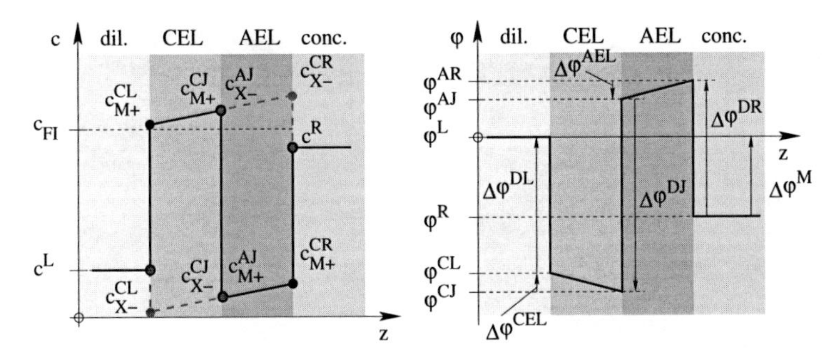

Figure 4.10: Linearized concentration profile (left) and potential profile (right) of a symmetric bipolar membrane between a dilute and a concentrated electrolyte solution. The concentration profile of cationic species M^+ is depicted as solid line, the concentration profile of anionic species X^- is depicted as dashed line.

across the membrane, an expression for the concentration potential is obtained

$$\Delta\varphi^M = -\frac{\mathbf{R}T}{z_{GgI}\mathbf{F}} \ln\left(\frac{a_\pm^R}{a_\pm^L}\right)\left(1 + \frac{z_{GgI} - z_{CoI}}{z_{CoI}} t_{CoI}^M\right). \tag{4.23}$$

It relates the decrease of $\Delta\varphi^M$ to the increase in coion transference number, i.e. to the increase in coion leakage. E.g. in case of a highly selective membrane, coion uptake is negligible and therefore $t_{CoI}^M \approx 0$, even for highly mobile coions. Hence, $\Delta\varphi^{diff} \approx 0$ and $\Delta\varphi^M$ approaches its thermodynamic maximum $\Delta\varphi^{M,\,max} = -\mathbf{R}T/(z_j\mathbf{F})\ln(a_\pm^R/a_\pm^L)$. In contrast, for a completely unselective diaphragm, $t_j^M = t_j^{sln}$, and the membrane potential reduces to its lower limit, $\Delta\varphi^{M,\,min} = -\mathbf{R}T/(z_{GgI}\mathbf{F})\ln(a_\pm^R/a_\pm^L)(1 - 2t_{CoI}^{sln})$. Thus, relating the measured membrane potential to its thermodynamic maximum, the coion transference number is obtained and the coion leakage is quantified.

Similarly, the coion leakage of a bipolar membrane can be quantified. In this case, the situation resembles Fig. 4.10, where the linearized concentration (left) and potential profiles (right) are depicted for a bipolar membrane with symmetrical properties, i.e. for a bipolar membrane where δ, c_{FI}, ψ, D_{CoI} and D_{GgI} in cation and anion exchange layer equal. Because, $c^R > c^L$, a concentration gradient develops over the membrane layers whose counterion and coion concentrations are coupled at the CEL/AEL interface according to the Donnan equilibrium condition Eqn. (4.9)

$$\left(\frac{c_M^{AJ}}{c_M^{CJ}}\right)^{|z_X|}\left(\frac{c_X^{AJ}}{c_X^{CJ}}\right)^{|z_M|} = \mathbf{S}_{MX}\left(\frac{\psi^{AEL}}{\psi^{CEL}}\right)^{|z_M|+|z_X|}, \tag{4.24}$$

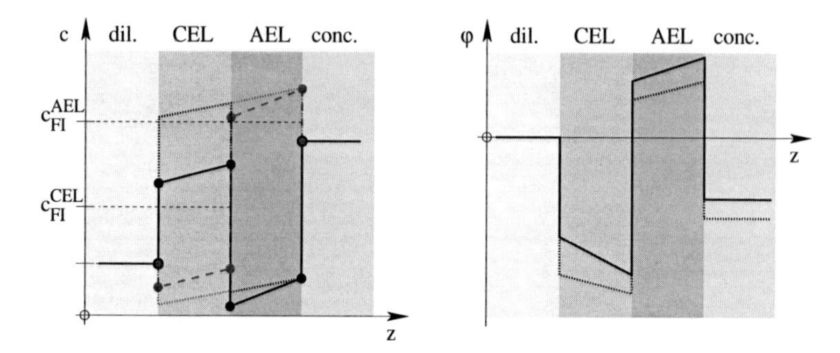

Figure 4.11: Linearized concentration profile (left) and potential profile (right) of a bipolar membrane between a dilute and a concentrated electrolyte solution, where $c_{FI}^{CEL} < c_{FI}^{AEL}$. For comparison concentration and potential profiles of the symmetric case, Fig. 4.10, are shown as dotted lines.

Due to the lower coion uptake at the interface of left bulk and cation exchange layer, the potential drop $\Delta\varphi^{CL}$ exceeds the potential drop $\Delta\varphi^{AR}$ at the interface of anion exchange layer and right interface. Furthermore, assuming a higher counterion mobility as opposed to the coion mobility, diffusion potentials with negative and positive potential gradient develop in cation and anion exchange layer, respectively, Finally, the Donnan potential $\Delta\varphi^{DJ} = \varphi^{AJ} - \varphi^{CJ}$ at the CEL/AEL interface

$$\Delta\varphi^{DJ} = \varphi^{AJ} - \varphi^{CJ} = -\frac{\mathbf{R}T}{z_j\mathbf{F}} \ln\left(\frac{a_j^{AJ}}{a_j^{CJ}}\right) \approx -\frac{\mathbf{R}T}{z_j\mathbf{F}} \ln\left(\frac{a_j^{AR}}{a_j^{CL}}\right), \qquad (4.25)$$

must be positive for the situation shown.

Different to monopolar membranes, the overall transport resistance of a bipolar membrane is composed of the transport resistance of its individual layers in series. Each of the ions is coion to the one and counterion to the other layer. However, due to the layer selectivity, the transport resistance of counterions is considerably lower than the transport resistance of coions. Therefore, the overall bipolar membrane transport resistance is determined by cation leakage through the anion exchange layer and anion leakage through the cation exchange layer and hence by the respective thermodynamic and kinetic properties, namely δ, c_{FI}, ψ and D_{CoI}. Consequently, concentration and potential profiles are especially sensitive to a change in these parameters. An example is shown in Fig. 4.11 for a situation identical to that of Fig. 4.10 except for the fact that the fixed ion concentration of the cation exchange layer is reduced. Because of the lower cation exchange layer fixed ion concentration, the overall transport resistance is reduced, i.e. the ionic flux through the bipolar membrane is increased. For continuity reasons, the flux density is the same in anion and cation exchange layer. Thus,

due to the unchanged transport resistance of the anion exchange layer, the concentration gradient across the anion exchange layer must increase considerably, whereas the concentration gradient across the cation exchange layer changes little. Changes in the potential profile can be explained as follows: Increased coion uptake of the cation exchange layer results in a decrease of $\Delta\varphi^{CL}$. In contrast to that, $\Delta\varphi^{DR}$ remains constant. The diffusion potential across the cation exchange layer changes according to the proportionality $\Delta\varphi^{CEL} \propto \ln(a_j^{CJ}/a_j^{CL})$. At this, the *ratio* a_j^{CJ}/a_j^{CL} increases substantially though the *difference* $a_j^{CJ} - a_j^{CL}$ remains approximately constant, resulting in a steeper potential gradient. In contrast to that, changes in the activity ratio a_j^{AR}/a_j^{AJ} are lower and hence the potential gradient across the anion exchange layer changes less. Finally, the absolute value of the Donnan potential at the CEL/AEL interface $|\Delta\varphi^{DJ}|$ is reduced because the decrease in a_j^{CJ} is more pronounced than the decrease in a_j^{AJ}.
To summarize, from a change in the parameters which determine the coion leakage, a pronounced change in membrane potential results. Thus, relating the measured membrane potential to its thermodynamic maximum, a parameter describing the membrane coion leakage is obtained. In analogy to the treatment of monopolar membranes, this is termed transference number, defined as

$$t_{CoI}^{BPM} = 0.5\left(1 - \frac{\Delta\varphi^{M,\ meas}}{\Delta\varphi^{M,\ theo}}\right). \tag{4.26}$$

4.2.8 Potential Measurement

In order to measure the membrane potential of Fig. 4.9, in principle, it suffices to connect the well-stirred liquid phases of the concentration cell to platinum wires and the platinum wires to a voltmeter with high internal resistance. However, a potential drop also occurs at the phase boundary between solution and platinum wire. Unfortunately, this potential drop typically is highly undefined due to its sensitivity with respect to the local conditions at the platinum surface, the hydrodynamic boundary layer and the geometry. Especially with non aqueous solutions, this setup is error-prone. Better results are obtained using a so-called *salt bridge*, Fig. 4.12. In this case, the membrane potential is measured, connecting the bulk liquid phases to capillaries filled with a salt bridge electrolyte (a frequent choice is KCl) which in turn is connected to reference electrodes. Again, diffusion potentials occur at the phase boundaries of bulk solution/salt bridge and salt bridge/reference electrode. However, they are much better defined. Furthermore, by a proper choice of the experimental conditions, these diffusion potentials can be minimized. Finally, due to the symmetry of the setup, diffusion potentials cancel out (at least partially).
Electrochemically, the setup of Fig. 4.12 corresponds to the following phase sequence

$$\begin{aligned} &\mathrm{Hg} \mid \mathrm{Hg_2Cl_2\,(s)} \mid \mathrm{KCl}\,(c^{SB})\vdots\,\mathrm{NaClO_4}\,(c^{L}) \mid \mathrm{NaClO_4}\,(c^{ML})\vdots \\ &\mathrm{NaClO_4}\,(c^{MR}) \mid \mathrm{NaClO_4}\,(c^{R})\vdots\,\mathrm{KCl}\,(c^{SB}) \mid \mathrm{Hg_2Cl_2\,(s)} \mid \mathrm{Hg} \end{aligned} \tag{4.27}$$

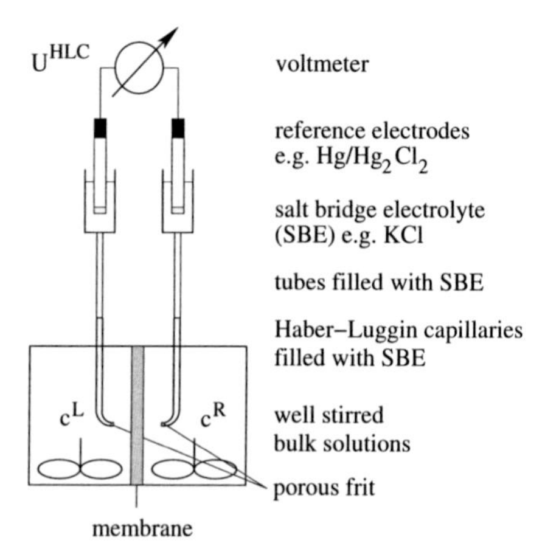

Figure 4.12: Potential measurement by means of a salt bridge.

where | denotes a Donnan equilibrium potential and ⋮ a diffusion potential. A qualitative representation of the resulting potential profile for the salt bridge is shown in Fig. 4.13. Due to the symmetry of the phase sequence, the potential drop within the reference electrodes and at the phase boundary of reference electrode/salt bridge, $\Delta\varphi^{RE,\,L}$ and $\Delta\varphi^{RE,\,R}$, are equal with respect to their absolute value, but opposite with respect to their sign. Therefore, they cancel out. The potential drops at the phase boundary of salt bridge/bulk solution $\Delta\varphi^{SB,\,L}$ and $\Delta\varphi^{SB,\,R}$ also are opposite in sign but different with respect to their absolute values due to the different bulk solution concentrations c^L, c^R. A possibility to minimize $\Delta\varphi^{SB,\,L}$, $\Delta\varphi^{SB,\,R}$ results from the so-called Henderson equation

$$\Delta\varphi = -\frac{\mathbf{R}T}{\mathbf{F}} \frac{\sum_j \left[z_j u_j \left(a_j^R - a_j^L\right)\right]}{\sum_j \left[z_j^2 u_j \left(a_j^R - a_j^L\right)\right]} \ln\left(\frac{\sum_j \left[z_j^2 u_j a_j^R\right]}{\sum_j \left[z_j^2 u_j a_j^L\right]}\right). \tag{4.28}$$

It is derived from Eqn. (4.22) setting concentrations and activities equal (cf. section B.6.3). Taking as an example a 1:1 bulk solution electrolyte MX in contact with a 1:1 salt bridge electrolyte NY and approximating ionic activities by the mean electrolyte activity, it writes

$$\begin{aligned}\Delta\varphi^{SB,\,L} &= -\frac{\mathbf{R}T}{\mathbf{F}}\left[\frac{a_{MX}^L\left(u_{M+} - u_{X-}\right) - a_{NY}^{SB}\left(u_{N+} - u_{Y-}\right)}{a_{MX}^L\left(u_{M+} + u_{X-}\right) - a_{NY}^{SB}\left(u_{N+} + u_{Y-}\right)}\right] \\ &\quad \ln\left[\frac{a_{MX}^L\left(u_{M+} + u_{X-}\right)}{a_{NY}^{SB}\left(u_{N+} + u_{Y-}\right)}\right]\end{aligned} \tag{4.29}$$

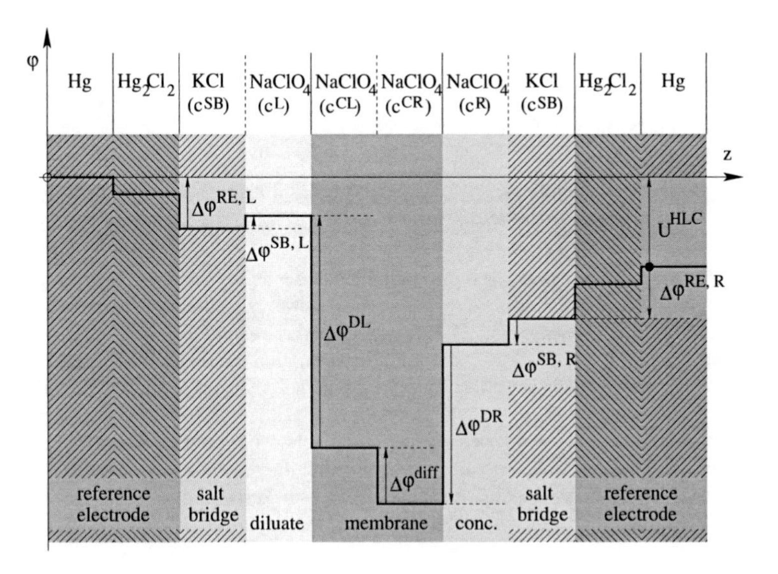

Figure 4.13: Schematic representation of the potential profile in the salt bridge shown in Fig. 4.12.

Solvent	Salt Bridge Solution	Reference Electrode	Diffusion Potential
water	1.0 mol/l (aq) KCl	Hg/Hg_2Cl_2	<4 mV
methanol	0.1 mol/l (MeOH) LiCl	Ag/AgCl	<10 mV
ethanol	0.1 mol/l (EtOH) LiCl	Ag/AgCl	<10 mV

Table 4.5: Experimental conditions for potential measurements.

and

$$\Delta\varphi^{SB,\,R} = -\frac{\mathbf{R}T}{\mathbf{F}}\left[\frac{a_{NY}^{SB}\left(u_{N+}-u_{Y-}\right)-a_{MX}^{R}\left(u_{M+}-u_{X-}\right)}{a_{NY}^{SB}\left(u_{N+}+u_{Y-}\right)-a_{MX}^{R}\left(u_{M+}+u_{X-}\right)}\right] \ln\left[\frac{a_{NY}^{SB}\left(u_{N+}+u_{Y-}\right)}{a_{MX}^{R}\left(u_{M+}+u_{X-}\right)}\right]. \tag{4.30}$$

In case $u_{N+} \approx u_{Y-}$, the first term of Eqn. (4.29) and Eqn. (4.30) becomes small if $a_{NY} \gg a_{MX}$. Thus, $\Delta\varphi^{SB,\,L}$ and $\Delta\varphi^{SB,\,R}$ are reduced. The changes in the second term are of minor importance due to the logarithm.
In order to meet the above conditions of equal ionic mobility and $a_{NY} \gg a_{MX}$ saturated KCl (aq) is a common choice (cf. Tab. A.2). However, for methanolic and ethanolic solutions LiCl is better suited because of its higher solubility. Also, for long term experiments with diluted bulk solutions, the concentration of the salt bridge electrolyte must be reduced because the efflux from the capillaries contaminates the bulk solution. The experimental conditions employed for the different solvent systems are summarized in Tab. 4.5. They result in a potential drop below 4 mV for aqueous and below 10 mV for alcoholic solutions. Finally, subtracting the diffusion potentials $\Delta\varphi^{SB,\,L}$ and $\Delta\varphi^{SB,\,R}$ estimated according to Eqn. (4.29) and Eqn. (4.30) from the measured potential drop U^{HLK}, experimental results are further improved.

4.2.9 Membrane Resistance and Current Voltage Characteristic

The determination of current voltage curves (cf. section 3.2.1), of chronopotentiometric curves (cf. section 3.2.2) and of counterion diffusion coefficients (cf. section 4.2.6) are all based on the measurement of the membrane resistance R. According to Ohm's law,

$$R = \frac{\Delta\varphi^M}{I}. \tag{4.31}$$

Here, $\Delta\varphi^M$ denotes the potential drop across the membrane and I the electrical current passing it. Since the membrane resistance is also required to calculate the energy consumption which depends on the membrane area A^M, the so-called *areal resistance* is introduced

$$R_A = RA^M = \frac{\Delta\varphi^M}{i}. \tag{4.32}$$

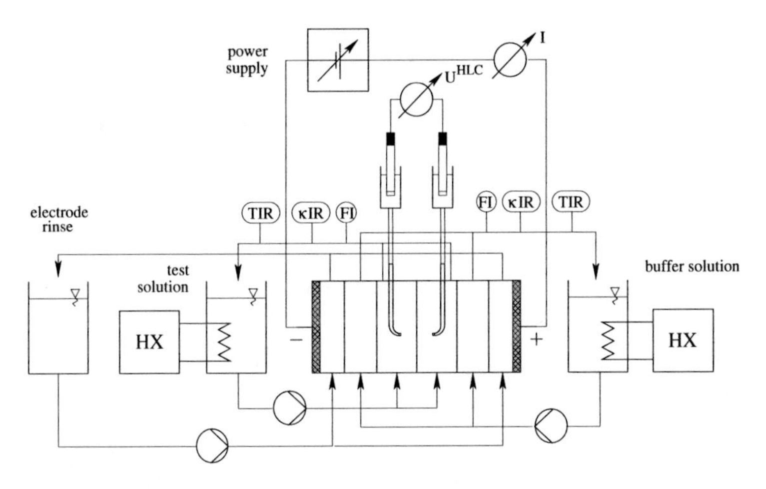

Figure 4.14: Experimental setup used to perform current voltage curve and chronopotentiometric measurements. (HX — heat exchanger, TIR — temperature indicator and recorder, κIR — conductivity indicator and recorder, FI — flux indicator).

R_A is the parameter typically employed to describe the electrical resistance of ion exchange membranes, cf. Tab. 4.1. In order to compare the conductivity of different ion exchange polymers, the membrane thickness δ^M must be considered. Therefore, the specific membrane resistance r^M is introduced

$$r^M = \frac{R_A}{\delta^M}. \tag{4.33}$$

In aqueous systems, the resistance can be determined from direct current and from alternating current (impedance spectroscopy) measurements. In methanolic and ethanolic solutions alternating current measurements often fail. This is due to the fact that the zero crossing of the phase difference required for resistance determination is shifted well beyond 2–5 MHz, the typical upper range of commercial impedance spectroscopes. This in turn results from the change in dielectric properties of non aqueous solvents as opposed to aqueous solvents. Therefore, experimental results in the following chapter focus on direct current measurements.

For direct current measurements, the setup shown in Fig. 4.14 is employed. The stack consists of six compartments. The outer compartments of each side are used for rinsing the working electrodes, the two inner compartments contain the test solution and the two intermediate compartments prevent the test solution from contamination by the electrode rinse. In order to reduce the potential drop over the electrode rinse

compartments, solutions with a high conductivity are used. Because of its good solubility in methanol and ethanol and its stability with respect to anodic oxidation, $NaClO_4$ is employed. A concentration of 3 mol/l is chosen for aqueous and methanolic systems, a concentration of 0.8 mol/l is chosen for ethanolic solutions. If the membrane resistance of a cation or anion exchange membrane is to be measured, all compartments are separated by cation or anion exchange membranes of the same type. In contrast, if the resistance of a bipolar membrane is to be measured, intermediate and inner compartments are separated by bipolar membranes, intermediate and outer compartments are separated by cation exchange membranes. The use of three bipolar membranes in series prevents the test solution from changing composition, because the solvent dissociation products can recombine.
In order to determine the membrane resistance, the steady state potential drop between the tips of the Haber-Luggin capillaries, U^{HLC}, is recorded at constant current I measured in series to the working electrodes.

Because U^{HLC} is composed of the potential drop across the membrane and the potential drop across the liquid films between the membrane surface and the tip of the capillaries, Fig. 4.16, the current voltage curve must be determined with and without central membrane. The membrane resistance results from the difference of the two values, Fig. 4.15, top,

$$R_A = \frac{\Delta\varphi^M}{i} \approx \frac{U^{HLC}_{mem\,+\,sln} - U^{HLC}_{sln}}{i}. \tag{4.34}$$

However, Eqn. (4.34) applies only if the hydrodynamic boundary layer resistances can be neglected. Therefore, turbulance in the chamber must be high, e.g. due to sufficient superficial velocity or appropriate cell design. Fig. 4.15, bottom, illustrates the effect upon an increased superficial velocity in the compartments of the test solutions. For the case shown, superficial velocities $v_s \geq 1.4$ cm/s cause no further resistance increase. Another difficulty with direct current measurements is the fact that the membrane resistance is calculated from a small difference of large values, Fig. 4.15, top. The situation improves with decreasing distance between the tips of the capillaries and the membrane surface. However, for capillary tips too close or even in contact with the membrane surface, the efflux of the salt bridge electrolyte (which is typically quite different from the test solution) tends to change the state of the membrane right at the point of measurement. Furthermore, disturbance of the external field's homogeneity is more serious compared to capillaries positioned at some distance to the membrane surface. Therefore, e.g. Rapp recommends a distance of about 5 mm between capillary and membrane [100]. The experimental conditions employed are summarized in Tab. 4.6.

Membrane resistance and current voltage curve measurements are performed under potentiostatic conditions, i.e. the external field applied is set constant until steady state is attained. Then, the external field is increased by a preset increment and

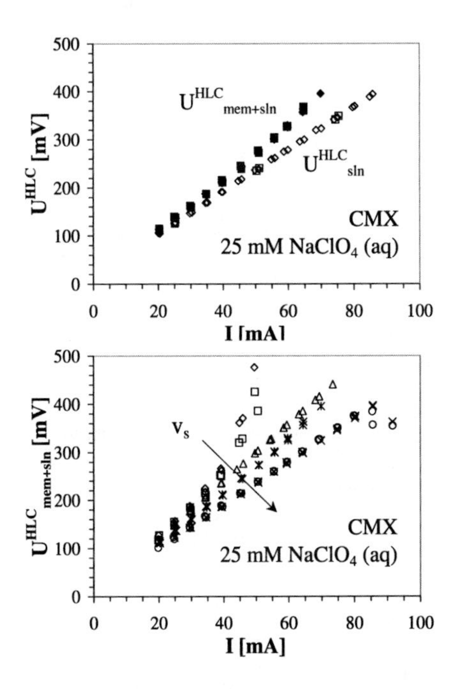

Figure 4.15: Determination of the membrane $\Delta\varphi^M$ from direct current potential measurements. Top: Potential drop between the tips of the Haber-Luggin capillaries measured with membrane $U^{HLC}_{mem\,+\,sln}$ and without membrane U^{HLC}_{sln}. Bottom: Dependence of U^{HLC} on superficial velocity v_s = 0.1, 0.2, 0.5, 1.0, 1.4 and 1.7 cm/s.

superficial velocity v_s	=	1.5	cm/s
distance between capillary tips d^{HLC}	=	15	mm
current density i	$<$	5	mA/cm^2
concentration of test solution c_{sln}	=	0.1	mol/l

Table 4.6: Experimental conditions for resistance measurements.

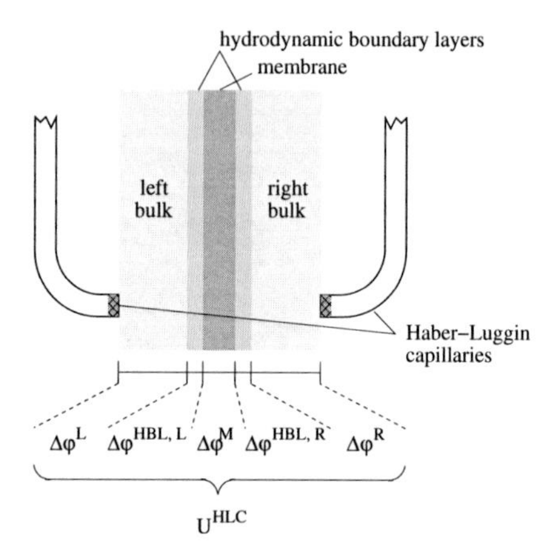

Figure 4.16: Schematic of the different contributions to the total potential drop between the tips of the Haber-Luggin capillaries U^{HLC}. $\Delta\varphi^{L}$ and $\Delta\varphi^{R}$ denote the potential drop over the bulk solution layer, $\Delta\varphi^{HBL,\,L}$ and $\Delta\varphi^{HBL,\,R}$ the potential drop over the hydrodynamic boundary layers and $\Delta\varphi^{M}$ the potential drop over the membrane.

the next reading is taken. Thus, the characteristic plateau of the bipolar membrane current voltage curve can be resolved sufficiently. In order to ensure that readings are taken under stationary conditions, the current voltage curve is measured for increasing and decreasing potentials. Failure of attaining steady state results in a hysteresis, Fig. 4.17. During measurements, steady state is determined by continuously sampling U^{HLC} at a sampling rate of 0.5 s^{-1} and averaging the sampled data during 10 s time. From the averaged data, the change in U^{HLC} is calculated. According to preliminary experiments, steady state is attained if $dU^{HLC}/dt < 3.5$ mV/min.

Chronopotentiometric measurements differ in several respects from conventional resistance measurements. In contrast to the latter, they aim to resolve the transient behavior of the membrane potential at a given change in current density, Fig. 4.18. Therefore, measurements are taken under galvanostatic conditions, i.e. i is kept constant until steady state is attained. In order to determine stationarity a similar procedure as for current voltage curve measurements is applied. However, sampling rate must be increased to 2.5 s^{-1} if fast transient behavior is to be resolved. Also, the steady state criterion is changed to $dU^{HLC}/dt < 2$ mV/min. At steady state, $\Delta\varphi^{M}$ determined from chronopotentiometric measurements must equal $\Delta\varphi^{M}$ determined from current voltage curves, provided the current density is the same.

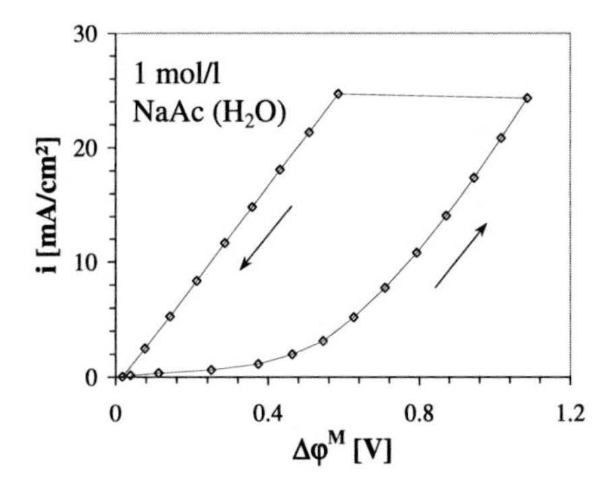

Figure 4.17: Current voltage curve of BP-1 bipolar membrane in 1 mol/l aqueous sodium acetate solution. Measurements are taken for increasing and decreasing values of the external field without attaining steady state at a frequency of $1/20\ s^{-1}$.

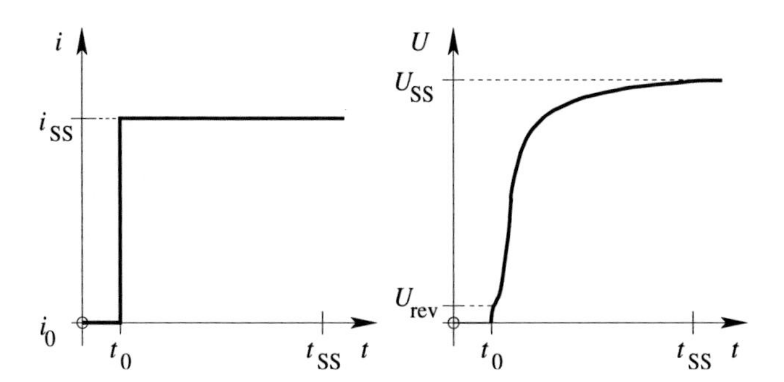

Figure 4.18: Working principle of chronopotentiometric measurements. Input signal is a modified Heaviside function of the current density (left). The resulting step response in membrane potential is recorded as output signal (right).

4.3 Chapter Summary

Most of the standard characterization techniques can be applied to aqueous and non aqueous solutions. Differences, however, arise from the fact that ion exchange kinetics slows down considerably. Therefore, sufficient time must be provided until equilibrium or steady state is attained. Also, due to the increasing electrostatic interactions, concentration dependence of electrolyte activities is increasing and thus potential differences across phase boundaries tend to attain significantly higher values. In consequence, in non aqueous solutions, potential measurements are more sensitive to interferences e.g. due to changes in solution concentration, as compared to aqueous systems. Furthermore, because the ionic mobilities are lowered in methanol and ethanol and because electrolyte solubility is reduced, higher solution and membrane resistances are to be expected. Finally, it should be noted that the techniques described can be applied to monopolar and bipolar membranes. However, only in the case of the properties X, S_{MX} and S_N^M, parameters can be determined for the individual monopolar membrane layers. In case of the properties D_{CoI}^M, D_{GgI}^M, t_{CoI}^M and the swelling, only integral values for the complete bipolar membrane are obtained. Therefore, for modelling purposes, the missing values for the individual layers are taken from chemically comparable monopolar membranes.

Chapter 5

Experimental Results and Discussion

In the following chapter, experimental results are summarized and discussed. Unless mentioned otherwise, experiments are performed in aqueous, methanolic and ethanolic $NaClO_4$ solution at 25 °C. The experiments discussed here are chosen such that the general behavior of monopolar and bipolar ion exchange membranes becomes clear. Additional experimental results, obtained to determine membrane parameters required for modelling purposes are put together in Appendix C.

5.1 Chemical Resistance

Prior to membrane characterization, screening experiments were performed to determine the chemical resistance of different commercial cation, anion and bipolar membranes. More specifically, information about the membrane stability with respect to mechanical strength, ion exchange functionality and electrical conductivity was sought. The results of two test series are given below.

In the first test series, CMB, C66-10F, N 117, CRA cation exchange membranes, AHA-2, ACLE-5P, ADP anion exchange membranes and BP-1, BP-AQ-BA-06-PS, BP-AQ-BA-06-PSf, WSI bipolar membranes are equilibrated in aqueous NaCl solution and characterized with respect to their visual appearance, areal resistance R_A^{AC}, membrane thickness, effective ion exchange capacity X^{eff} and characteristic FT-IR[1] spectrum. Following, the membranes are equilibrated in 1 mol/l CH_3ONa (MeOH) solution and boiled in the same at 60°C under reflux for 9 hours. Finally, the treated membranes are re-equilibrated with aqueous NaCl solution and the initial measurements are repeated. In the second test series, membrane samples were left in contact with a 5 w-% CH_3ONa (MeOH) solution over a continued period of time. Changes in membrane performance are monitored by means of AC-resistance measurements at regular intervals.

[1] Fourier Transform InfraRed

Membrane	Manufacturer	+	±	−	Remarks
CMB	Tokuyama	×			
C66-10F	Tokuyama		×		resistance increase
N 117	Du Pont		×		large swelling
CRA	Solvay	×			
AHA-2	Tokuyama	×			
ACLE-5P	Tokuyama		×		resistance increase
ADP 2406	Solvay	×			
BP-1	Tokuyama	×			
AQ-BA-06-PS	Aqualytics			×	embrittlement
AQ-BA-06-PSf	Aqualytics			×	embrittlement
WSI-BP	WSI	×			

Table 5.1: Classification of examined membranes according to their chemical resistance: chemically stable (+), limited stability (±), instable (−).

The results of the testing can be summarized as follows, cf. Tab. 5.1. None of the membranes is instable in the sense of a complete loss of its ion exchange functionality. However, Aqualytics BP-AQ-BA-06-PS and BP-AQ-BA-06-PSf bipolar membranes become too brittle for further handling.
Several membranes display only limited stability. E.g. the resistance of C66-10F and ACLE-5P increases without limit upon continued contact with CH_3ONa (MeOH) solution, Fig. 5.1. In contrast to that, membrane resistance of N 117 remains unchanged. However, the membrane is characterized by a large swelling close to dissolution.
Finally, a third group of membranes can be considered as "stable" under the above experimental conditions. For CMB, CRA, AHA-2, ADP, BP-1 and WSI membranes neither a loss in mechanical strength nor a loss in ion exchange functionality is observed, cf. Fig. 5.2. Membrane resistance may increase moderately but stabilizes with time. Therefore, the subsequent membrane characterization is focused on the third group of membranes. As an exception, characterization of N 117 is continued also because its behavior is expected to show significant differences due to the different polymer chemistry and morphology.

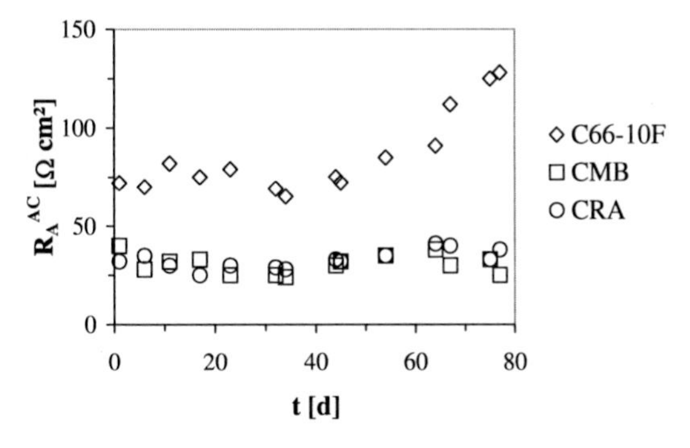

Figure 5.1: AC resistance of selected cation exchange membranes after contact with 5 w-% $NaCH_3O$ (MeOH) over an extended period of time.

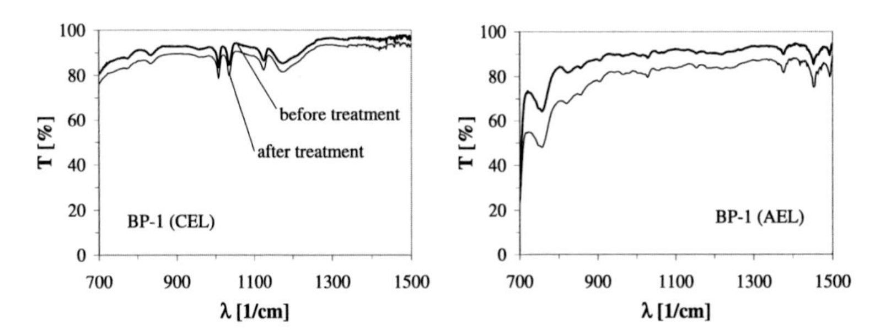

Figure 5.2: FTIR (KBr) spectra of a BP-1 bipolar membrane before and after treatment in 1 mol/l $NaCH_3O$ (MeOH) at 60°C. Transmission T versus wavelength λ of cation exchange layer (left) and anion exchange layer (right).

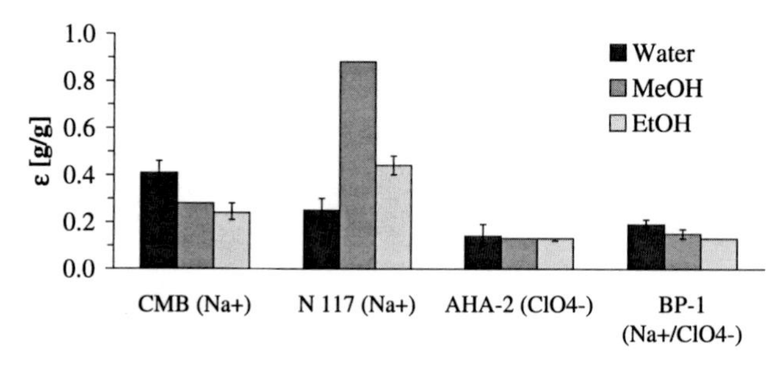

Figure 5.3: Swelling of monopolar and bipolar membranes conditioned in aqueous, methanolic and ethanolic $NaClO_4$ solution.

5.2 Solvent Uptake and Membrane Chemistry

5.2.1 Ion Pair Formation in the Membrane Phase

Swelling ε and effective ion exchange capacity X^{eff} are determined according to the procedures described in section 4.2.2 and section 4.2.3, respectively. The results are displayed in Fig. 5.3 and Fig. 5.4. The numerical data is compiled in Tab. 5.2 and Tab. 5.3. It is given together with the calculated solvent content $\lambda_S = n_S/n_{FI}$, the specific solvent uptake n_S/m^P and the specific solvent volume V_S/m^P. λ_S is calculated based on the value of n_{FI} in aqueous solutions, since the results of the preceding section do not indicate a loss of functional groups.
For the CMB cation exchange membrane, swelling decreases as water is replaced by methanol or ethanol. The same trend is observed for the BP-1 bipolar membrane; however, the decrease is considerably lower. For the anion exchange membrane AHA-2 swelling remains approximately constant. N 117 cation exchange membrane displays a peculiar behavior. Swelling more than triples upon solvent exchange of water against methanol but decreases upon solvent exchange of methanol against ethanol. Still, $\varepsilon_{N117}^{EtOH} = 0.44$ is about twice as high as in aqueous solution. Differences in the qualitative behavior of the examined membranes are observed in ion exchange capacity experiments as well. A remarkable decrease in X^{eff} is observed for the CMB membrane as well as for the cation exchange layer of BP-1 bipolar membrane as the solvent changes from water to methanol and further on to ethanol. In contrast to that, the effective ion exchange capacity remains approximately constant for N 117, AHA-2 and the anion exchange layer of BP-1.

Apparently, different types of membranes behave differently. At this, a classification into three categories proves helpful.

- *Polystyrene based cation exchange membranes* (CMB, CMX, cation exchange

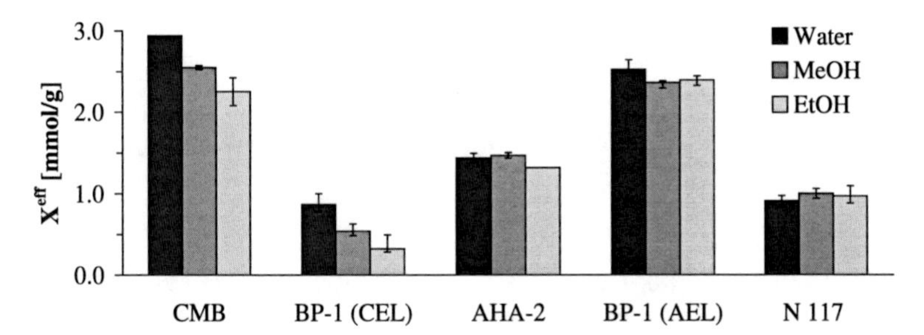

Figure 5.4: Effective ion exchange capacity of monopolar and bipolar membranes conditioned in aqueous, methanolic and ethanolic $NaClO_4$ solution.

layer of BP-1) are characterized by a relatively homogeneous distribution of their sulfonic acid functional groups on a sub-micrometer scale. Also, characteristic for this type of polymer is its high degree of chemical crosslinking, cf. section 4.1.2.

- *Polystyrene based anion exchange membranes* (AHA-2, AMX, anion exchange layer of BP-1) display the same properties as the polystyrene cation exchange membranes. However, quaternary ammonium groups are used as functional groups, cf. section 4.1.2.

- *Perfluorinated cation exchange membranes* (N 117), are characterized by their tendency to form solvent clusters. Mechanical stability is provided from the crystalline portions of the unlinked polymer backbone, cf. section 4.1.1.

Based on this classification, an interpretation of the observed behavior may be derived in terms of the individual polymer characteristics and the known physicochemical effects. Swelling of CMB cationic polystyrene membrane in water exceeds swelling of AHA-2 anionic polystyrene membrane for several reasons. First, the osmotic pressure is higher for the CMB membrane which is due to the higher fixed ion concentration. Second, sodium solvation generally exceeds perchlorate solvation, cf. Tab. 2.2 and Fig. 5.5. Finally, solvent uptake improves due to the higher affinity of sulfonic acid groups to water molecules compared to quaternary ammonium, cf. section 4.1.2. In order to explain the high water uptake of N 117, membrane chemistry and morphology must be taken into account. The fact that λ_S is highest although c_{FI} is lowest, is due to the aggregation of fixed ion groups in solvent clusters. Thus, within the clusters, the fixed ion concentration is much higher than could be assumed from the integral parameter X^{eff}. Hence, the osmotic pressure rises as does the solvent uptake.
Solvent numbers λ_S decrease for polystyrene based cation and anion exchange mem-

	ε [g/g]	λ_S [mmol/mmol]	n_S/m^P [mmol/g]	V_S/m^P [ml/g]	X [mmol/g]
CMB (Na^+)					
Water	0.41	7.8	23	0.41	3.0
Methanol	0.28	3.0	8.8	0.36	2.5
Ethanol	0.24	1.8	5.2	0.31	2.2
AHA-2 (ClO_4^-)					
Water	0.14	5.4	7.8	0.14	1.4
Methanol	0.13	2.8	4.1	0.17	1.5
Ethanol	0.13	2.0	2.8	0.17	1.3
N 117 (Na^+)					
Water	0.25	15	14	0.25	0.91
Methanol	0.88	30	28	1.1	1.0
Ethanol	0.44	11	9.6	0.56	0.97

Table 5.2: Solvent uptake of monopolar ion exchange membranes from aqueous, methanolic and ethanolic $NaClO_4$ solutions.

BP-1 (Na^+/ClO_4^-)	ε [g/g]	λ_S [mmol/mmol]	n_S/m^P [mmol/g]	V_S/m^P [ml/g]	X^{CEL} [mmol/g]	X^{AEL} [mmol/g]
Water	0.19	5.3	11	0.19	0.87	2.5
Methanol	0.15	2.4	4.7	0.19	0.54	2.4
Ethanol	0.13	1.4	2.8	0.17	0.32	2.4

Table 5.3: Solvent uptake of BP-1 bipolar membrane from aqueous, methanolic and ethanolic $NaClO_4$ solutions.

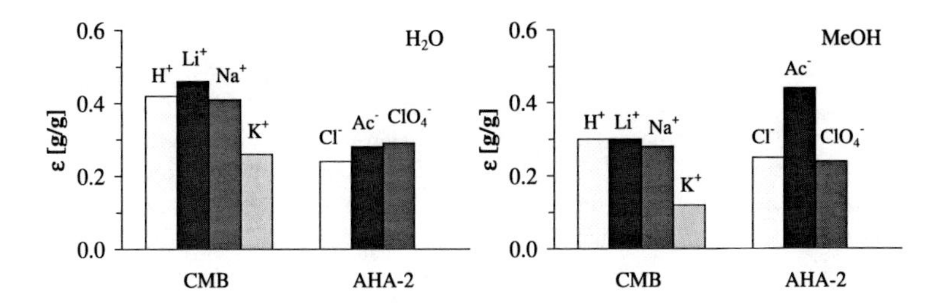

Figure 5.5: Swelling of CMB cation and AHA-2 anion exchange membrane for different counterions in aqueous (left) and methanolic (right) solutions.

branes as water is replaced by methanol. However, only for cationic polystyrene membranes, reduction in solvent uptake is strong enough to overcompensate the doubled molar volume of methanol. In this case, also a reduction in pore liquid volume V_S/m^P is observed. In contrast, for anionic polystyrene membranes, solvent numbers decrease, while solvent volume slightly increases. In case of the polystyrene based cation exchange membranes, several mechanisms contribute to the reduction in solvent uptake. Quite obvious, reduction in counterion solvation, cf. Tab. 2.2 contributes to the observed diminishing in solvent uptake. However, although significant, this effect alone is too low to explain the observed decrease in λ_S by 60% for the CMB. Therefore, other mechanisms must be taken into account. A possible explanation for the observed reduction in solvent uptake could arise from the increase in electrostatic interaction between counterions and fixed ions. Due to the decrease in counterion solvation, counterions and fixed ions approach closer compared to aqueous systems. Thus, — according to Coulomb's law Eqn. (2.2) — electrostatic interactions increase quadratically. Besides, electrostatic interactions are increased due to the lower relative permittivity. As a result, electrostatic attraction could become strong enough to form ion pairs within the membrane phase according to

$$\underbrace{\text{R–SO}_3^-}_{\text{dissociated fixed ion}} + \underbrace{\text{M}^+}_{\text{counterion}} \overset{K_A^M}{\rightleftharpoons} \underbrace{\left[\text{R–SO}_3^- \text{ M}^+\right]^0}_{\text{uncharged ion pair}} . \tag{5.1}$$

In consequence, ion paired fixed ion groups remain inaccessible to ion exchange and the effective ion exchange capacity X^{eff} decreases. As a matter of fact, this is just what is observed for polystyrene based cation exchange membranes, Fig. 5.4. Resulting, also the osmotic pressure falls and hence swelling is further reduced. In contrast to that, reduction in solvent uptake for anionic polystyrene membranes is less pronounced and may be explained by a decreased counterion solvation alone. As a consequence, electrostatic interactions increase to a lesser extent. Besides, quaternary ammonium groups *per se* are much bulkier and less accessible to solvent approach

as mentioned by Helfferich and as is concluded from molecular dynamics simulation [50, 54, 90, 91]. Thus, in the case of anionic polystyrene membranes, counterion/fixed ion distance does not fall below the critical distance required for ion pair formation. Hence, X^{eff} remains approximately constant, independent of the solvent examined.
In ethanolic solutions the trend towards a closer approach of fixed ions and counterions and hence towards a lower effective ion exchange capacity is continued for cationic polystyrene membranes. In contrast to that, for anion exchange membranes the decrease in solvent content λ_S is compensated by the increasing molar volume of ethanol. Thus, V_S/m^P as well as X^{eff} remain constant.
Quite obvious, the behavior of N 117 perfluorosulfonic cation exchange membrane is fundamentally different. Here, the observed growth in solvent uptake for methanolic solutions is too high to be explained by a mere increase in cluster size and number. Rather the penetration of methanol into the polymer backbone as mentioned by several authors must be taken into account [115, 56, 57]. The idea is supported by the less hydrophilic character of methanol compared to water. In ethanol, however, solvent uptake decreases again although hydrophilicity is reduced further. Possibly, sterical effects limit the accessability of the polymer. Conclusions with respect to the distribution of solvent between solvent clusters and polymer backbone can not be drawn from swelling experiments alone. However, it appears that solvation of fixed ions and counterions is large enough to prevent the formation of ion pairs even in ethanolic solutions. Certainly, the lower pK_a of the perfluorsulfonic acid compared to the sulfonic acid of polystyrene based cation exchange membranes contributes to this effect [60]. Hence, the effective ion exchange capacity remains constant.
A detailed discussion of solvent uptake in the monopolar membrane layers of BP-1 bipolar membrane is impossible, because only integral swelling data for the whole membrane is available. However, due to the similarity of monopolar membrane layers and monopolar membranes of the same manufacturer a comparable behavior can be expected. As a matter of fact, the moderate decrease in swelling could be interpreted as superposition of the behavior characteristic for cationic and anionic polystyrene membranes. Besides, as for monopolar membranes, a decrease in effective ion exchange capacity is observed for the cationic layer, while X^{eff} of the anionic layer remains approximately constant.

5.2.2 Concentration Dependence

The dependence of solvent uptake on the solution concentration is shown in Fig. 5.6. As expected from its dependence on the osmotic pressure difference between membrane and solution phase, the solvent uptake generally decreases with increasing solution concentration. However, concentration dependence is relatively low, at least for all polystyrene based membranes. Although this agrees e.g. with the findings of Neubrand [85], the observation is surprising. Apparently, not only the osmotic pressure difference must be considered but also the strength of the contractive forces of the polymer back-

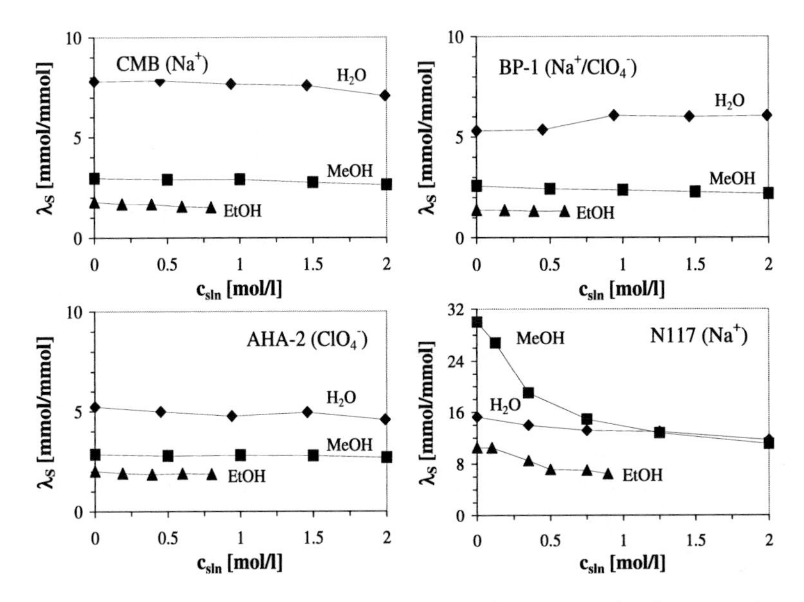

Figure 5.6: Dependence of solvent content on solution concentration for monopolar and bipolar membranes in aqueous, methanolic and ethanolic $NaClO_4$ solutions.

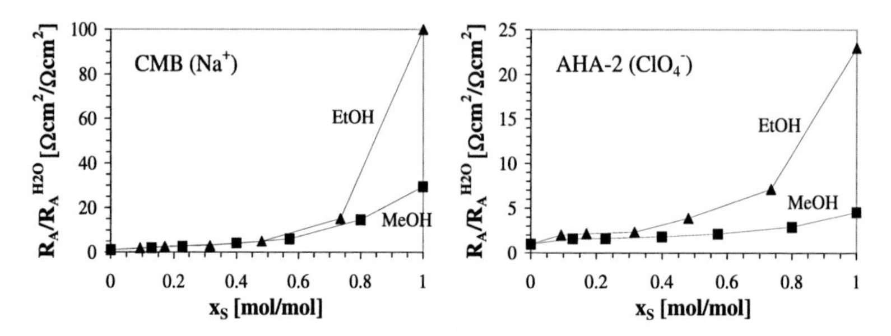

Figure 5.7: Normalized membrane resistance R_A(mixed solvent)/R_A(H_2O) as a function of mole fraction of organic solvent x_S. DC-resistance is determined for CMB and AHA-2 monopolar membranes in 0.5 mol/l $NaClO_4$ solution.

bone. For the polystyrene based membranes the contractive forces are high due to their high degree of chemical crosslinking [50]. As a result the polymer remains relatively insensitive to changes in osmotic pressure and solution concentration. In contrast to that, N 117 membrane exhibits a pronounced concentration dependence. Obviously, this is due to the absence of a chemically crosslinked polymer backbone. Although the crystallinity of the polymer is high enough to provide mechanical strength to the membrane in aqueous solutions, it does not suffice to prevent the N 117 from an increased solvent uptake as the osmotic pressure rises. Experimental results also show, that N 117 concentration dependence increases as water is replaced by methanol or ethanol. This goes along with the above mentioned assumption that less hydrophilic alcohol molecules penetrate the polymer backbone which is likely to reduce the mechanical strength of the polymer and increase the concentration dependence.

5.2.3 Mixed Solvent Systems

The picture about non aqueous solvent uptake is further detailed considering the results from resistance measurements in solutions with mixed solvents, Fig. 5.7. For both membranes, CMB and AHA-2, replacing water by methanol or ethanol, causes the membrane resistance to increase by several hundred percent. For the CMB, water exchange against methanol increases R_A by a factor of 30, exchange against ethanol by a factor of about 100. For the AHA-2, the corresponding values for methanol and ethanol are 5 and 25, respectively. Furthermore, resistance increase is linear only in the case of AHA-2 membrane in contact with an aqueous/methanolic solution. In all other cases, resistance increases exponentially if the organic solvent mole fraction exceeds $x_S \approx 0.6$.

Obviously, the resistance increase for CMB membrane is far too high to be explained by the reduction of ionic mobility as observed in plain solutions, Tab. A.2. However,

	$R_A^{H_2O}$ [Ω cm^2]	R_A^{MeOH} [Ω cm^2]	R_A^{EtOH} [Ω cm^2]
CMB	2.8	82	292
AHA-2	187	852	4900
N 117	0.75	0.83	1.05

Table 5.4: DC-Resistance of CMB, AHA-2 and N 117 monopolar membranes as measured in 0.5 mol/l aqueous, methanolic and ethanolic $NaClO_4$ solution.

from the preceding paragraphs follows, that ionic interaction between fixed ions and counterions dramatically increases up to the formation of ion pairs. Consequently, the ionic mobility in the membrane phase will decrease much more than could be expected from the ionic mobility in the solution phase. Also, the absolute number of freely movable counterions is reduced. Besides, the solvent pore volume is reduced which also contributes to a lower ionic mobility.
The non-linear resistance increase for alcohol fractions $x_S > 0.6$ could be the result either of solvent fractionation or of an inhomogeneous distribution of water and alcohol molecules within the pore liquid volume. The former explanation is less probable because of the similar dipole moments of water, methanol and ethanol [50]. Therefore, according to the latter explanation, the observed behavior could indicate that solvent exchange at low values of x_S prefers "free" water molecules in the bulk of the pore liquid over highly coordinated water molecules in the hydration shell of fixed ions and counterions. Thus, locally, in the interstices between fixed ions and counterions, the permittivity changes would be rather low and the increase in ionic interactions moderate. For high alcohol fractions, however, also hydration shell water molecules would have to participate in solvent exchange, which results in a pronounced increase in ionic interaction above average. This interpretation corresponds to the findings of other authors, which mention the difficulty to remove the water molecules attributed to the hydration shell of fixed ions from the membrane [89, 33, 26]. It also corresponds to the results displayed in Fig. 4.7, where solvent exchange by conventional techniques remains incomplete to about 10%, indicating the existence of solvent molecules with different degrees of coordination.
Given the lower degree of ionic interaction mentioned above and the relatively constant pore liquid volume, Tab. 5.2, the large resistance increase for AHA-2 anion exchange membrane is even more surprising. Moreover, their absolute values are strikingly high, cf. Tab. 5.4. Possibly, this could be explained by steric hindrance. At least, the very low solvent volume per unit mass of polymer, as well as surprisingly low diffusion coefficients, Tab. C.4, seem to indicate a relatively small average pore diameter.

5.3 Membrane/Solution Equilibrium

5.3.1 Ion Pair Formation in the Solution Phase

Ion pair formation also affects the membrane/solution equilibrium. Results for the Donnan equilibrium of monopolar and bipolar membranes in aqueous, methanolic and ethanolic $NaClO_4$ solutions are shown in Fig. 5.8 and Fig. 5.9. The left column displays the coion uptake $N_{CoI} = n_{CoI}/m^P$ as a function of solution concentration c_{sln}, while the right column depicts the corresponding membrane mean activity coefficients $\gamma_{\pm}^{M}$. Both are related by the Donnan equilibrium, Eqn. (4.9).
Apart from the usual increase of coion uptake with increasing solution concentration, coion uptake also is raised as water is exchanged against methanol and ethanol, $N_{CoI}^{H_2O} < N_{CoI}^{MeOH} < N_{CoI}^{EtOH}$. This trend is observed for all membranes independent of the above classification. However, coion uptake is largest for cation exchange membranes of the polystyrene type.

At least for the latter type of membrane, the increase in coion uptake can be expected. According to the discussion in the preceding sections, cf. section 5.2.1, for this polymer ion pair formation in the *membrane phase* increases as water is replaced by low permittivity solvents. Therefore, the Donnan potential is reduced and coion uptake is increased due to the decrease in effective fixed ion concentration. However, if this were the only reason, no increase in ion pair uptake could be observed for all other types of membranes examined. The discrepancy can be resolved if ion pair formation in the *solution phase* according to

$$\underbrace{Na^+ + ClO_4^-}_{\text{dissociated electrolyte}} \overset{K_A}{\rightleftharpoons} \underbrace{\left[Na^+ \; ClO_4^-\right]^0}_{\text{uncharged ion pair}}, \tag{5.2}$$

is taken into account (cf. section 2.3). Ion pair formation in the solution phase can explain the increase in coion uptake independent of the membrane type, because ion pairs are electrically neutral and therefore rather obey physical adsorption mechanisms than Donnan exclusion. As a matter of fact, Barthel and Neueder mention association constants K_A for $NaClO_4$ in water of 0.2, in methanol of about 19–24 and in ethanol of about 101 [6, 7]. Thus, employing Eqn. (2.8), the degree of dissociation α and the ion pair concentration c_{IP} can be calculated as a function of the solution concentration. According to the results shown in Fig. 5.10, ion pair concentration in the solution phase increases as water is replaced by methanol or ethanol. Also, the difference between aqueous and methanolic solutions is more pronounced as compared to the difference between methanolic and ethanolic solutions. Thus, both observations compare favorably to the behavior determined from coion uptake experiments.

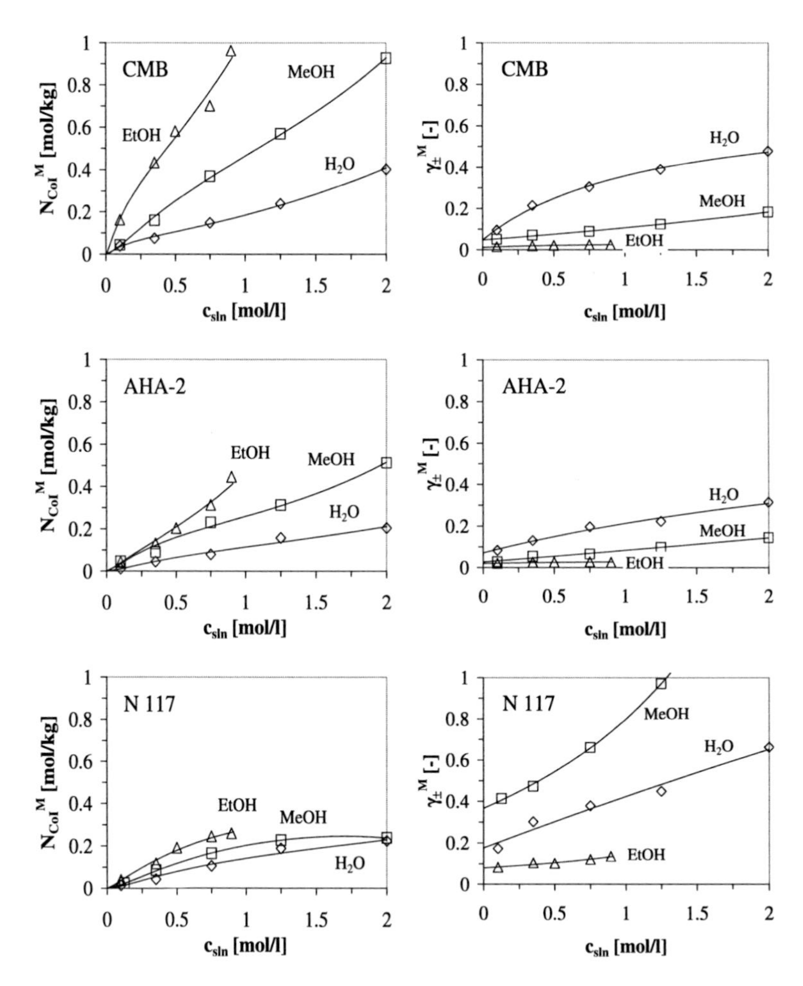

Figure 5.8: Coion uptake of CMB AHA-2 and N 117 monopolar membranes in aqueous, methanolic and ethanolic $NaClO_4$ solutions of different concentrations. Left: Sorption isotherms, right: membrane mean activity coefficients.

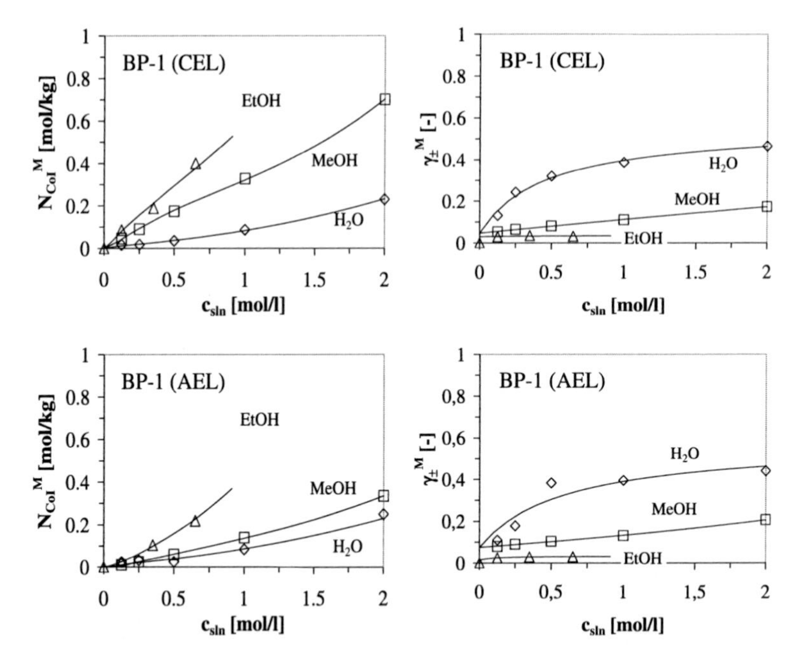

Figure 5.9: Coion uptake of BP-1 monopolar membrane layers in aqueous, methanolic and ethanolic $NaClO_4$ solutions of different concentrations. Left: Sorption isotherms, right: membrane mean activity coefficients.

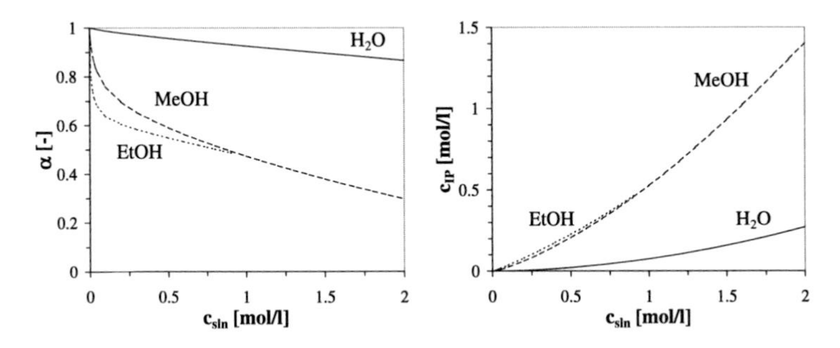

Figure 5.10: Degree of dissociation α (left) and ion pair concentration c_{IP} (right) for aqueous, methanolic and ethanolic $NaClO_4$ solutions as a function of solution concentration c_{sln}.

5.3.2 Concentration Dependence

From the coion uptake experiments also the concentration dependence of $\gamma_\pm^M$ is obtained, Fig. 5.8 and Fig. 5.9. It is characterized by a trend towards lower values for decreasing solution concentration. For very dilute solutions the differences between the different solvent systems are small. At higher concentrations $\gamma_\pm^{M,\, H_2O} > \gamma_\pm^{M,\, MeOH} > \gamma_\pm^{M,\, EtOH}$ for all polystyrene based membranes. Except for N 117 in contact with concentrated methanolic solutions $\gamma_\pm^M$ remains considerably below unity. The behavior of N 117 membrane differs also in other respects. First, $\gamma_\pm^{M,\, MeOH} > \gamma_\pm^{M,\, H_2O} > \gamma_\pm^{M,\, EtOH}$. Second, membrane activity coefficients show a higher concentration dependence. Third, the differences between the membrane activity coefficients in the different solvent systems at dilute solution concentrations is much higher.

In order to describe the concentration dependence of coion uptake and membrane activity coefficients, the concentration dependence of the distribution coefficient S_{MX} in the Donnan equilibrium condition Eqn. (4.9) must be specified. For this, three different approaches are compared, here. The first approach is based on the usual assumption for aqueous systems that $\gamma_\pm/\gamma_\pm^M = \sqrt{\mathrm{S}_{MX}} = \text{const}$. For the CMB membrane the resulting concentration dependence of coion uptake and membrane mean activity coefficient is shown in Fig. 5.11, dotted lines. Comparison of calculated and experimental values shows considerable discrepancies for aqueous but even more for alcoholic solution systems, especially for lower solution concentrations. Obviously, the assumption of a constant activity coefficient ratio $\gamma_\pm/\gamma_\pm^M$ contradicts the experimental observation because as a result, membrane activity coefficients increase with decreasing solution concentration.
The second approach follows the idea that the ion paired portion of the electrolyte

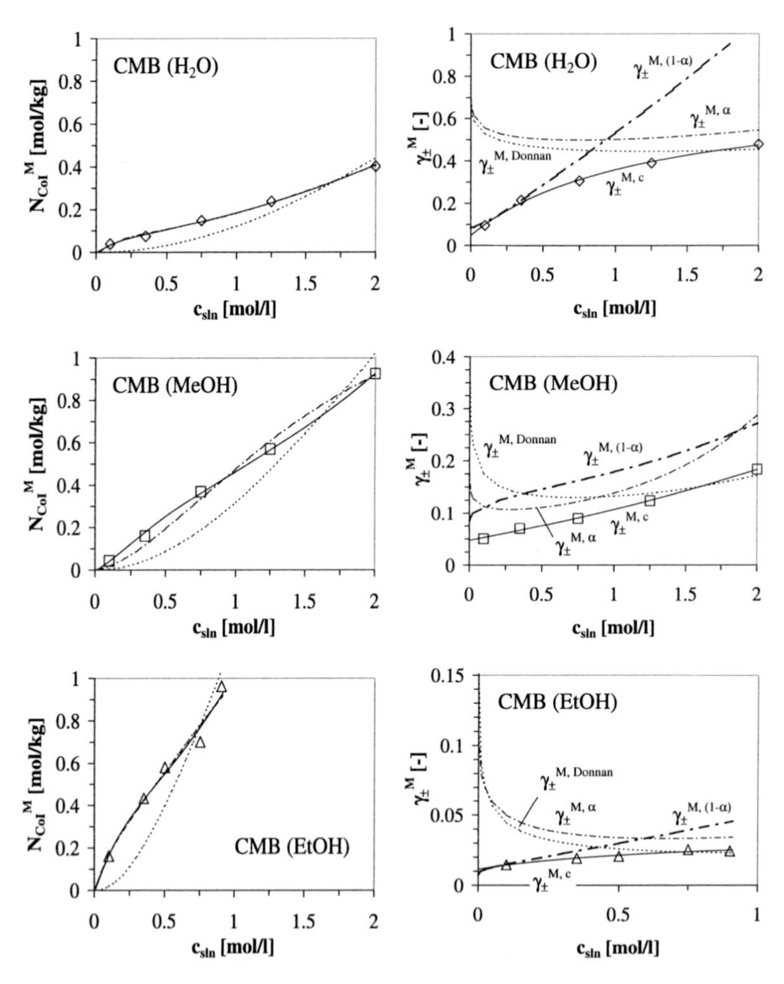

Figure 5.11: Coion uptake of CMB membrane in aqueous, methanolic and ethanolic $NaClO_4$ solutions of different concentrations. Left: Sorption isotherms, right: membrane mean activity coefficients. Coion uptake is evaluated employing different approaches. The ideal Donnan approach (dotted lines, $\gamma_{\pm}^{M,\ Donnan}$) assumes S_{MX} in Eqn. (4.9) to be constant. Limiting the ideal Donnan approach to the dissociated portion of the electrolyte ($\gamma_{\pm}^{M,\ \alpha}$) and assuming a Langmuir type of adsorption for the undissociated portion ($\gamma_{\pm}^{M,\ (1-\alpha)}$) results in a behavior shown as dash-dotted lines. Applying Helfferich's empirical Eqn. (5.4) yields the results shown as solid lines ($\gamma_{\pm}^{M,\ c}$).

obeys a Langmuir type of adsorption, while the dissociated portion of the electrolyte is subject to the Donnan equilibrium with $\mathbf{S}_{MX}$ assumed constant. Then, the membrane coion concentrations can be expressed as

$$\begin{aligned} c_{CoI}^{M} &= c_{CoI}^{M,\alpha} + c_{CoI}^{M,(1-\alpha)} \\ &= \underbrace{-\frac{c_{FI}^{eff}}{2} + \sqrt{\frac{c_{FI}^{eff^2}}{4} + \alpha c_{sln}{}^2 \psi^2 \mathbf{S}_{MX}}}_{\text{dissociated portion}} + \underbrace{\frac{A_{Lmuir} B_{Lmuir} (1-\alpha) c_{sln}}{1 + B_{Lmuir}(1-\alpha) c_{sln}}}_{\text{ion paired portion}} . \end{aligned} \tag{5.3}$$

where A_{Lmuir} and B_{Lmuir} are concentration independent fitting parameters. The calculated coion uptake compares more favorably to the experimental data, cf. Fig. 5.11, left, dash-dotted lines. However, calculating the membrane activity coefficients for the dissociated portion, $\gamma_\pm^{M,\,\alpha}$, thin dash-dotted lines in Fig. 5.11, and the ion paired portion, $\gamma_\pm^{M,\,(1-\alpha)}$, thick dash-dotted lines in Fig. 5.11, inconsistencies become evident. For the ion paired portion, calculated activity coefficients indicate an increase in non-idealities with decreasing solution concentration (as do the experimental results) while under the same conditions the activity coefficients for the non ion paired portion indicate a decrease. Both is in contradiction to the expected physical behavior.
Therefore, a third approach is chosen. Following a suggestion of Helfferich, the concentration dependence of the membrane mean activity coefficient can be expressed according to the empirical equation [50]

$$\gamma_\pm^M = A_{MX} + \frac{B_{MX} c_{sln}}{1 + C_{MX} c_{sln}} . \tag{5.4}$$

Fitting the concentration independent parameters A_{MX}, B_{MX} and C_{MX} to the experimental data, the values represented by the solid lines in Fig. 5.8–Fig. 5.11 result. In all cases, a good representation of the experimental results is obtained.

Interpretation of the membrane activity coefficients must take into account that $\gamma_\pm^M$ is used as a lumped parameter for non-idealities arising from various phenomena such as ionic interactions, osmotic mechanisms, hydrophilic/hydrophobic effects and membrane inhomogeneities, cf. section B.4.1. However, Mauritz and Hopfinger point out the special importance of ionic interactions and associated ion pair formation [79]. The authors mention three reasons for that: "Firstly, there exists, within the interior, a large concentration of ion exchange groups as well as a reduced availability of water to provide for hydration of the internal ions, relative to a 'dilute' external electrolyte solution. Secondly, the low dielectric constant of the organic polymer matrix would increase the anion-cation coulombic attraction over that as would exist in a strict aqueous solution of equal ionic molarity. Lastly, it would be reasonable to assume that cation and anions would be brought into mutual proximity in being confined to [...] the space preempted by the macromolecular architecture."
In polystyrene type of membranes all three aspects apply, while the second aspect

appears to be of special importance for non aqueous solution systems. Therefore, as a first approximation, membrane activity coefficients can be interpreted in terms of ionic interactions neglecting other non-idealities. Ionic interactions increase as $\gamma_\pm^M$ decreases. Therefore, $\gamma_\pm^{M,\,H_2O} > \gamma_\pm^{M,\,MeOH} > \gamma_\pm^{M,\,EtOH}$ is observed, corresponding to the increasing electrostatic attraction of ions as a result of the decreasing solvent permittivity. Following the above reasoning, the concentration dependence of $\gamma_\pm^M$ can be explained in terms of ionic shielding, where an increasing ion concentration in the pore liquid reduces the range of electrostatic interactions. Then, the peculiar behavior of N 117 in methanolic solutions is associated with a decrease of interactions. This could be attributed to the large uptake of methanol and resulting morphological changes. The latter seem to be overcompensated by an increase in electrostatic interaction due to the reduction in solvent permittivity as methanol is replaced by ethanol.

5.3.3 Bipolar Membranes

Donnan equilibrium condition Eqn. (4.9) may be applied not only to monopolar but also to bipolar membranes. In this case, three equilibria must be considered: equilibrium between cation exchange layer and external solution L, equilibrium between cation and anion exchange layer, equilibrium between anion exchange layer and external solution R. Employing the notation of Fig. 4.11

$$\left(\frac{c_M^{CL}}{c_M^L}\right)^{|z_X|}\left(\frac{c_X^{CL}}{c_X^L}\right)^{|z_M|} = \left(\frac{\gamma_\pm^L}{\gamma_\pm^{CEL}}\right)^{|z_M|+|z_X|}\left(\psi^{CEL}\right)^{|z_M|+|z_X|},$$

$$\left(\frac{c_M^{AJ}}{c_M^{CJ}}\right)^{|z_X|}\left(\frac{c_X^{AJ}}{c_X^{CJ}}\right)^{|z_M|} = \left(\frac{\gamma_\pm^{CEL}}{\gamma_\pm^{AEL}}\right)^{|z_M|+|z_X|}\left(\frac{\psi^{AEL}}{\psi^{CEL}}\right)^{|z_M|+|z_X|},$$

$$\left(\frac{c_M^{R}}{c_M^{AR}}\right)^{|z_X|}\left(\frac{c_X^{R}}{c_X^{AR}}\right)^{|z_M|} = \left(\frac{\gamma_\pm^{AEL}}{\gamma_\pm^{R}}\right)^{|z_M|+|z_X|}\left(\frac{1}{\psi^{AEL}}\right)^{|z_M|+|z_X|},$$

is obtained. Together with the electroneutrality conditions for CEL and AEL and the mass balance for the overall coion uptake

$$c_{CoI}^{BPM} = \chi^{CEL} c_{CoI}^{CEL} + (1-\chi^{CEL}) c_{CoI}^{AEL},$$

the unknown concentrations of species M and X as well as the mean activity coefficients in the individual layers $\gamma_\pm^{CEL}$ and $\gamma_\pm^{AEL}$ can be determined from the experimental values of the total coion uptake c_{CoI}^{BPM}. χ^{CEL} denotes the volume fraction of the cation exchange layer $\chi^{CEL} = V^{CEL}/V^{BPM}$, cf. Tab. C.2.
The resulting coion concentrations and membrane activity coefficients are shown in Fig. 5.9. As expected they are qualitatively analogue to the behavior observed for monopolar membranes. Therefore, a separate discussion is renounced.

5.4 Concentration Potentials

For monopolar membranes, coion transference numbers have been determined from concentration potential measurements according to the procedure described in section 4.2.7. In Fig. 5.12 the results for CMB, AHA-2 and N 117 membrane are shown for aqueous, methanolic and ethanolic $NaClO_4$ solutions. They are given as a function of the geometric mean of the solution concentrations adjacent to the membrane. As usual, coion leakage increases with increasing solution concentration. In aqueous solutions, t_{CoI}^M exceeds 5% for solutions between 0.4 mol/l (AHA-2) and 0.8 mol/l (N 117). In methanolic and ethanolic solutions, coion leakage increases for all membranes, with $t_{CoI}^{M,\,H_2O} < t_{CoI}^{M,\,MeOH} < t_{CoI}^{M,\,EtOH}$. In methanol, $t_{CoI}^M > 5\%$ for solution concentrations beyond 0.05–0.2 mol/l; in ethanol, considerable coion leakage is observed starting out at concentrations as low as 50 mmol/l. For the CMB membrane, the solvent dependence of coion leakage is the highest.
In view of the mechanisms detailed in the two preceding sections, the observed behavior is all but surprising. The concentration dependence of t_{CoI}^M is readily explained by the increase in coion uptake as the solution concentration is raised. The general increase in coion leakage as observed for the change from aqueous to alcoholic systems can be attributed to the formation of ion pairs in the solution phase. Because they do not bear a net charge, ion pairs are not subject to the Donnan exclusion. The high coion leakage for CMB membrane is due to the ion pair formation in the membrane phase specific for cationic polystyrene membranes. Thus, the Donnan potential is decreased even further. As a result, in ethanolic solutions the membrane is close to a complete loss of selectivity, i.e. $t_{CoI}^M = t_{ClO4}^{EtOH} \approx u_{ClO4}^\infty/(u_{Na}^\infty + u_{ClO4}^\infty) = 0.609$, Tab. A.2.

Concentration potentials have been measured for bipolar membranes also. At this, the concentration of the solution adjacent to the cation exchange layer is set constant to $c^L = 0.1$ mol/l, while the concentration of the solution adjacent to the anion exchange layer is varied between 3 mmol/l $\leq c^R \leq$ 3.2 mol/l. In ethanol the concentration is limited by the solute solubility to 0.9 mol/l. The resulting transference number t_{CoI}^{BPM} determined from the ratio of measured concentration potential and its thermodynamic maximum value is plotted in Fig. 5.13, symbols, against the geometric mean of the solution concentrations $\sqrt{c^L c^R}$.
In aqueous solution, the coion transference numbers of BP-1 bipolar membrane, linearly increase with the mean solution concentration. Considerable coion leakage $t_{CoI}^{BPM} > 5\%$ is observed for concentrations exceeding 0.5 mol/l. In methanolic and in ethanolic solutions the concentration dependence of coion leakage is much more pronounced. Transference numbers exceed 5% even for very low concentrations.

Quite naturally, the same interpretation as presented above for monopolar membranes applies. With increasing solution concentration but even more by changing the solvent system, coion uptake is increased considerably and reduces the membrane

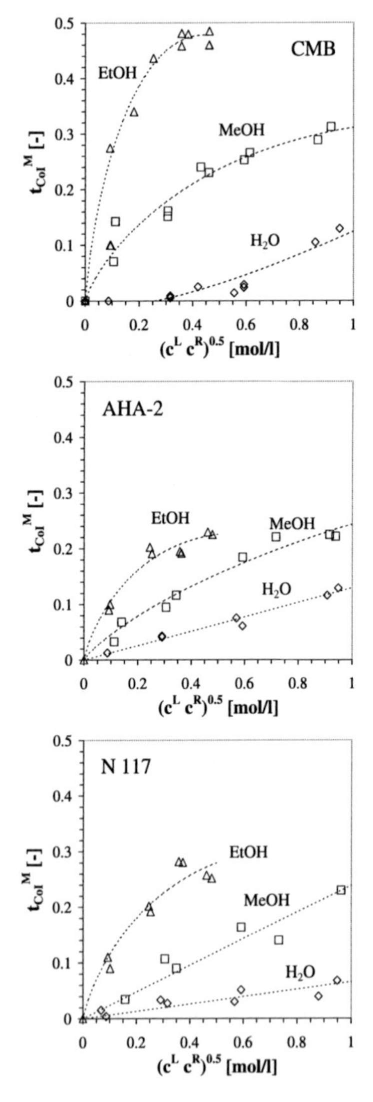

Figure 5.12: Coion leakage of CMB, AHA-2 and N 117 monopolar membranes in aqueous, methanolic and ethanolic $NaClO_4$ solutions. Coion transference number t_{CoI}^M as a function of the geometric mean solution concentration $\sqrt{c^L c^R}$.

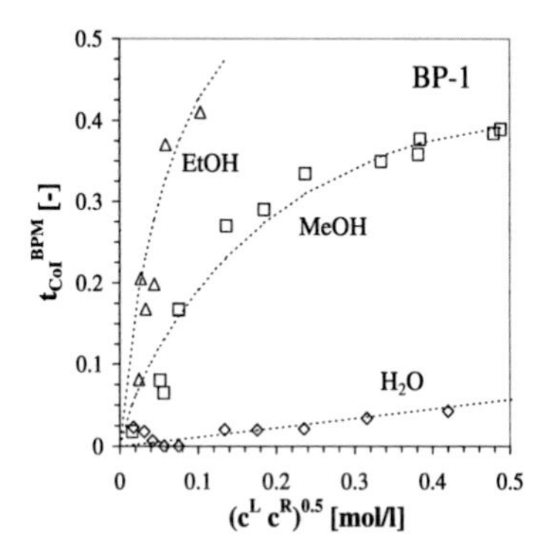

Figure 5.13: Coion transference numbers for BP-1 bipolar membrane as determined from concentration potential measurements in aqueous, methanolic and ethanolic solutions.

permselectivity. As the underlying reason the reduced effective fixed ion concentration of the cation exchange layer can be identified. Possibly also the increasing ratio of coion to counterion diffusion coefficient, cf. Tab. C.4 and Tab. C.5, contributes to the increase in coion flux.

5.5 Current Voltage Curves

5.5.1 Solvent Dependence

Current voltage curves are determined according to the procedure described in section 4.2.9 for aqueous, methanolic and ethanolic $NaClO_4$ solutions at various concentrations. The results for the 1 mol/l aqueous and methanolic solution and for the 0.8 mol/l ethanolic solution are shown in Fig. 5.14, open symbols. Also included in the diagrams are the steady state values as obtained from chronopotentiometric measurements, Fig. 5.14, closed symbols. The differences between the two techniques are low for aqueous and methanolic solutions and indicate that steady state in fact has been attained. For ethanolic solutions differences are noticeable and increase with increasing current density.

Comparing the current voltage curves for the three solvent systems, the differences between the membrane resistance at overlimiting current densities $\bar{R}_A$ are most striking, Tab. 5.5. For approximately the same solution concentration an increase by a factor of ≈ 35 is observed. Furthermore, while $\bar{R}_A$ remains about constant for the aqueous solution, it increases for methanol and ethanol with increasing current density. In contrast, the initial resistances at underlimiting current densities, R_A^0, are

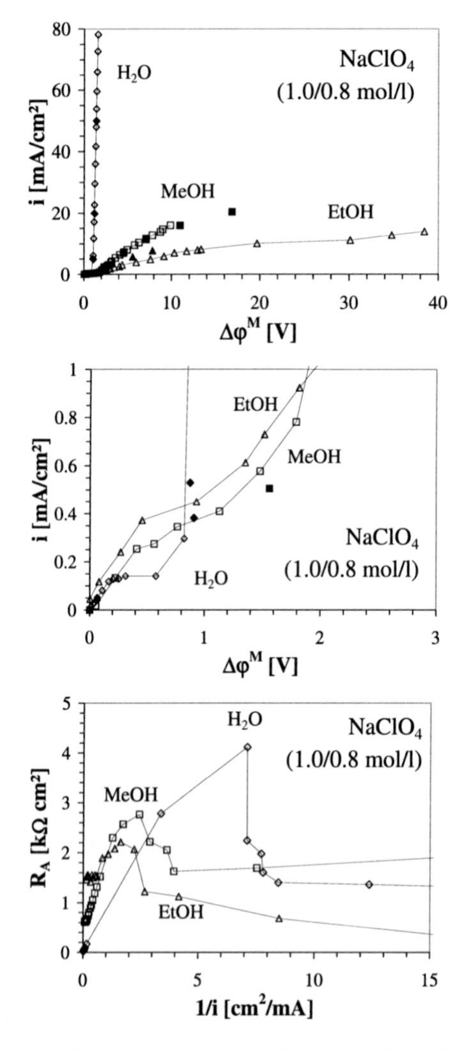

Figure 5.14: Current voltage curves of BP-1 bipolar membrane in 1.0 mol/l aqueous and methanolic and 0.8 mol/l ethanolic $NaClO_4$ solution. Open symbols represent data obtained from current voltage measurements, closed symbols represent data obtained from the steady state of chronopotentiometric measurements. Top: current voltage curves over the complete range of experimental data; middle: close-up for low current densities; bottom: Cowan-Brown plot.

Parameter	Unit	Water	Methanol	Ethanol
c_{sln}	[mol/l]	1.0	1.0	0.8
R_A^0	[Ω cm^2]	1370	1650	1180
i_{lim}	[mA/cm^2]	0.126	0.245	0.365
$\Delta\varphi_{lim}^M$	[V]	0.205	0.411	0.457
$\bar{R}_A^{1)}$	[Ω cm^2]	49	758	1730

[1)] Determined as mean resistance for $2 \leq i \leq 10$ mA/cm^2

Table 5.5: Characteristic parameters of BP-1 current voltage curves determined in 1.0 mol/l aqueous and methanolic and 0.8 mol/l ethanolic $NaClO_4$ solutions.

in the same order of magnitude for water, methanol and ethanol. Limiting current density i_{lim} and limiting membrane potential $\Delta\varphi_{lim}^M$ increase as water is replaced by methanol and ethanol. Finally, changes are observed for the characteristic limiting current density plateau: flat for the aqueous solution, it becomes more and more tilted for the methanolic and ethanolic system. This corresponds to the decrease in the characteristic resistance jump observed in the Cowan-Brown plot. Despite all differences, the qualitative behavior is comparable. In particular all three solvents display a pronounced resistance increase upon approaching i_{lim}, followed by a clear resistance decrease for overlimiting current densities. The observed behavior is taken as an indication for the fact, that solvent dissociation occurs not only for aqueous but also for methanolic and ethanolic solutions. An analytical verification, however, did not take place.

The differences between the different solvent systems can be interpreted as follows. According to section 3.2.1 charge transport at underlimiting current density is due to salt ion transport or more accurately to coion transport (or leakage) across the bipolar membrane. Also, from section 5.2, it is known that coion uptake and coion leakage increases as water is exchanged by methanol and ethanol. Hence, due to the increase in charge carriers, membrane resistance at underlimiting current density, R_A^0 should tend to lower values. However, while the number of charge carriers increases, their ionic mobility decreases upon solvent exchange as can be concluded e.g. from the electrolyte solution data of Tab. A.2. Since both effects are of the same order of magnitude, it is difficult to predict which one prevails. Apparently, in case of methanol, the reduction in ionic mobility is dominating while for ethanol the increase in charge carriers is more important.
At a first glance this analysis appears to contradict the results obtained from resistance measurements of monopolar membranes in mixed solvent systems, Fig. 5.7, which are characterized by a resistance increase up to a factor of about 100. However, while these reflect the change in the mobility of *counterions*, R_A^0 reflects the change in the

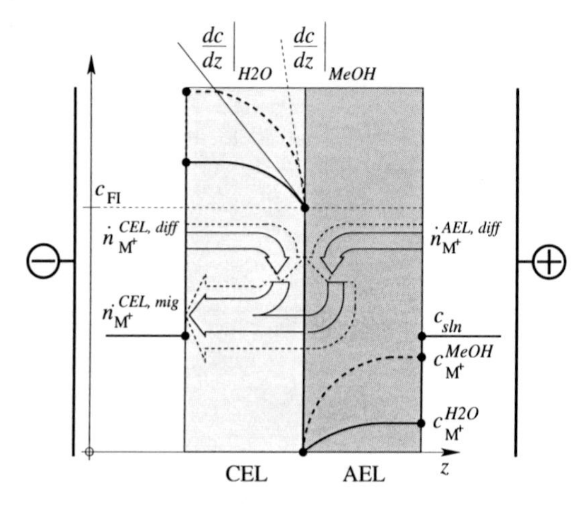

Figure 5.15: Schematic illustration of the differences in concentration profiles between aqueous and methanolic solutions for $i \approx i_{lim}$ [106].

mobility of *coions*. In the former case, mobility is primarily determined by ionic interactions between fixed ions and counterions which are increasing significantly due to the mechanisms related to the decrease in solvent permittivity. In the latter case, ionic mobility is determined by membrane swelling and changes in ion solvation and solvent viscosity which are all effects that show considerably lower differences between the three solvents compared.

Also the differences in limiting current density can be attributed to the changes in coion uptake. According to the analysis of Rapp, Krol and Strathmann *et al.* , at underlimiting current density, steady state is characterized by migrative salt ion removal compensated by diffusive salt ion replenishment, Fig. 5.15 [100, 59, 124]. While migrative flux is due to the potential gradient across the membrane layers and thus primarily determined by the electric field applied, diffusive ion flux is due to the concentration gradient, i.e. the concentration profiles. The latter are a function of current density and coion uptake. In Fig. 5.15, the situation is shown for $i \approx i_{lim}$. At this point, the coion concentration at the CEL/AEL interface approaches nil, the counterion concentration approaches the fixed ion concentration. Because coion uptake in methanol exceeds coion uptake in water, the concentrations at the membrane/solution interface are higher and the resulting concentration gradients steeper in case of the organic solvent. Consequently, the migrative salt ion removal must be increased in order to balance the higher (diffusive) salt ion replenishment. Thus, i_{lim} is increased.

At overlimiting current densities, the difference between the resistances measured in aqueous, methanolic and ethanolic solutions is large. Resuming the discussion for underlimiting current densities, the resistance increase can be attributed to the reduction in counterion mobility due to the increased interaction between fixed ions and counterions. However, because of the onset of solvent dissociation, partial ion exchange of salt ions against solvent dissociation products must be expected. The latter typically show a higher mobility as compared to salt ions, at least in case of the generated protons, Tab. A.2. Thus, resistance increase is lower as must be expected from the resistance measurements of monopolar membranes in salt ion form.

For aqueous solutions, the current voltage curve at overlimiting current densities is a straight line, i.e. membrane resistance remains approximately constant. For methanolic and especially for ethanolic solutions, membrane resistance is not only higher but also increases as the current density is increased. The situation can be compared to aqueous solutions for current densities exceeding the upper limiting current density i_{max} (cf. Fig. 3.4, top). In this case, water consumption by dissociation at the interface is higher than water replenishment by diffusion, i.e. the current density is limited by water transport limitation [100, 59]. The maximum current density i_{max} can be estimated from a mass balance about the bipolar membrane and application of Faraday's law assuming linear concentration gradients. Thus,

$$i_{max} - i_{lim} \approx \frac{\mathbf{F}}{2} \left(\frac{D_S^{CEL} c_S^{CL}}{\delta^{CEL}} + \frac{D_S^{AEL} c_S^{AR}}{\delta^{AEL}} \right), \tag{5.5}$$

results. D_S^{CEL} and D_S^{AEL} denote the solvent diffusion coefficient in the membrane layers, c_S^{CL} and c_S^{AR} denote the molar solvent concentration at the membrane/solution interface and δ^{CEL} and δ^{AEL} the thickness of the membrane layers. c_S^{CEL} and c_S^{AEL} can be determined from solvent uptake measurements according to

$$c_S^{CEL} = \frac{n_S^{CEL}}{V^{CEL}} = \frac{\varepsilon^{CEL}}{1+\varepsilon^{CEL}} \frac{\varrho^{CEL}}{MW_s}, \tag{5.6}$$

$$c_S^{AEL} = \frac{n_S^{AEL}}{V^{AEL}} = \frac{\varepsilon^{AEL}}{1+\varepsilon^{AEL}} \frac{\varrho^{AEL}}{MW_s}, \tag{5.7}$$

respectively. Thus, taking the required data from Tab. C.2 and setting $D_{H_20}^M \approx 4 \times 10^{-10}$ m^2/s [56], $D_{MeOH}^M \approx 10^{-10}$ m^2/s [38] and $D_{EtOH}^M \approx 10^{-11}$ m^2/s [36], an upper limiting current density of $i_{max}^{H_2O} \approx 360$ mA/cm^2, $i_{max}^{MeOH} \approx 30$ mA/cm^2 and $i_{max}^{EtOH} \approx 2$ mA/cm^2 is obtained. Considering the uncertainties related to the values of D_S^M, the correspondence to the experimental values is acceptable.

However, resistance increases not only due to solvent transport limitation but also due to the extremely low counterion mobility observed for anionic polystyrene membranes, cf. Fig. 5.7 and Tab. C.4. As a result, heat is generated which eventually leads to solvent evaporation and thermal destruction of the membrane. As a matter of fact, membranes subjected to current densities beyond ≈ 15 mA/cm^2 in methanolic solutions and ≈ 10 mA/cm^2 in ethanolic solutions regularly failed due to thermal destruction as indicated by burn marks located at the edges of the cell where turbulent mixing is less

effective. Besides, pin holes which might be the result of local evaporation could be observed. Also, a clear proof for the large amount of heat generated is obtained from experiments performed without temperature control leading to a pronounced increase in solution temperature.
Current voltage curves also differ with respect to the limiting membrane potential $\Delta\varphi^M$, Tab. 5.5. The increase in membrane potential required to initiate solvent dissociation can be interpreted in several respects. E.g. from the decreasing values of K_{AP}, Tab. 2.1, it can be expected, that the membrane potential required for solvent dissociation is increasing. Also, according to the discussion in section 3.4, a reduction in effective ion exchange capacity goes along with a reduction in electric field at the CEL/AEL junction. Hence, again an increase in membrane potential can be foreseen. However, recalling the second Wien effect, a reduction in solvent permittivity results in a considerable enhancement of solvent dissociation, Fig. 3.10, for a constant external field. Thus, the overall behavior is difficult to assess based on a qualitative analysis alone.
Finally, differences between the three solvent systems are observed for the tilt of the plateau, characteristic for the limiting current density. Little attention has been paid to this feature. Only Wilhelm mentions membrane inhomogeneities as a possible reason [137]. Also, the continuously increasing solvent dissociation is sometimes discussed. Both explanations appear inappropriate because inhomogeneities should be independent of the solvent system, while solvent dissociation apparently is more difficult in organic solutions as opposed to aqueous solutions. Rather it is observed that the tilt of the plateau increases with decreasing solvent permittivity as well as with increasing solution concentration, Fig. 5.16. Therefore, one could suppose a relationship to coion uptake increasing in the same way. Possibly, electrically neutral ion pairs diffuse towards the CEL/AEL interface where they dissociate due to the strong electric field into salt ions very similar to the dissociation of the amphoteric solvent. The onset of this mechanism should be at rather low junction potentials because of the relatively high dissociation constants for $NaClO_4$ compared to the small autoprotolysis constants for the pure solvents. Furthermore, this mechanism would become more and more efficient as the trend towards ion pair formation increases, i.e. especially in non aqueous solvent systems and at high solute concentrations. It may be objected, that ion pair formation is negligible in aqueous solutions, since α is close to unity for strong electrolytes. However, as mentioned in section 2.3, ion pair formation must be pictured as a continuous transition from unaffected ions to contact ion pairs. Thus, even for so-called strong electrolytes a certain degree of ionic interaction and net charge reduction is possible.

5.5.2 Concentration Dependence

Concentration dependence of the current voltage curves is displayed in Fig. 5.16. Diagrams are shown for aqueous and methanolic solutions only. For ethanolic solutions reproducibility, especially for low solution concentrations, is unsatisfactory due to the

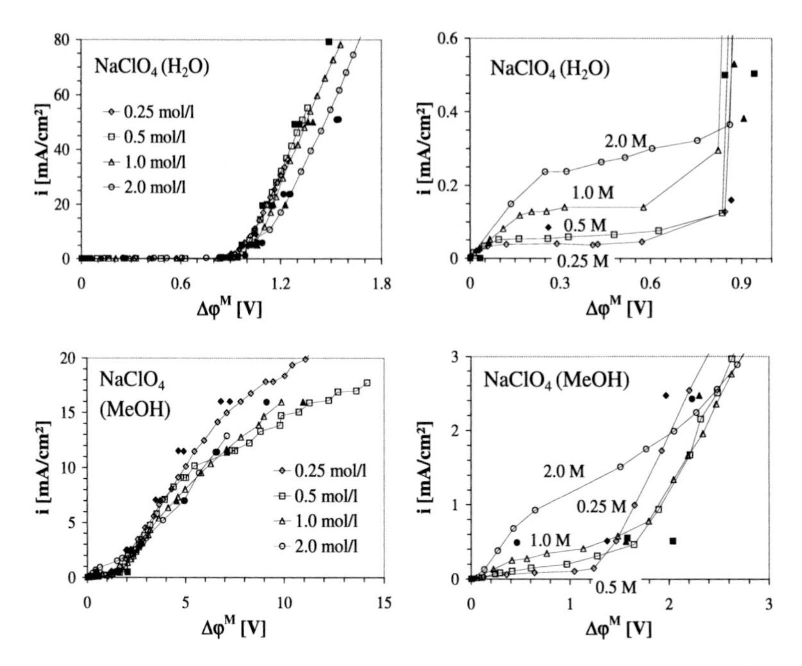

Figure 5.16: Current voltage curves of aqueous (top) and methanolic (bottom) $NaClO_4$ solutions at various concentrations. Open symbols represent data obtained from current voltage measurements, closed symbols represent data obtained from the steady state of chronopotentiometric measurements. Left: Current voltage curves over the complete range of experimental data; right: close-up for low current densities.

early onset of thermal destruction. Therefore, they are excluded from a detailed discussion, here. Example current voltage curves, however, are shown in Appendix C.
In all respects, the same qualitative trends are observed for aqueous and methanolic solutions. In both solvent systems the limiting current density is increasing with increasing solution concentration, while the resistance for underlimiting current densities, R_A^0, is decreasing, Tab. 5.6. In contrast, the resistance at overlimiting current densities, $\bar{R}_A$, increases with c_{sln}. However, the increase is lower for aqueous as compared to methanolic solutions.

Quite obvious, the limiting current density is increasing with increasing solution concentration, because of the corresponding augmentation in coion uptake. Again, due to the increase in coion uptake, migrative salt ion removal must be enhanced, before

c_{sln}	[mol/l]	0.25	0.5	1.0	2.0
Water					
R_A^0	[Ω cm^2]	(1645)	1717	1370	1018
i_{lim}	[mA/cm^2]	0.033	0.050	0.126	0.220
$\Delta\varphi_{lim}^M$	[V]	0.059	0.095	0.205	0.250
$\bar{R}_A^{1)}$	[Ω cm^2]	(49.5)	48.4	48.6	49.9
Methanol					
R_A^0	[Ω cm^2]	4186	3709	1649	686
i_{lim}	[mA/cm^2]	0.033	0.075	0.245	0.714
$\Delta\varphi_{lim}^M$	[V]	0.127	0.243	0.411	0.467
$\bar{R}_A^{1)}$	[Ω cm^2]	586	722	759	802

1) Determined as mean resistance for $2 \leq i \leq 10$ mA/cm^2.

Table 5.6: Characteristic properties of BP-1 current voltage curves determined in aqueous and methanolic $NaClO_4$ solutions at various concentrations. Values in brackets are uncertain.

compensation through diffusive salt ion reflux is exhausted, i.e. before the limiting current density is obtained, cf. Fig. 5.15. As a consequence, contribution to the overall charge transport by salt ion flux increases for a given current density. Thus, the observation also can be expressed in terms of an increasing coion transference number t_{CoI}^{BPM}, defined analogous to its monopolar counterpart

$$t_{CoI}^{BPM} = \frac{\mathbf{F} \sum_{CoI} z_j \dot{n}_j}{i}. \tag{5.8}$$

Because the ionic mobility of salt ions is lower as compared to the mobility of solvent dissociation products, resistance is increasing with increasing t_{CoI}^{BPM} at overlimiting current densities. Therefore, a moderate increase in $\bar{R}_A$ is observed for aqueous, a considerable increase in $\bar{R}_A$ for methanolic solutions. However, increasing c_{sln} also increases the number of available charge carriers in the membrane. Thus, R_A^0 decreases with solution concentration.

5.6 Chronopotentiometric Measurements

5.6.1 Solvent Dependence

From chronopotentiometric measurements, the transient behavior of bipolar membrane BP-1 is determined in aqueous, methanolic and ethanolic $NaClO_4$ solutions, Fig. 5.17.

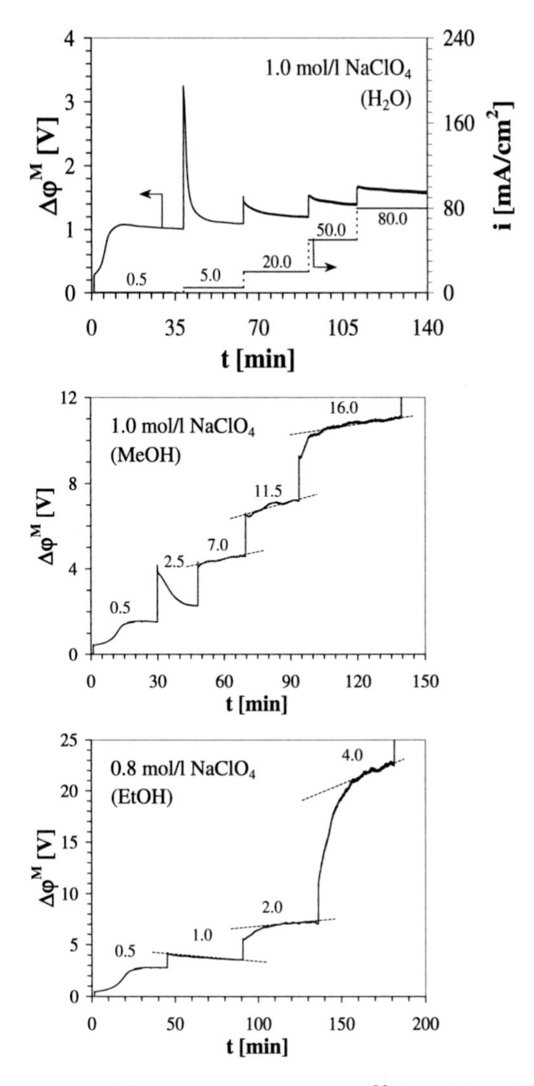

Figure 5.17: Time course of the membrane potential $\Delta\varphi^M$ for a 1.0 mol/l aqueous (top), a 1.0 mol/l methanolic (middle) and a 0.8 mol/l ethanolic (bottom) $NaClO_4$ solution upon a stepwise change in current density (see top diagram for illustration). The numbers over the individual sections of the time course, indicate the currently applied current density in mA/cm^2.

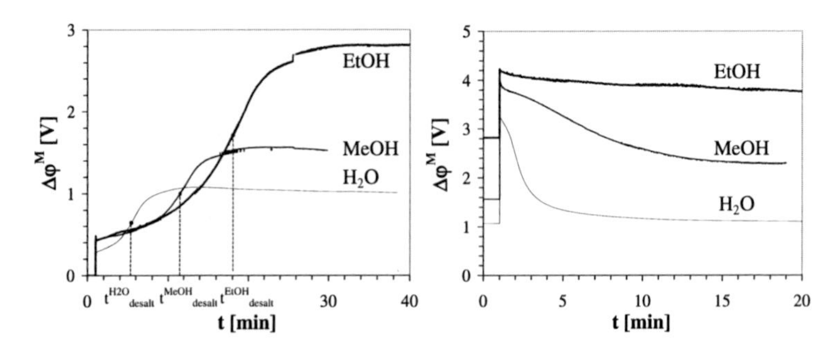

Figure 5.18: Close-up of Fig. 5.17. Potential course upon current switch-on $i = 0 \rightarrow 0.5$ mA/cm^2 for all three solvent systems (left) and subsequent current density increase (right) $i = 0.5 \rightarrow 5$ mA/cm^2 (water), $i = 0.5 \rightarrow 2.5$ mA/cm^2 (methanol) and $i = 0.5 \rightarrow 1.0$ mA/cm^2 (ethanol).

The experimental procedure applied is described in detail in section 4.2.9 and illustrated in Fig. 5.17, top. Each measurement consists of a series of step changes in current density, the corresponding membrane potential response $\Delta\varphi^M(t)$ of which is recorded as a function of time. The membrane potential immediately after a change in current density is denoted reversible potential U_{rev} while the membrane potential under steady state conditions is termed U_{SS}. Steady state — if attainable — is determined according to the criteria described in section 4.2.9.
Experiments in alcoholic solutions suffer from a very limited reproducibility if measurements exceed current densities of 2.5 mA/cm^2 or 1.0 mA/cm^2 in methanol or ethanol, respectively. This is attributed to the irreversible process of thermal destruction as described in the preceding section. However, compared to the current voltage curves, thermal destruction is obvious at even lower current densities which is due to stricter stationarity criteria and to the considerably longer experimental times. The latter result from the fact that the time to attain steady state increases superproportionally with increasing current density step height. Thus, even small destructive effects at low current densities become obvious due to the prolonged exposure time. Therefore, the potential course for methanolic and ethanolic solutions shown in Fig. 5.17 and Fig. 5.18 can be regarded as representative only in the low current density range while at increased current densities recorded data varies from experimental run to experimental run. Also, due to the early onset of irreversible destruction, the current density step height in the three solvent systems is chosen differently which must be considered in the discussion below. The reproducible portion of the time course in methanol and ethanol is shown in Fig. 5.18 as a close-up together with the corresponding time course in water.

Parameter	Unit	Water	Methanol	Ethanol
c_{sln}	[mol/l]	1.0	1.0	0.8
R_A^0	[Ω cm^2]	525	850	799
t_{desalt}	[min]	4.2	10.3	16.9
$\bar{R}_A^{SS}$	[Ω cm^2]	2020	3047	5555

Table 5.7: Characteristic parameters of the step response upon current switch-on $i = 0.0 \rightarrow 0.5$ mA/cm^2 for BP-1 bipolar membrane in 1.0 mol/l aqueous and methanolic and 0.8 mol/l ethanolic $NaClO_4$ solutions.

At low current densities, qualitative behavior in all three solvent systems is similar and comparable to the observations for aqueous systems, cf. section 3.2.2. It is characterized by a sigmoidal potential increase upon current switch-on if the current densities exceed i_{lim}, Fig. 5.18, left. Subsequent current density step increase results in a behavior similar to the step response of a DT_1 element, Fig. 5.18, right. At increased current densities, qualitative behavior between the three solvent systems differs. In aqueous solutions, the potential course continues to show DT_1-characteristic attaining steady state after 20–30 min. In contrast, in alcoholic solutions, steady state no longer is attainable but $\Delta\varphi^M$ continues to augment, Fig. 5.17.

The time course shown in Fig. 5.18, left, is typical for a current density increase from $0 \rightarrow i > i_{lim}$. Just before current switch-on, the membrane is in equilibrium with the solution phase. Therefore, U_{rev} immediately after current switch-on represents the ohmic resistance of the membrane [137]. Following, salt ion removal is observed as moderate potential increase because overall concentration of charge carriers and hence membrane conductivity is reduced. Because $i > i_{lim}$, migrative salt ion removal exceeds the maximum possible salt ion replenishment. As a consequence, ion removal continues until the electric field within the membrane is high enough to generate charge carriers from enhanced solvent dissociation. Steady state is attained as ion removal, salt ion replenishment and generation of solvent dissociation products balance. Because the point of highest potential increase $d\varphi^M/dt = \max$ is attributed to the removal of the "last remaining salt ions", the corresponding time is referred to as desalting time t_{desalt} [137]. It is given together with the initial membrane resistance $R_A^0 = U_{rev}/i$ and the steady state resistance $R_A^{SS} = U_{SS}/i$ in Tab. 5.7 for the three solvent systems. As indicated by the measured values, $t_{desalt}^{H_2O} < t_{desalt}^{MeOH} < t_{desalt}^{EtOH}$. Quite obvious, this is due to the increase in coion uptake for the low permittivity solvents. In order to exceed i_{lim} and to generate solvent dissociation products, the electric field at the CEL/AEL interface must increase until the junction region is free of salt ions. Since the current density is set constant in all three solvent systems, naturally, salt ion removal takes longer in case of higher methanolic and ethanolic coion concentrations. However, only a portion of the salt ions are removed from the membrane layers which can be concluded from a simple mass balance about the bipolar membrane. From Faraday's law

$$t_{desalt} \approx \frac{\mathbf{F} c_{CoI}^{BPM} \delta^{BPM}}{i}, \tag{5.9}$$

can be derived. According to Tab. C.2, $\delta^{BPM} = 262$ μm and according to the results of section 5.3 $c_{CoI}^{H_2O} = 0.18$ mol/l, $c_{CoI}^{MeOH} = 0.51$ mol/l and $c_{CoI}^{EtOH} = 0.83$ mol/l. Substitution in Eqn. (5.9) yields $t_{desalt}^{H_2O} = 15.1$ min, $t_{desalt}^{MeOH} = 42.6$ min and $t_{desalt}^{EtOH} = 69.4$ min. Thus, about 28% of all coions in case of the aqueous solution, 24% of all coions in case of the methanolic solution and about 24% of all coions in case of the ethanolic solution are removed from the bipolar membrane at $i = 0.5$ mA/cm^2. This is clearly more than could be explained by salt ion removal from the CEL/AEL interface alone, but also considerably less than expected for a "complete" coion removal throughout the membrane layers.

The differences between the initial membrane resistance R_A^0 can be explained along the lines of the discussion in section 5.5.1. According to this, R_A^0 is increasing with decreasing ionic mobility but is decreasing with increasing charge carrier concentration. Immediately after current switch-on, charge transport is solely due to coion transport and thus changes in R_A^0 reflect changes in coion mobility and coion uptake with both effects being of about the same order of magnitude. Apparently, for methanolic $NaClO_4$ solutions, the reduction in mobility prevails, while for ethanolic $NaClO_4$ solutions, the increase in charge carriers overcompensates further mobility decrease, in accordance to the observation for the current voltage curves, Tab. 5.5. However, comparison of Tab. 5.5 and Tab. 5.7 points out differences between the R_A^0 values obtained from current voltage curves and from chronopotentiometric measurements. The apparent contradiction can be explained by the fact that for the current voltage curves, R_A^0 is determined under steady state conditions, i.e. at conditions where salt ion removal corresponding to the set current density is accomplished. Hence, even the initial slope of the experimental current voltage curve refers to a membrane already partially void of charge carriers and therefore to a higher resistance. In contrast, from chronopotentiometric measurements even at high current density, the resistance corresponding to the onset of salt ion removal can be determined, provided the potential course can be sufficiently resolved in time. Therefore, R_A^0 determined from the transient behavior is the "true" membrane resistance while R_A^0 determined from steady state current voltage curves can be considered only as a first approximation.

Finally differences between the three solvent systems, are observed for the steady state resistance R_A^{SS}. Since at steady state, current voltage curves and chronopotentiometric data coincide, the same explanations for the observed behavior apply. According to the discussion in section 5.5.1, resistance increase under steady state conditions is predominantly due to the reduction in counterion mobility.

The potential course for the subsequent current density increase, Fig. 5.18, right, results from an increased generation of solvent dissociation products and a subsequent ion exchange of the same against salt ions. Because salt ions typically exhibit a lower

mobility than the protons and lyate ions, the membrane potential is reduced. Following this reasoning, the potential difference $U_{rev} - U_{SS}$ can be related to the differences between the ionic mobilities which may be determined e.g. from the ionic diffusivities, Tab. C.4. Taking the values determined for CMX monopolar membrane as substitute for the inaccessible diffusivities of the BP-1 cation exchange layer, the ratio of proton to sodium mobility can be calculated. For aqueous, methanolic and ethanolic solutions, it increases from 14 to 126 to 163 upon respective solvent exchange. Thus, an increase in $U_{rev} - U_{SS}$ is to be expected for the cation exchange layer. In contrast, the ratio of lyonium to perchlorate ion mobility as calculated from AHA-2 membrane diffusivities, decreases from a value of about 45 in aqueous solutions to a value of 21 in methanolic solutions. In ethanolic solutions $u^M_{L-}/u^M_{ClO_4-}$ is even below unity. Hence a considerable reduction in $U_{rev} - U_{SS}$ is to be expected for the anion exchange layer of the bipolar membrane. Also considering the fact, that the effective ion exchange capacity decreases for the cation exchange layer in low permittivity solvents, the overall behavior becomes clear. In aqueous solutions, at unreduced ion exchange capacity, the large difference between U_{rev} and U_{SS} is due to the superimposed effect upon counterion exchange in cation and anion exchange layer. In contrast, in ethanolic solutions, the effect of counterion exchange in the cation exchange layer is reduced and overall behavior is dominated by counterion exchange in the anion exchange layer. The fact that $U_{rev} - U_{SS}$ in aqueous solutions is much higher than reported e.g. by Wilhelm for NaCl solutions is due to the extremely low diffusivity of the perchlorate ion [137]. E.g. according to Neubrand, the diffusivity of chloride in comparable AMX anion exchange membrane is $D^{AMX}_{Cl-}(H_2O) = 7 \times 10^{-11}$ m^2/s, i.e. more than one order of magnitude higher than the value observed for perchlorate ions [85]. Thus, also the value for $U_{rev} - U_{SS}$ is expected to be much higher in case of a sodium perchlorate solution as opposed to a sodium chloride solution.
In water, for further current density increase $U_{rev} - U_{SS}$ is decreasing because the fraction of salt ions replaced by solvent dissociation products continuously becomes smaller. For very high current densities the membrane is transformed in the lyonium/lyate form. Membrane potential reduction due to ion exchange at increased current densities is also observed in methanol and ethanol at least immediately after current density step change. However, with increasing exposure time and with increasing current density, membrane potential augmentation due to thermal destruction becomes more important.

5.6.2 Concentration Dependence

The dependence of the transient behavior on the solution concentration is displayed in Fig. 5.19–Fig. 5.21. Ethanolic solutions are excluded from the discussion because the reproducibility of the experimental results is too low due to the early onset of thermal destruction.
Current switch-on to 0.5 mA/cm^2 in aqueous solutions results in the potential course shown in Fig. 5.20, top left. As can be seen, U_{rev} and R^0_A are decreasing, but t_{desalt}

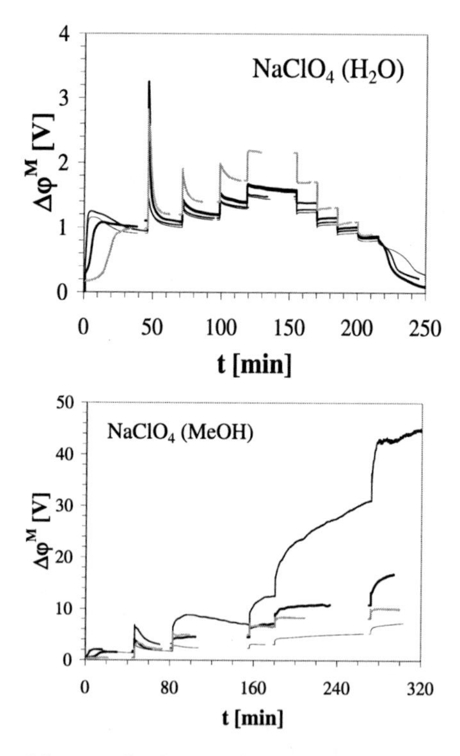

Figure 5.19: Potential course for the stepwise change in current density of aqueous (top) and methanolic (bottom) $NaClO_4$ solutions at various concentrations c_{sln}. c_{sln} = 0.25 mol/l (thin line), 0.5 mol/l (middle line), 1.0 mol/l (thick line) and 2.0 mol/l (gray line).

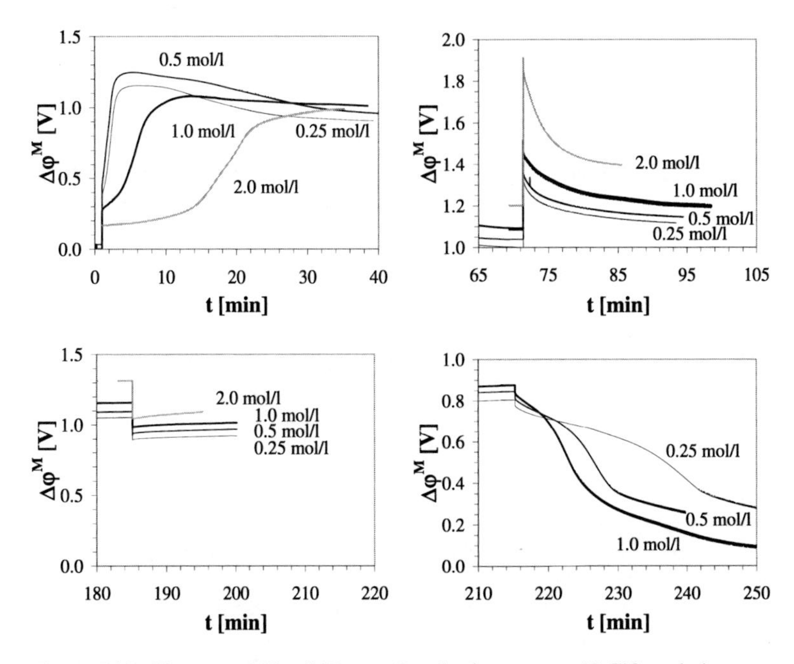

Figure 5.20: Close-up of Fig. 5.19, top. Results for aqueous $NaClO_4$ solutions are shown for a current density increase of $i = 0 \rightarrow 0.5$ mA/cm^2 (top left), and of $i = 5 \rightarrow 20$ mA/cm^2 (top right), and for a current density decrease of $i = 20 \rightarrow 5$ mA/cm^2 (bottom left) and of $i = 0.5 \rightarrow 0.$ mA/cm^2 (bottom right).

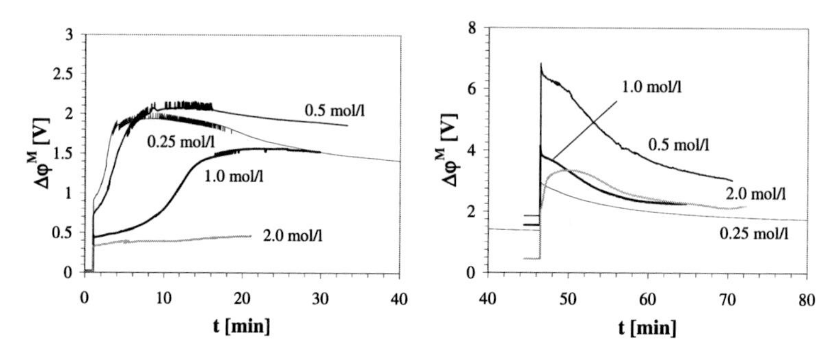

Figure 5.21: Close-up of Fig. 5.19, bottom. Results for methanolic $NaClO_4$ solutions are shown for a current density increase of $i = 0 \to 0.5$ mA/cm^2 (left) and of $i = 0.5 \to 2.5$ mA/cm^2 (right).

is increasing with increasing solution concentration. For R_A^{SS} no clear trend is observed, Tab. 5.8. Further current density increase results in a behavior depicted in Fig. 5.20, top right. Here, U_{rev} and U_{SS} are increasing with increasing c_{sln}. The behavior displayed in Fig. 5.20, bottom left, corresponds to a step decrease in current density, the behavior in Fig. 5.20, bottom right, to current switch-off. In this case, U_{rev} increases with c_{sln} while the neutralization time t_{neutr} is reduced with solution concentration.
Except for the 2 mol/l solution, potential courses and concentration dependence of the methanolic solutions qualitatively agree with the behavior observed in aqueous solutions upon current switch-on, Fig. 5.21, left. The following current density increase results in the behavior shown in Fig. 5.21, right, also comparable to the corresponding potential course in aqueous solutions. The potential course for a further current density increase is more and more subject to irreversible membrane destruction. Therefore, concentration dependencies are impossible to resolve. According to the findings of section 5.5.2, the increase in solution concentration and the change of water against low permittivity solvents are equivalent with respect to coion uptake. Therefore, similar reasonings apply.

Upon current switch-on, in both, aqueous and methanolic solvent systems, U_{rev} and R_A^0 are decreasing with increasing c_{sln} because the number of charge carriers and hence membrane conductivity increases, Tab. 5.8. The increase in coion content is also responsible for the increase in desalting time. However, for the membrane resistance under steady state conditions R_A^{SS}, no clear trend is observed upon current switch-on. This is due to the fact, that at low overlimiting current densities $i \approx i_{lim}$ both, coion and counterion transport must be considered. While resistance is decreasing with

c_{sln}	[mol/l]	0.25	0.5	1.0	2.0
Water					
R_A^0	[Ω cm^2]	730	(876)	525	342
t_{desalt}	[min]	1.2	(0.9)	4.2	17.5
$\bar{R}_A^{SS}$	[Ω cm^2]	1812	1886	2020	1978
Methanol					
R_A^0	[Ω cm^2]	1797	1407	850	611
t_{desalt}	[mA/cm^2]	1.8	3.0	10.3	20.4
$\bar{R}_A^{SS}$	[Ω cm^2]	2740	3719	3047	927

Table 5.8: Characteristic parameters of the step response upon current switch-on $i = 0.0 \rightarrow 0.5$ mA/cm^2 for BP-1 bipolar membrane in aqueous and methanolic solutions of different concentrations. Values in brackets are uncertain.

solution concentration if coion transport is dominating, it is increasing with solution concentration if counterion transport is more important. In the former case, coion uptake increase results in an increased availability of charge carriers; in the latter case, coion uptake increase results in a reduced contribution of highly mobile solvent dissociation products to charge transport. Which of the two counteracting effects prevails depends on the solution concentration, the solvent system and the current density applied and cannot be predicted from a qualitative discussion alone. Thus, no clear trend is observed for R_A^{SS} at low overlimiting current densities.
The time courses of 0.5 mol/l $NaClO_4$ (aq) and 2.0 mol/l $NaClO_4$ (MeOH) solutions are inconsistent to the explanation given above. In the former case, the observation that U_{rev} is lower and t_{desalt} is shorter than for the 0.25 mol/l $NaClO_4$ (aq) solution, is probably caused by insufficient equilibration of the membrane prior to measurement. In the latter case, the qualitatively different behavior can be explained by the extremely high coion uptake at these experimental conditions. Apparently, even at 0.5 mA/cm^2, migrative salt ion removal does not suffice to overbalance diffusive salt ion replenishing. Hence, limiting current density is not yet exceeded and the potential course simply reflects a membrane resistance increase due to partial desalting. As a matter of fact, $i_{lim} = 0.714$ mA/cm^2 > 0.5 mA/cm^2 according to Tab. 5.6. However, i_{lim} is exceeded as the current density is further increased, Fig. 5.21, right. Then, the characteristic resistance increase due to increased salt ion removal from the CEL/AEL interface is observed.
For subsequent current density increases, Fig. 5.20, top right, and Fig. 5.21, right, U_{rev} and U_{SS} are increasing with solution concentration because the fraction of low mobile salt ion charge carriers, t_{CoI}^{BPM}, is increasing, too. Thus, at current densities $i \gg i_{lim}$ the resistance increasing effect of coions prevails while at $i < i_{lim}$ the resistance

decreasing effect is dominating. This goes along with the observation that for low current densities, coions dominate charge transport while at high current densities counterion transport is authoritative.
The concentration dependence upon current density decrease is shown in Fig. 5.20, bottom left. Because $i \gg i_{lim}$, counterion charge transport prevails and the resistance increasing effect of increased coion uptake is dominant. Therefore, the membrane potential for concentrated solutions exceeds the membrane potential observed for dilute solutions. More surprising, however, is the observation that the difference between the reversible membrane potential U_{rev} and the steady state membrane potential U_{SS} is considerably lower for a current density *decrease* as compared to the situation for the corresponding current density *increase*, Fig. 5.20, bottom left vs. top right. Furthermore, differences are increasing with increasing solution concentration. The apparent discrepancy between the situation of current density increase and current density decrease can be resolved if the membrane potential data obtained from chronopotentiometric measurements is plotted as a function of the corresponding current densities, Fig. 5.22. As mentioned in the preceding sections, a stepwise increase in current density represents a deviation from steady state. Membrane resistance immediately after and just before a current density step increase are equal because the time for ionic re-arrangements is too short. Thus, a current density increase goes along with a potential increase. Subsequently, steady state is attained through salt ion removal, solvent dissociation and ion exchange upon which the membrane resistance decreases to the value associated to stationary conditions. Further current density increase results in a further deviation from steady state and subsequent resistance decrease. Conversely for a current density decrease, membrane resistance increases subsequent to the deviation from steady state.
Now the difference between a step increase and a step decrease becomes obvious. In the former case, the difference is due to the transition from a higher membrane resistance to a lower membrane resistance. In the latter case, the inverse is true. Also, simple geometric analysis indicates that the differences between current density increase and decrease become more pronounced as the membrane resistance is increased, e.g. with increasing solution concentration.
Finally, the behavior observed upon *current switch-off* is shown in Fig. 5.20, bottom right. According to the analysis of Wilhelm, the potential course is determined by two processes, the relaxation of the concentration gradients for salt ions and the relaxation of the concentration gradients for solvent dissociation products within the membrane. Both processes are coupled by the electroneutrality condition [137]. The observed voltage plateau after current switch-off is due to the recombination of solvent dissociation products at the CEL/AEL interface. Its width, t_{neutr}, increases with decreasing c_{sln}, because more solvent dissociation products have accumulated in both membrane layers with decreasing salt concentration. Also, neutralization is accomplished later. Still, U_{rev} immediately after current switch-off is higher for higher solution concentrations. This is due to the fact that U_{rev} is composed of the equilibrium potential for both, solvent dissociation products and salt ions. Though

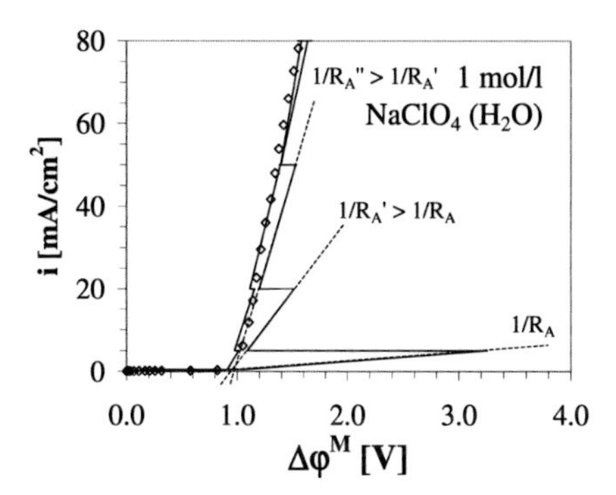

Figure 5.22: Comparison of steady state current voltage curve (symbols) and transient state current voltage curve (line) for a BP-1 bipolar membrane in 1 mol/l aqueous $NaClO_4$ solution.

the former decreases with solution concentration, the latter increases. Apparently for the chosen electrolyte system the equilibrium potential due to the salt ion gradients is dominating.
To conclude, except for the initial desalting upon current switch-on and for the final neutralization upon current switch-off, solution concentration does not seem to have a large influence on the *dynamics* of the transient behavior, Fig. 5.20, top right and bottom left, and Fig. 5.21, right. Probably, for overlimiting current densities, $i > i_{lim}$, the potential course is dominated by ion exchange of salt ions against solvent dissociation products and by associated changes in solvent uptake. However, both processes relate to *counterions*, the concentration of which is rather independent of coion uptake and hence of solution concentration.

5.7 Chapter Summary

From the experimental results discussed in this chapter, the following conclusions can be drawn:

- Although the performance of mono- and bipolar ion exchange membranes applied to methanolic or even ethanolic solutions is inferior to applications in aqueous solutions, the basic ion exchange functionality remains intact. I.e. membranes still show counterion selectivity and electric conductivity. Also, bipolar membranes solvent dissociation is possible in aqueous and methanolic, and — to a certain degree — also in ethanolic solutions. Furthermore, overall behavior is qualitatively similar, though considerable quantitative differences are observed.

- A significant limitation in alcoholic solutions arises from the formation of ion pairs between counterions and fixed ions as is characteristic for polystyrene based cation exchange polymers but not for perfluorosulfonic cation exchange membranes nor for anion exchange membranes. Ion pair formation is due to the increasing electrostatic interaction in low permittivity solvents combined with insufficient ion solvation. As a consequence, the effective ion exchange capacity decreases, while coion uptake increases. Thus, the membrane resistance is increased and the selectivity decreased.

- The differences between the behavior of polystyrene based cation exchange membranes, polystyrene based anion exchange membranes and the perfluorosulfonic cation exchange membranes are more pronounced in non aqueous as compared to aqueous solutions due to the increasing electrostatic interactions. The behavior observed for the individual membranes can be related to the chemistry of the functional groups and to the morphological aspects of the polymer. E.g. quaternary ammonium groups appear to prevent ion pair formation because they are too bulky for counterions to approach below a critical distance. In contrast in N 117 perfluorosulfonic cation exchange membrane ion pair formation seems to be absent due to the high level of ion solvation.

- Independent of the examined membrane type, ion pair formation is observed in the solution phase. It also contributes to the enhanced coion uptake which causes the membrane selectivity to decrease and the limiting current density in bipolar membrane solvent dissociation to increase.

- Detailed analysis of the bipolar membrane behavior by steady state current voltage curves and transient chronopotentiometry suggests that the processes observed in all three solvent systems are qualitatively similar. Quantitative differences can be explained by differences in coion uptake and ionic mobility. The analysis showed also that the behavior at underlimiting current density is dominated by processes related to coion transport while at overlimiting current density the behavior is due to counterion effects.

Chapter 6

Development of a Bipolar Membrane Model

The goal of the following chapter is to develop a mathematical model which is able to describe the steady state and transient behavior of a bipolar membrane in contact with aqueous and non aqueous solutions as a function of one spatial coordinate. Wherever possible, model parameters have been chosen for reasons of their physical significance and experimental accessability.
As a starting point for the model development, the experimental observation is employed, that even a loose laminate of a cation and an anion exchange membrane exhibits solvent dissociation functionality [87, 19, 22, 21, 20, 3]. Thus, at first, a simple diluate chamber is described whose thickness subsequently is reduced until the monopolar layers are in close contact. Fig. 3.1 illustrates the proceedings schematically. The focus of this "electrodialysis approach" is the behavior of the monopolar membrane layers in a bipolar membrane assembly. Therefore, in the first section the assumption is introduced that solvent autoprotolysis be at equilibrium at any time.
The focus of the second section is the description of the junction region as the origin of enhanced solvent dissociation. Therefore, the initial assumption of equilibrium dissociation is removed from the model. In order to replace it by a more appropriate description of solvent dissociation, the different approaches described in chapter 3 are evaluated, while the description of the bulk membrane transport processes are left unchanged. The resulting final model is summarized in section three.

6.1 Electrodialysis Approach

6.1.1 Model Description

Following the above idea to describe a bipolar membrane as a loose laminate of a cation and an anion membrane, a model is sought which describes the change in ionic concentration and in electric potential with time t and the axial coordinate z. The

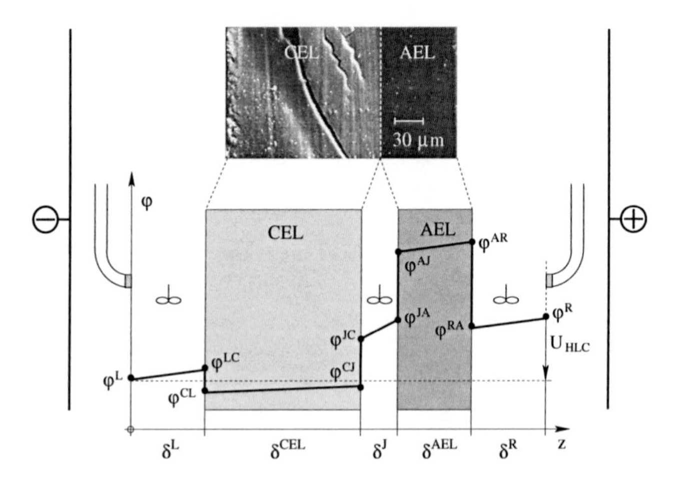

Figure 6.1: Substitution of a bipolar membrane by an assembly of cation and anion exchange membrane forming an ideally stirred diluate chamber of variable thickness δ^J. The membrane assembly is located between the left (superscript ^{L}) and right (superscript ^{R}) solution layer also assumed ideally mixed. Nomenclature: The first superscript denotes the phase, to which the parameter refers to; the second superscript denotes the location within this phase. E.g. φ^{CJ} denotes the potential in the cation exchange layer next to the CEL/junction interface.

structure of such a model is depicted in Fig. 6.1 with the corresponding nomenclature introduced in the lower part of the schematic.

As shown, the model consists of three liquid and two membrane phases, the latter forming a diluate chamber of *variable thickness* δ^J. Besides, the following assumptions are made:

- All liquid solution phases are ideally stirred, i.e. no concentration gradients are considered in the diluate and in the left and right solution layers, but the change of potential is accounted for. Besides, left and right bulk solutions are assumed large compared to the volume of the membranes and the volume of the diluate chamber. It follows, that the concentration within the bulk solutions remains constant independent of the applied current density or external electric field.

- Equilibrium prevails at the interface between solution and membrane layers. No space charge regions are considered and the electroneutrality condition is valid throughout the individual layers. For simplicity, the membrane/solution equilibrium is assumed ideal (i.e. distribution coefficient S_{MX} and selectivity coefficient S_N^M equal unity, an assumption replaced by a more appropriate description in section 6.1.4).

- Mass transport is described, employing the Nernst-Planck equation because of its physical meaning and the experimental accessibility of its parameters [85]. Convective transport is neglected. Charge transport is equated according to Faraday's law.
- Four ionic species are considered: A salt cation, a salt anion, protons and lyate ions.
- Finally, as mentioned above, solvent dissociation is assumed to be at equilibrium at any time within the three solution layers.

With J ionic concentrations and the potential φ at every grid point, a total of

$$(J \text{ ionic species} + \text{potential } \varphi) \times$$
$$\left(Z^L + Z^C + Z^J + Z^A + Z^R\right)$$

equations is required for a complete description of the model. Z^L, Z^C, ... are the total number of grid points for the left bulk solution (superscript ^{L}), the cation exchange layer (superscript ^{C}), the diluate compartment (superscript ^{J}), the anion exchange layer (superscript ^{A}) and the right bulk solution (superscript ^{R}). Since solution phases are assumed ideally stirred, the unknowns can be determined at the layer boundaries only and $Z^L = Z^J = Z^R = 2$ is set. Tab. 6.1 summarizes unknowns and associated equations.

In order to compare model calculations to experimental results, model parameters are taken from the experimental results presented in the preceding chapter for BP-1 bipolar membrane. If data for the individual layers is inaccessible, it is substituted by data obtained from the characterization of monopolar membranes which are assumed chemically comparable. Namely, ionic diffusion coefficients of the cation exchange layer are taken from CMX cation exchange membrane characterization and ionic diffusion coefficients for the anion exchange layer are taken from AHA-2 anion exchange membrane characterization. The complete set of model parameters is compiled in Appendix D.

6.1.2 Desalting a Diluate Chamber

First, the dynamic behavior of the model is studied for a step increase in current density from $0 \rightarrow 0.5$ mA/cm^2. Cation and anion exchange membrane are assumed 100 μm apart and in contact with an aqueous 1 mol/l $NaClO_4$ solution. Results are given as concentration and potential profiles with respect to the membrane spatial coordinate z, parametric in time t, or as time courses at a fixed location. Positive

grid point	c_{Na^+}	$c_{ClO_4^-}$	c_{H^+}	c_{OH^-}	φ
LB	given	EN	given	diss. eq.	given
LC	CSTR	CSTR	CSTR	CSTR	Faraday
CL	Donnan	Donnan	Donnan	Donnan	EN
C_z	NP	EN	NP	NP	Faraday
CJ	Donnan	Donnan	Donnan	Donnan	EN
JC	NP	NP	EN	diss. eq.	Faraday
JA	CSTR	CSTR	CSTR	CSTR	Faraday
AJ	Donnan	Donnan	Donnan	Donnan	EN
A_z	EN	NP	NP	NP	Faraday
AR	Donnan	Donnan	Donnan	Donnan	EN
RA	CSTR	CSTR	CSTR	CSTR	Faraday
RB	EN	given	diss. eq.	given	Faraday

Table 6.1: Unknowns and associated model equations at the individual grid points, cf. Fig. 6.1 for nomenclature. Abbreviations: EN — electroneutrality condition, diss. eq. — water dissociation equilibrium, CSTR — unknown constant throughout the respective phase, Faraday — Faraday's law, Donnan — idealized Donnan equilibrium, NP — material balance with Nernst-Planck transport equation.

fluxes correspond to transport in z-direction, negative fluxes correspond to transport in the opposite direction.

In Fig. 6.2, the change in concentration and potential profiles with time is shown. According to Fig. 6.2, left, the salt ion concentration in the diluate chamber starts to decrease as soon as $i > 0$ mA/cm^2. Due to the Donnan equilibrium coupling, the concentrations in the membrane layers change correspondingly. Desalting continues until — at $t \approx 2220$ s — the salt ion content approaches nil. Accordingly, the potential drop across the diluate chamber $\Delta\varphi^J = \varphi^{JA} - \varphi^{JC}$ increases while the concentration of water dissociation products in the membrane layers begins to rise.
A better understanding is obtained, if information about concentrations, potentials, molar fluxes and transport numbers is available. This data is shown in Fig. 6.3 and Fig. 6.4 which will be discussed in greater detail below. For simplicity, the discussion is focused on the cation exchange membrane, though analogous explanations apply to the anion exchange membrane. Because the current density is set constant, overall charge transport due to the flux of the different ionic species must be constant, too. For $t \leq 2220$ s charge transport across the cation exchange membrane is mainly taken over by sodium ions, Fig. 6.3, bottom. They originate from the diluate chamber, because initially the flux of sodium ions out of the diluate chamber $\dot{n}^{CJ}_{Na+}$ is about 100 times higher than the flux of sodium ions into the diluate chamber $\dot{n}^{AJ}_{Na+}$, Fig. 6.4, top. Right after current switch-on, *migrative* removal is dominating. Since diffusive replenishment of

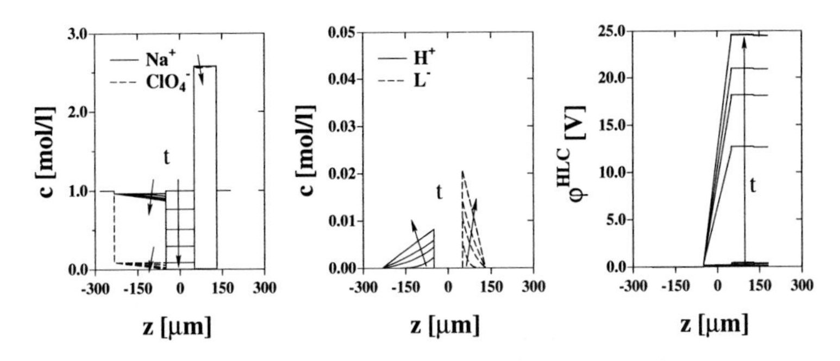

Figure 6.2: Calculated concentration (left and middle) and potential profiles (right) for a step increase of the current density from 0 to 0.5 mA/cm^2 at $t = 0$ s. The cation exchange layer extends from $-233 \leq z \leq -50\mu$m and the anion exchange layer from $50 \leq z \leq 130\mu$m, forming a diluate chamber of 100μm thickness. Profiles are given at times $t = 0, 500, 1000, 1500, 2000, 2215, 2220, 2225, 2230, 2500$ and 3600 s. Because the profiles at the different times are printed one over the other, sections of the dashed perchlorate profile may merge to a solid line unless concentration changes are considerable. Note also, that sodium concentrations within the anion exchange layer are too low to be visible.

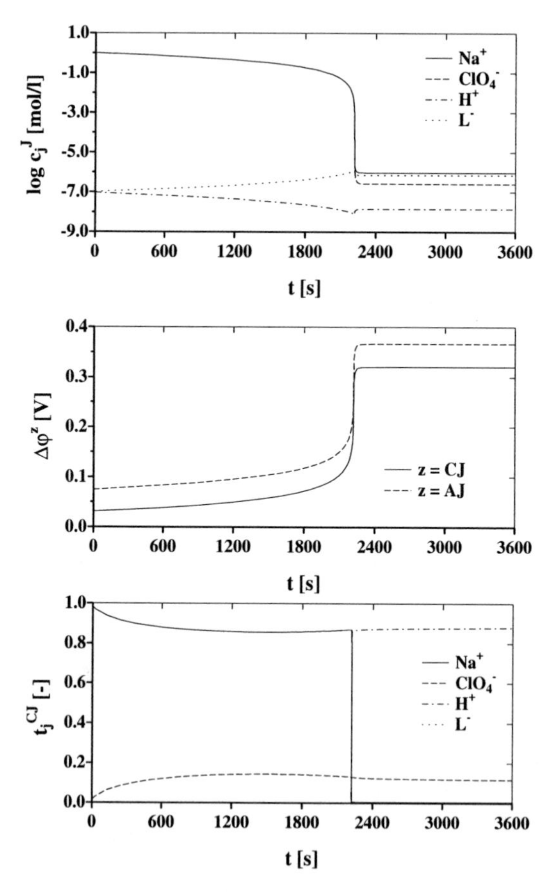

Figure 6.3: Calculated time course of ionic concentrations in the diluate chamber (top), of the Donnan potentials $\Delta\varphi^{CJ}$ and $\Delta\varphi^{AJ}$ (middle) and of the ionic transference numbers at $z = CJ$ (bottom) for a step increase of the current density from 0 to 0.5 mA/cm^2. Diluate chamber thickness is set to $\delta^J = 100\ \mu$m. Note the logarithmic scale for c_j^J.

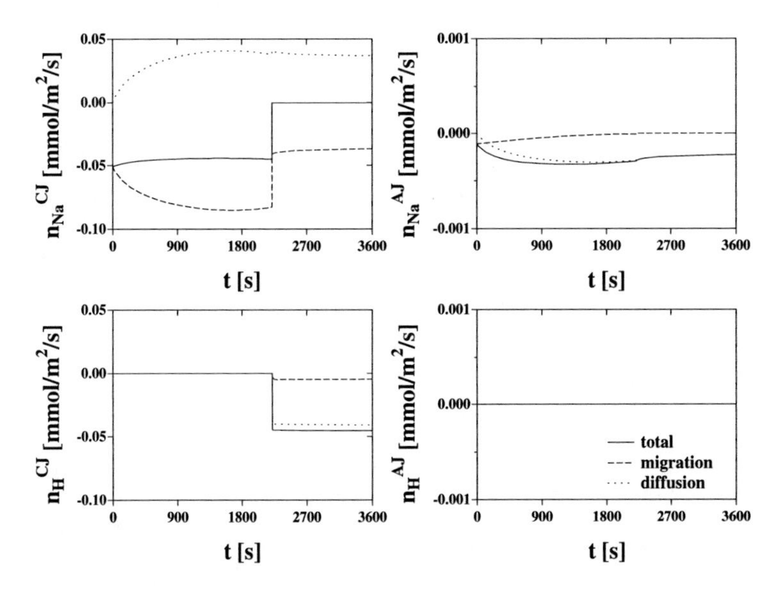

Figure 6.4: Calculated time course of molar flux density $\dot{n}_j$ for a step increase in current density from 0 to 0.5 mA/cm^2. Top row: flux density of sodium at $z = CJ$ (left) and $z = AJ$ (right). Bottom row: flux density of protons at $z = CJ$ (left) and $z = AJ$ (right). Diluate chamber thickness is set to $\delta^J = 100\ \mu$m.

Na^+-ions through the cation exchange membrane as counterions and through the anion exchange membrane as coions is lower than the migrative removal, the concentration in the diluate chamber decreases, Fig. 6.3, top, as do the concentrations in the adjacent membrane layers due to the Donnan coupling. Therefore, concentration gradients over the membrane layers build up and diffusive replenishment increases, Fig. 6.4, top. Also, lower membrane concentrations correspond to lower membrane conductivities. Hence, a higher potential drop across the membrane layers is observed, too, Fig. 6.3, middle, which in turn increases the migrative removal, Fig. 6.4, top left.
At about $t = 2220$ s the reservoir of charge carriers in the diluate chamber is exhausted. This is characterized by a marked change in conditions throughout. E.g. sodium ion removal from the diluate compartment drops to a level *set by the sodium coion leakage through the anion exchange membrane*, Fig. 6.4, top. Since the fixed ion concentration in the anion exchange membrane is much higher compared to the cation exchange membrane, coion exclusion is better and hence sodium coion leakage is considerably lower compared to perchlorate ion leakage through the cation exchange membrane. Correspondingly, sodium transport numbers are close to nil, while perchlorate transference numbers are at about 12%, Fig. 6.3, bottom. Current would break down, if no additional charge carriers were available. However, according to the model assumptions, autoprotolysis of water is at equilibrium at any time. Thus, water dissociation products are available at any flux necessary. From Fig. 6.4, bottom left, it is seen how protons take over the charge transport through the cation exchange membrane from sodium ions. Still, charge transport due to *salt coion leakage* does not disappear but *remains constant at the level determined by the concentration gradient across the anion exchange layer.*
Associated to the charge transport through protons is a pronounced increase in Donnan potentials at the interface of membrane/diluate compartment, Fig. 6.3, middle. $\Delta\varphi^{CJ} = \varphi^{JC} - \varphi^{CJ}$ jumps from an initial value of approximately 30 mV to its final value of about 320 mV, corresponding to a change in the concentration of the diluate chamber of about 5 orders of magnitude. Apparently, the set current density of $i = 0.5$ mA/cm^2 exceeds the limiting current density i_{lim}. Thus, water dissociation products become available which lead to a partial ion exchange of salt counterions against protons. Therefore, water dissociation products accumulate within the membrane layers although ionic concentrations in the adjacent solution compartments hardly change. In other words, the increase in proton concentration in the cation exchange layer results from a decrease in sodium concentration below the level of fixed ion concentration and thus is required for reasons of electroneutrality. As a consequence a proton concentration gradient in the cation exchange membrane arises, Fig. 6.2, middle, responsible for the predominantly diffusive proton flux, Fig. 6.4, bottom left.
If the current density is reduced, a prolongation of the desalting process results, which ultimately ends up with the same situation of a diluate compartment devoid of charge carriers. Only for current densities lower than the combined charge transport of cationic and anionic *coions*, no accumulation of water dissociation products within the membrane layers is observed. Hence, according to the analysis, the limiting cur-

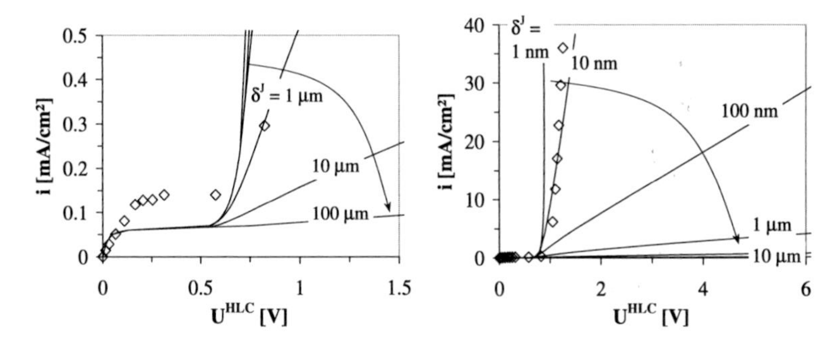

Figure 6.5: Calculated current voltage curves for low (left) and high (right) current densities, parametric in the diluate compartment thickness δ^J.

rent density must be defined as the *current equivalent to the maximum possible coion transport*. In the above example of an aqueous $NaClO_4$ solution

$$i_{lim}/\mathbf{F} = z_{ClO4-}\dot{n}^{CEL}_{ClO4-,\ max} + z_{Na+}\dot{n}^{AEL}_{Na+,\ max}. \tag{6.1}$$

Eqn. (6.1) can be simplified, if the migrative coion transport is neglected, $\dot{n}_{CoI,\ max} \approx \dot{n}^{diff}_{CoI,\ max}$, from which

$$i_{lim}/\mathbf{F} \approx z_{ClO4-}D^{CEL}_{ClO4-}\frac{c^{CL}_{ClO4-}}{\delta^{CEL}} + z_{Na+}D^{AEL}_{Na+}\frac{c^{AR}_{Na+}}{\delta^{AEL}}, \tag{6.2}$$

follows where the concentrations at the membrane solution boundaries c^{CL}_{ClO4-} and c^{AR}_{Na+} can be determined from an appropriate equilibrium condition. For a symmetrical bipolar membrane and ideal Donnan equilibrium, Eqn. (6.2) further simplifies and

$$i_{lim}/\mathbf{F} = 4D^{M}_{CoI}\frac{{c_{sln}}^{2}}{\delta^{M}c^{M}_{FI}}, \tag{6.3}$$

is derived [137].

6.1.3 Variation of Diluate Chamber Thickness

Next, the dependence of the model behavior on the diluate chamber thickness δ^J is studied. The effect of a decrease in δ^J on the steady state current voltage curve is shown in Fig. 6.5. There, the calculated results are compared to the experimental data for a BP-1 bipolar membrane in contact with a 1 mol/l $NaClO_4$ solution. According to the calculations, the current voltage curves vary little for underlimiting current densities. For $i > i_{lim}$, however, the overall potential increases as the diluate chamber

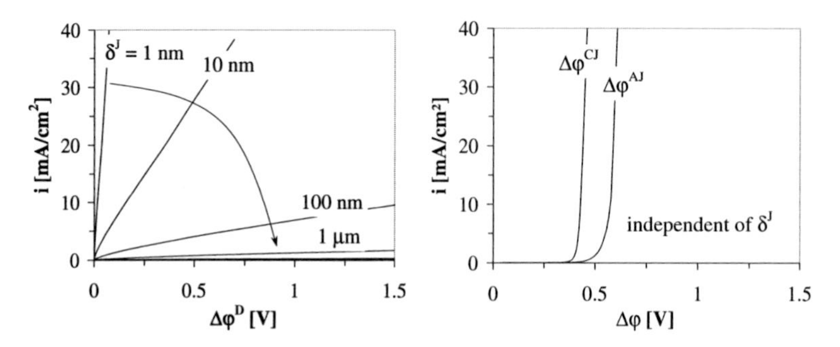

Figure 6.6: Calculated potential drop over the diluate compartment $\Delta\varphi^J$ (left) and calculated Donnan potentials at the CEL/junction and at the AEL/junction interface $\Delta\varphi^{CJ}$ and $\Delta\varphi^{AJ}$ (right) as a function of current density. Results are parametric in the diluate compartment thickness δ^J.

thickness augments.
These observations can be explained by analyzing the δ^J-dependence of the individual contributions to the overall potential U^{HLC}, Fig. 6.6. Because the potential drop across the diluate chamber, $\Delta\varphi^J$, is proportional to the diluate chamber thickness and the current density, it is the dominating contribution to U^{HLC} at high current densities and for large values of δ^J. Conversely, as the diluate chamber becomes smaller or as the current density is reduced, the initial dominance of $\Delta\varphi^J$ over other potential contributions disappears. In contrast to $\Delta\varphi^J$, the Donnan potentials at the membrane/solution interfaces, $\Delta\varphi^{CJ}$, $\Delta\varphi^{AJ}$, $\Delta\varphi^{CL}$ and $\Delta\varphi^{AR}$, are independent of the diluate chamber thickness, Fig. 6.6 right. Rather, they depend on the ionic concentrations and thus are related in a strongly non-linear manner to the current density. Therefore, at low current densities, the potential drop across the diluate chamber is negligible and the overall potential is determined by the Donnan potentials at the membrane/solution interfaces. The potential drop across the bulk membrane layers, $\Delta\varphi^{CEL}$ and $\Delta\varphi^{AEL}$ generally is low under steady state conditions.

Along the same lines the dependence of the dynamic behavior on the diluate chamber thickness can be explained. An example is shown in Fig. 6.7 for a stepwise increase and decrease in current density analogue to the experimental procedure described for chronopotentiometric measurements in the preceding chapters. According to the simulation results, a qualitative change in behavior is observed if δ^J exceeds 10 nm. In case $\delta^J > 10$ nm, Fig. 6.7, left, the calculated step response of the overall potential is characterized by a PT_1 like behavior for all changes in current density throughout. In contrast to that, for $\delta^J \leq 10$ nm, only for current densities below i_{lim}

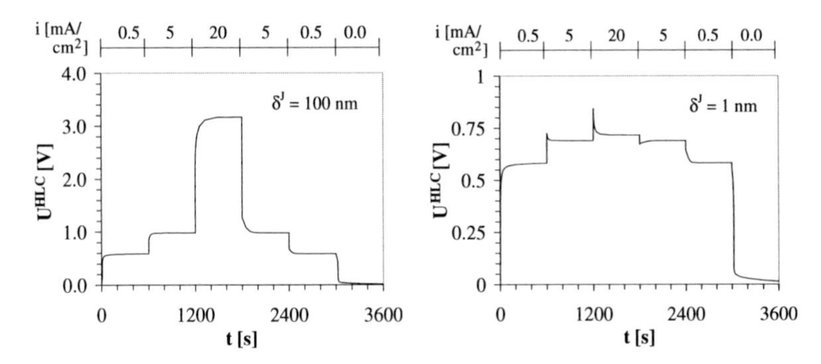

Figure 6.7: Calculated dynamic behavior of overall potential drop U^{HLC} for a a step-wise change in current density from $i = 0 \rightarrow 0.5 \rightarrow 5.0 \rightarrow 20.0 \rightarrow 5.0 \rightarrow 0.5 \rightarrow 0$ mA/cm^2 every 600 s. Results for $\delta^J = 100$ nm (left) are compared to results for $\delta^J = 1$ nm (right). Note the different scales for U^{HLC}.

this type of behavior is observed. For step changes at overlimiting current densities, the behavior is DT_1 like, in accordance with experimental results, Fig. 6.7, right.
As for the steady state current voltage curves, U^{HLC} is dominated by $\Delta\varphi^J$ if the diluate chamber thickness is large. At this, a step change in current density results in a PT_1 like response because of the increasing salt ion removal from and the accompanying resistance increase in the diluate chamber. As the diluate chamber thickness is decreased, $\Delta\varphi^J$ becomes less important until for $\delta^J \leq 10$ nm, the overall potential is determined by the potential drop across the membrane layers $\Delta\varphi^{CEL}$ and $\Delta\varphi^{AEL}$ and by the Donnan potentials at the membrane/solution interfaces, Fig. 6.8.
The behavior of the membrane potential, $\Delta\varphi^{CEL}$ and $\Delta\varphi^{AEL}$, is especially interesting. At underlimiting current densities, the step response of $\Delta\varphi^{CEL}$ and $\Delta\varphi^{AEL}$ is PT_1 like because the coion content in the membrane is decreasing with decreasing concentrations in the diluate compartment. For overlimiting current densities, however, salt counterions are increasingly replaced by solvent dissociation products as shown in the preceding section. Since solvent dissociation products typically are considerably more mobile than salt ions, the initial potential increase due to the current density step change is followed by a potential decrease due to the increasing ionic mobility.

Finally, the calculated results are compared to experimental data, Fig. 6.5 and Fig. 6.9. Considering the simplicity of the model, the agreement in qualitative behavior is surprisingly good, provided the diluate chamber thickness is set to a value below 10 nm. Quantitative differences are observed for the overall potential which is underestimated and for the dynamic behavior especially at underlimiting current density which

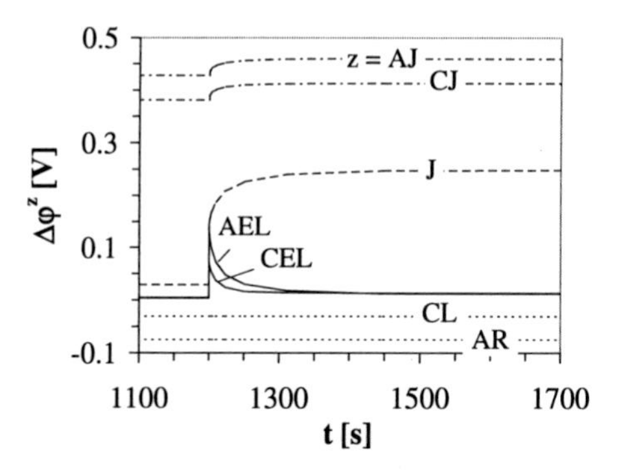

Figure 6.8: Calculated time course of individual potential drops for a step increase of current density from 5.0 → 20 mA/cm^2. Diluate chamber thickness $\delta^J = 10$ nm. Donnan potentials at the diluate chamber/membrane interface $\Delta\varphi^{CJ}$ and $\Delta\varphi^{AJ}$ are shown as dash-dotted lines; potential drop over the diluate compartment $\Delta\varphi^D$ is shown as dashed line; potential drops over the membrane layers $\Delta\varphi^{CEL}$ and $\Delta\varphi^{AEL}$ are shown as solid lines and Donnan potentials at the membrane/bulk solution interfaces $\Delta\varphi^{CL}$ and $\Delta\varphi^{AR}$ are shown as dotted lines.

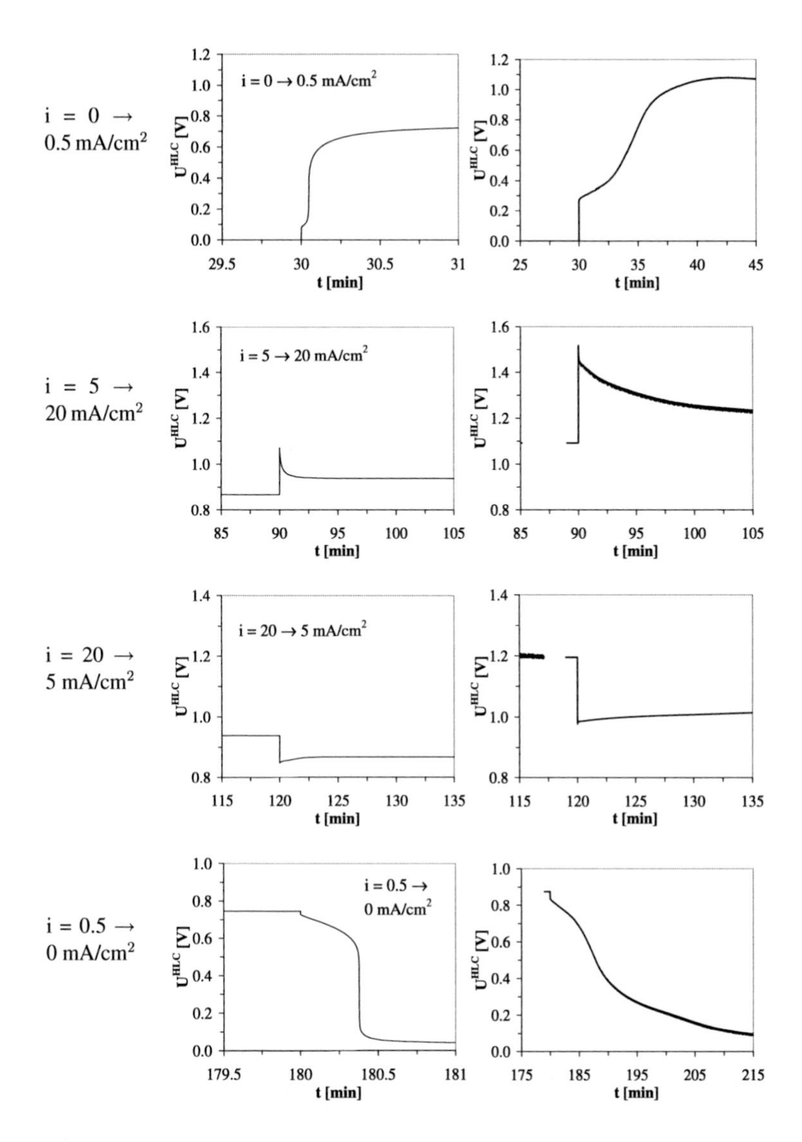

Figure 6.9: Calculated (left) and experimental (right) time course of overall potential U^{HLC} upon step change in current density. Calculated results were obtained setting δ^J = 1 nm. Note the different time scales for calculation and experiment upon current switch-on (top) and current switch-off (bottom).

is overestimated. Both discrepancies can be explained by simplifying assumptions and model inaccuracies as discussed in subsequent sections. However, more important at this point of model development is the fact that, apparently, the *overall bipolar membrane behavior is predominantly determined by the behavior of the bulk membrane layers* and much less by the mechanism of solvent dissociation.

6.1.4 Membrane/Solution Equilibrium

Finally, the model dependence on the description of the membrane solution interface is analyzed. So far, an idealized Donnan equilibrium according to Eqn. (B.22), with $\mathbf{S}_{MX} = 1$, has been assumed for each of the four ionic species. In reality, however, coion uptake is far from ideal, depending on the solution concentration as well as on the specific membrane/electrolyte solution system. Moreover, ion exchange selectivity must be considered which in case of the anionic species displays a pronounced preference of the ClO_4^- salt ion over the solvent dissociation product OH^-, Fig. C.3. Besides, solvent uptake is of importance depending on the solution concentration and on the counterion species, Fig. C.1 and Fig. C.2. Finally, also coupling effects e.g. of increased coion uptake on membrane selectivity arise [85]. While the latter are neglected here, non-ideal coion uptake, membrane selectivity and solvent uptake can be determined from the experimental results presented in section 5.3.1, section C.2 and section 5.2, respectively. E.g. concentration dependence of the distribution coefficient $\mathbf{S}_{MX}$ is described by Eqn. (5.4), while for the selectivity coefficient $\mathbf{S}_N^M$ and for the solvent uptake, experimental results suggest a linear relation to the electrolyte concentration. If, in addition to that, the suggestion of Mafe *et al.* is followed to approximate membrane phase coion activity coefficients by solution phase coion activity coefficients, $\gamma_{CoI}^M \approx \gamma_{CoI}$, not only membrane phase *electrolyte* activity coefficients can be determined for any concentration and composition but also membrane phase *counterion* activity coefficients [74].

Fig. 6.10 displays the steady state current voltage curves obtained for different "levels of non-ideality" and compares the calculated results to the experimental data. First, the ion exchange equilibrium according to the results of Fig. C.3 is introduced. As a result, curve "IEX" in Fig. 6.10, left, is obtained. Apparently, the ion-exchange equilibrium does not influence the limiting current density i_{lim}, but does influence the overall potential U^{HLC} at least for $i > i_{lim}$. This is due to the fact, that for underlimiting current densities, the membrane layers are in equilibrium with pH neutral salt solutions ($c_{H+} = c_{OH-} = 10^{-7}$ mol/l) and hence proton and hydroxyl ion concentrations in the membrane phase are negligible. However, for $i > i_{lim}$ membrane phase proton and hydroxyl ion concentrations increase because salt ion removal proceeds beyond the level of fixed ion concentration such that the uptake of solvent dissociation products is required for reasons of electroneutrality. Then, the effect of ionic selectivity becomes visible. For $\mathbf{S}_N^M < 1$, uptake of salt counterion N is preferred over the uptake of solvent counterion M. Hence, salt ion removal is decreased for a given overall potential. Or, at a given current density, the level of salt

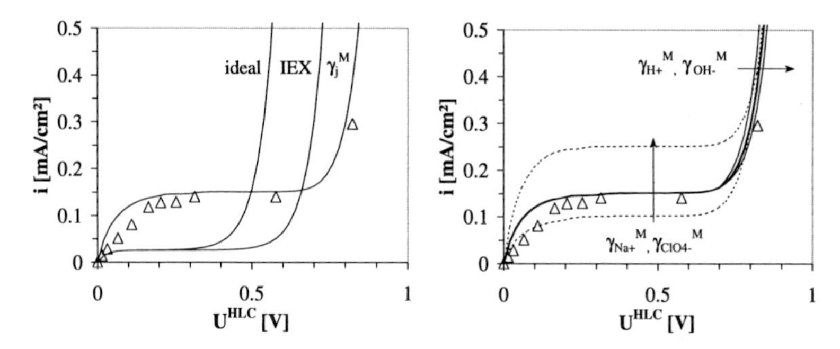

Figure 6.10: Comparison of various equilibrium assumptions. Left: Ideal Donnan equilibrium description ("ideal") is compared to an equilibrium description considering ion exchange ("IEX") and an equilibrium description additionally considering membrane phase activity coefficients. Right: Study of the parametric sensitivity for a change in membrane phase activity coefficients. Results for a variation of salt ion activity coefficients (dotted lines) and of activity coefficients of the solvent dissociation products (solid thin lines) by 25% from the original values (bold line) are shown. For comparison the experimental data is displayed, too (symbols).

ion removal is fixed which then must be obtained by an increased Donnan potential at the membrane/diluate interface.
Next, non-ideal coion uptake is considered. As a result, curve "γ_j^M" in Fig. 6.10, left, is obtained. According to this, the limiting current density increases, as does the overall potential and a relatively good agreement between experimental and calculated data is observed. The behavior is readily explained, if the fact that $\gamma_{GgI}^M/\gamma_{GgI} < 1$ corresponds to an increase in effective coion uptake is realized. Then, according to the discussion in section 5.5.1, Fig. 5.15, an increased overall potential is required to obtain the level of salt ion removal, associated to the limiting current density.
Finally, the concentration dependence of solvent uptake can be considered. However, in this case, effects on the steady state current voltage curve are low and limited to high current densities because only then counterion exchange proceeds sufficiently.

Sensitivity with respect to the individual activity coefficients is shown in Fig. 6.10, right. It is found that an increase in salt ion activity coefficients substantially increases the limiting current density, because $\gamma_{salt}^M/\gamma_{salt}$ and hence the effective coion concentration in the membrane increases (cf. Fig. 6.10, right, dashed lines). However, the effect of a change in salt ion activity coefficients rapidly vanishes for overlimiting current densities, because charge transport is increasingly taken over by water dissociation products. In contrast, the effect of a change in activity coefficients for the solvent dissociation products becomes substantial only for overlimiting current densities. Then, increasing the membrane phase activity coefficient results in a higher overall potential drop, Fig. 6.10, right, thin solid lines. Examination of Eqn. (B.28) reveals that an increase in γ_M^M for the solvent counterion decreases the selectivity coefficient S_N^M and hence corresponds to an increase in ionic concentration c_M^M. Thus, the degree of highly mobile charge carriers is decreasing and membrane resistance is increasing. The overall effect, however, remains relatively low.

6.2 Bipolar Membrane Model

The electrodialysis model used so far, replaced the bipolar membrane by an assembly of monopolar membranes coupled through the liquid film of a diluate chamber. Thus, the coupling of the two membrane "layers" could be described by the usual equilibrium assumptions at the membrane/diluate interface in combination with Faraday's law and the mass balance for the electroneutral solution layer. Ionic transport in the diluate chamber was considered by means of the Nernst-Planck equation with parameters chosen for the solution phase while solvent dissociation was assumed at equilibrium.

However, according to the discussion in chapter 3, the physical situation of BP-1's bipolar junction is quite different. Due to the immediate change in fixed ion valence at the CEL/AEL interface, a high electric field is built up and a *space charge region* must be expected, Fig. 6.11, left. Consequently, for $-\lambda^{CEL} \leq z \leq \lambda^{AEL}$, i.e. within the space charge region, the electroneutrality condition is no longer valid. Also, instead of the solution phase parameters of the electrodialysis approach, membrane phase parameters must be employed, which e.g. in case of the relative permittivity *depend* not only on the ionic concentrations and on the solvent properties but also *on the electric field*. Besides, a description of the junction region, i.e. the region where space charges occur, must consider the fact that around the CEL/AEL interface the *reversible process* of solvent dissociation and recombination is located. Due to catalytically active groups, dissociation and recombination reactions are enhanced simultaneously (without changing the equilibrium constant), while due to the strong electric field, the dissociation reaction accelerates selectively shifting the autoprotolysis equilibrium towards the dissociation products.
An approximate description of the above physical situation is obtained, assuming equilibrium at the CEL/AEL interface, Fig. 6.11, middle [85]. In this case, concentrations are coupled by the Donnan equilibrium, Eqn. (4.24), and by means of the continuity equation. For salt ions the latter reads

$$\dot{n}_j^{CJ} = \dot{n}_j^{AJ} \qquad j = M^+, X^-, \tag{6.4}$$

whereas for protons and lyate ions, solvent dissociation must be considered, e.g. by introducing a source term $\dot{n}_j^J$. Thus, for protons the flux removed across the cation ex-

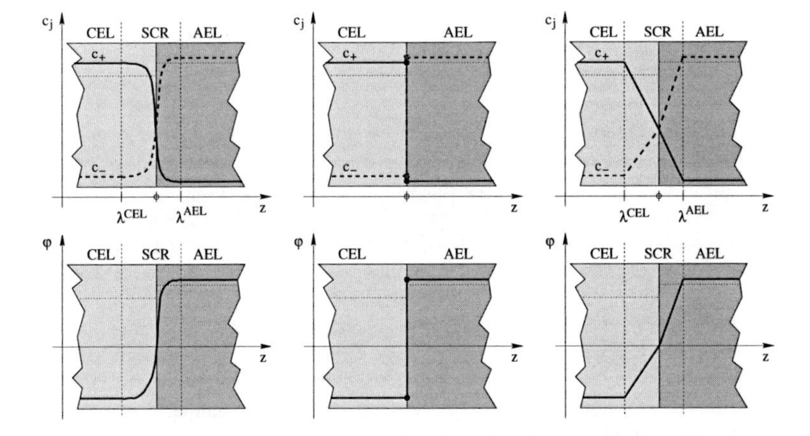

Figure 6.11: Concentration (top row) and potential profile (bottom row) across a bipolar membrane junction region. Left: physical situation; middle: equilibrium approximation; right: linear approximation of physical situation. Solid lines denote the concentration profiles of cations (top row) or potential profiles (bottom row), dashed lines denote anion concentration profiles and dotted lines fixed ion concentrations.

change layer equals the flux across the anion exchange layer plus the proton generation within the junction layer

$$\dot{n}_{H+}^{CJ} = \dot{n}_{H+}^{AJ} + \dot{n}_{H+}^{J}. \tag{6.5}$$

Likewise, for lyate ions the flux removed across the anion exchange layer equals the flux across the cation exchange layer plus the generation within the junction layer

$$\dot{n}_{L-}^{AJ} = \dot{n}_{L-}^{CJ} + \dot{n}_{L-}^{J}. \tag{6.6}$$

As in Fig. 6.1, the first superscript denotes the phase to which the parameter refers to, while the second superscript denotes the location within the phase. E.g., $\dot{n}_{H+}^{CJ}$ denotes the proton flux density in the cation exchange layer next to the junction region and $\dot{n}_{H+}^{AJ}$ the proton flux density in the anion exchange layer next to the junction region. $\dot{n}_j^J$ describes the generation of solvent dissociation products and must be specified by an appropriate expression typically related to the potential drop across the junction, $\Delta\varphi^J$. $\Delta\varphi^J$ in turn is specified e.g. by Mauro's analysis of the space charge region, Eqn. (3.30) or Eqn. (3.35), section 3.4. Thus, a description is obtained which reduces the bipolar junction to a mere source of solvent dissociation products without spatial extension. Besides, due to the model structure, it is impossible to determine ionic concentrations within the junction layer, which is required, if an explicit description of the solvent dissociation and recombination kinetics is sought.

Therefore, a different approach is chosen here. As in the the physical picture, the junction is considered as a space charge region, the thickness of which can be calculated depending on the potential drop across the junction and the chosen model for the transition region. For the time being, an abrupt transition according to section 3.4.2 with δ^J calculated from Eqn. (3.33) is assumed. Within the junction region, i.e. the region where space charges occur, concentrations are calculated from the mass balance about a volume element considering migrative and diffusive transport by means of the Nernst-Planck equation as well as generation and consumption of species by means of chemical reaction

$$\frac{\partial c_j^J}{\partial t} = -\frac{\partial \dot{n}_j^J}{\partial z} + \sum_i \nu_{ij} r_i, \tag{6.7}$$

with the boundary conditions

$$c_j^J(z = -\lambda^{CEL}) \equiv c_j^{JC} = c_j^{CJ} \tag{6.8}$$

$$c_j^J(z = \lambda^{AEL}) \equiv c_j^{JA} = c_j^{AJ}. \tag{6.9}$$

Because the electroneutrality condition is no longer valid, it is replaced by Poisson's law extended to the membrane phase, i.e.

$$\frac{\partial^2 \varphi^J}{\partial z^2} = -\frac{\mathbf{F}}{\varepsilon_0 \varepsilon_r}\left(\sum_j z_j c_j^J + z_{FI} c_{FI}^J\right), \tag{6.10}$$

with the boundary conditions

$$\varphi^J(z=-\lambda^{CEL}) \equiv \varphi^{JC} = \varphi^{CJ}, \tag{6.11}$$
$$\varphi^J(z=\lambda^{AEL}) \equiv \varphi^{JA} = \varphi^{AJ}, \tag{6.12}$$

cf. Fig. 6.1 for the employed notation. Furthermore, the current density i is obtained from Faraday's law employed here in its appropriate dynamic form

$$\frac{i}{\mathbf{F}} = \sum_j z_j \dot{n}_j^J - \frac{\varepsilon_0 \varepsilon_r}{\mathbf{F}} \frac{\partial^2 \varphi^J}{\partial t \partial z}. \tag{6.13}$$

Finally, the solvent S must be considered as an extra species because of its contribution to the generation of protons and lyate ions. As for the ionic species j, it is calculated from a mass balance about a volume element of the junction region, Eqn. (6.7), with transport being limited to diffusion because the solvent "charge number" $z_S = 0$.
Thus, a model is obtained which is able to determine the concentration of each species within the junction layer and hence allows to consider an explicit description of the reaction kinetics. For simplicity reasons, only one inner grid point is considered and therefore linearized concentration and potential profiles, as shown in Fig. 6.11, right, result.

6.2.1 Enhanced Solvent Dissociation

Based on the above description of the junction region, the different models which have been developed to explain the observed rate enhancement of water, cf. section 3.3, are compared to one another and to the experimental results for a 1 mol/l aqueous $NaClO_4$ solution. In order to simplify the comparison between the different model approaches, membrane parameters are assumed symmetrical for the time being, i.e. parameter values are the same in cation exchange layer and anion exchange layer. Results are presented as steady state current voltage curves and depicted in Fig. 6.12 and Fig. 6.13. Generally, the current voltage curves are identical for underlimiting current density because for $i < i_{lim}$ the behavior is determined by salt coion leakage which is independent of the assumed water dissociation mechanism. However, for overlimiting current densities, differences can be significant.
First, the assumption that $c_{H+}^J = c_{OH-}^J = 10^{-7}$ mol/l and $c_S^J = 0.5(c_S^{CEL} + c_S^{AEL})$ is studied, which corresponds to a situation, where water dissociation is at equilibrium independent of process conditions and where solvent transport is not rate limiting. Results are shown as curve A and B in Fig. 6.12. Curve A results from setting the proton and hydroxyl ion diffusion coefficients to the values characteristic for the solution phase, whereas curve B is calculated from values for the membrane phase, about two orders of magnitude lower. From the observed differences between A and B it is clear, that $\Delta\varphi^J$ not only depends on thermodynamic but also on transport properties. Thus, in the case shown, a significant increase in the overall potential drop results as

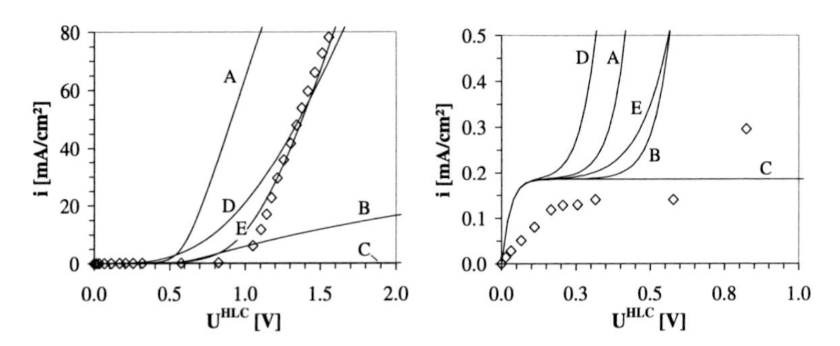

Figure 6.12: Current voltage curves calculated for an aqueous 1 mol/l $NaClO_4$ solution. Solid lines A–E denote different approaches to describe the rate enhancement of solvent dissociation (see text for details). For comparison the corresponding experimental current voltage curve is shown in symbols. Left: Full range of experimental data; right: close-up for low current densities.

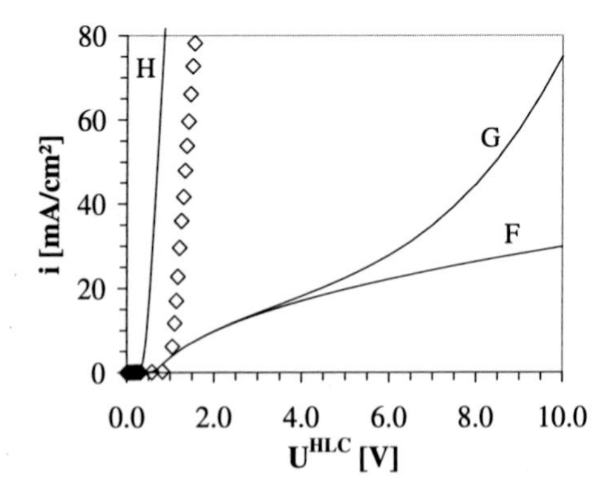

Figure 6.13: Current voltage curves calculated for an aqueous 1 mol/l $NaClO_4$ solution. Solid lines F–H denote different approaches to describe the rate enhancement of solvent dissociation (see text for details). For comparison the corresponding experimental current voltage curve is shown in symbols.

the transport resistance in the junction layer is augmented.
Second, the equilibrium assumption for the autoprotolysis reaction is removed and the kinetic description, developed for pure liquid water, is introduced

$$r_{diss} = k_{diss}(c^J_{H_2O})^2 - k_{rec}c^J_{H_3O+}c^J_{OH-}. \tag{6.14}$$

Taking the reaction rate constants from Eigen's measurements of water dissociation in free solution, curve C is obtained [31, 32]. As seen from the close-up view, Fig. 6.12, right, the current density is unable to exceed the limiting current density. With $k_{rec} = 1.4 \times 10^{11}$ l/(mol s) and $k_{diss} = 4.5 \times 10^{-7}$ l/(mol s) the rate of recombination exceeds the rate of dissociation by orders of magnitude. Hence, the current density is limited to the charge transport by coion leakage.
Third, selective rate enhancement of the dissociation reaction according to the second Wien effect, Eqn. (3.11), is considered

$$r_{diss} = k^{SWE}_{diss}(E)(c^J_{H_2O})^2 - k_{rec}c^J_{H_3O+}c^J_{OH-}. \tag{6.15}$$

Thus, curve D is obtained. Compared to curve C, the membrane resistance is greatly decreased which is due to the field enhanced dissociation reaction and the resulting change in equilibrium. Typically, $\varepsilon_r \approx 20$ is chosen for aqueous solutions [71, 99, 1]. However, the current voltage curve thus obtained underestimates the experimental results by far (calculated curve not shown). Therefore, ε_r is used as a fitting parameter. Best correspondance is found for $\varepsilon_r \approx 10$. But even for an adjusted relative permittivity as low as 10, the calculated current voltage curve fails to represent the sudden onset of water dissociation observed for $i_{lim} < i < 50$ mA/cm^2.
Forth, the chemical reaction model is applied to the water dissociation reaction

$$r_{diss} = k^{CHR}_{diss}(E)(c^J_{H_2O})^2 - k_{rec}c^J_{H_3O+}c^J_{OH-}. \tag{6.16}$$

The model employs a semi-empirical expression to describe the selective rate enhancement of the dissociation reaction, Eqn. (3.18). If $\varepsilon = 20$ and the model parameter $\alpha = 0.875$ nm is chosen according to Neubrand's data for a BP-1 bipolar membrane, curve E is obtained [85]. Although acceleration of water dissociation for $i_{lim} < i <$ 30 mA/cm^2 still is lower than experimentally observed, the overall agreement of simulation and experiment is quite satisfying.
Fifth, the explicit reaction scheme suggested by Rapp and Strathmann *et al.* is employed [100, 124]. In this case, water dissociation is not only due to an autoprotolysis reaction, but also due to a proton transfer reaction, (3.12) and (3.13). Hence,

$$r_{diss} = k_{diss}(c^J_{H_2O})^2 - k_{rec}c^J_{H_3O+}c^J_{OH-}, \tag{6.17}$$

$$r^{BH+}_{diss} = k^{BH+}_{diss}c^J_{BH+}c^J_{H_2O} - k^{BH+}_{rec}c^J_{B}c^J_{H_3O+}, \tag{6.18}$$

$$r^{B}_{diss} = k^{B}_{diss}c^J_{B}c^J_{H_2O} - k^{B}_{rec}c^J_{BH+}c^J_{OH-}, \tag{6.19}$$

results, where B denotes a weak base and BH^+ its conjugate acid. The reaction rate constants of recombination are taken from literature. Then, the reaction rate

constant of dissociation can be calculated from the pK_a and the pK_b of acid BH^+ and base B, respectively, considering the fact that pK_a and pK_b are coupled according to $pK_a + pK_b = pK_w$. E.g., assuming $pK_a = pK_b = 7$, a reaction rate constant of $k_{diss}^{BH+} = k_{diss}^{B} = 180$ l/(mol s) is calculated [100]. Without further rate enhancement, curve F is obtained. Since the proton transfer reactions provide an alternative reaction path to water dissociation products, i exceeds the limiting current density. However, because field enhancement is neglected, the slope of the current voltage curve does not increase as the overall potential is raised.
Sixth, selective electric field enhancement of the dissociation reaction according to the second Wien effect is introduced to the autoprotolysis reaction, while the proton transfer reactions remain field independent. I.e. $k_{diss}(E)$ according to Eqn. (3.11). Thus, curve G is obtained. Since autoprotolytic dissociation of water is slow compared to its dissociation via proton transfer, $k_{diss} \ll k_{diss}^{B}, k_{diss}^{BH+}$, the field effect becomes obvious only for high overall potentials $U^{HLC} > 4$ V. Below, the catalytic route to water dissociation via reactions 3.12 and 3.13 is dominating.
Finally, selective electric field enhancement is considered for all three dissociation reactions. I.e. k_{diss}, k_{diss}^{BH+} and k_{diss}^{B} are replaced by $k_{diss}(E)$, $k_{diss}^{BH+}(E)$ and $k_{diss}^{B}(E)$, respectively, according to Eqn. (3.11). The result is shown as curve H, which is close to the experimentally observed data, although the onset of enhanced solvent dissociation is already observed for $U^{HLC} < 0.5$ V.

From the preceding comparison, it appears that the approaches corresponding to curves E and H are best suited for a representation of the experimental data. In both cases, the qualitative correspondence to the experimental results is good and only one model parameter must be fitted characterizing the catalytic properties of the membrane. In case of the chemical reaction model (curve E) the fitting parameter is distance parameter α; in case of the kinetic model of Rapp and Strathmann *et al.* (curve H) the pK_a can be employed to adjust the catalytic activity of the membrane/solvent system.
The parametric sensitivity of the two models with respect to their fitting parameters is shown in Fig. 6.14. Increasing α by 10% or 20% beyond its optimum value of $\alpha_{opt} = 0.875$ nm greatly enhances solvent dissociation. Thus, the membrane resistance is reduced and the onset of enhanced water dissociation is shifted towards lower values for the overall potential. Conversely, a reduction of α leads to an increased membrane resistance and an onset of water dissociation at higher overall potentials. In case of the kinetic model, maximum dissociation rate enhancement is obtained for $pK_a = 7$. Thus, increasing or decreasing pK_a always results in a reduction of rate enhancement, and hence a higher membrane resistance. The onset of water dissociation remains rather unaffected though.
The above model comparison also indicates that a purely catalytic rate enhancement, i.e. an acceleration of dissociation *and* recombination reactions alone does not suffice to explain the observed rapid increase in current density, Fig. 6.12, curves B, C and Fig. 6.13, curve F. Rather *selective rate enhancement of one or several dissociation*

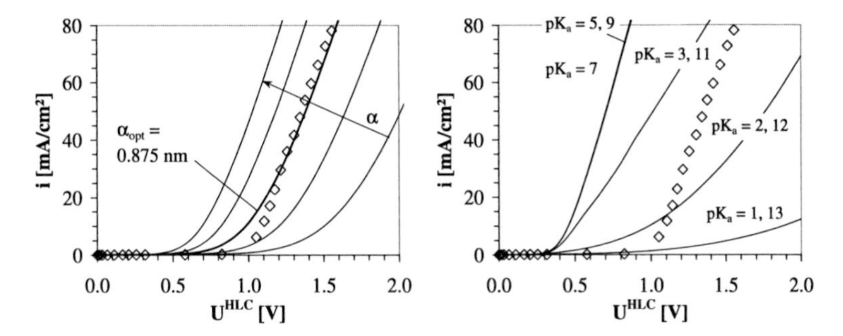

Figure 6.14: Left: Parametric sensitivity of the chemical reaction model with respect to distance parameter α. Best fit of simulated (lines) and experimental results (symbols) is obtained for $\alpha_{opt} = 0.875$ nm (thick line). Thin lines show deviation from α_{opt} by $\pm$ 10% and $\pm$ 20%. Right: Parametric sensitivity of Rapp and Strathmann's kinetic model with respect to the pK_a of the catalytically active groups. The lowest membrane resistance is obtained for $pK_a = 7$. The current voltage curve for $5 \leq pK_a \leq 9$ coincides with the curve for $pK_a = 7$. Experimental results are shown for comparison (symbols).

reactions is required. Thus, the equilibrium of the dissociation reactions is shifted towards the dissociation products and the current density is greatly increased, Fig. 6.12, curves D, E and Fig. 6.13, curve H.

To conclude, although both approaches to dissociation rate enhancement exhibit a similar qualitative behavior, and although the kinetic model provides a better understanding of the physical situation, the chemical reaction model is preferred here, due to its clearly better quantitative correspondence to the experimental data.
Correspondence is even improved, if the initial assumption of symmetrical membrane parameters is removed and the original parameter values of BP-1 bipolar membrane in contact with a 1 mol/l aqueous $NaClO_4$ solution, cf. Tab. D.1, are used. Then, α has to be readjusted. The optimum value is found for $\alpha = 0.998$ nm. The resulting current voltage curve is shown in Fig. 6.15 as dotted line. Further improvement is obtained, considering the field dependence of the relative permittivity according to the discussion in section 2.2. Introducing the Booth expression, Eqn. (2.6), to the model, the current voltage curve which is depicted as solid line in Fig. 6.15 results. In this case, deviations are limited to current densities $i_{lim} \leq i \leq 20$ mA/cm^2. Compared to the current voltage curve obtained from a constant value of α, the onset of water dissociation has shifted towards higher overall potentials while the membrane resistance is further decreased. This behavior is due to an increased relative permittivity at low current densities and a reduced relative permittivity at high current densities, right or-

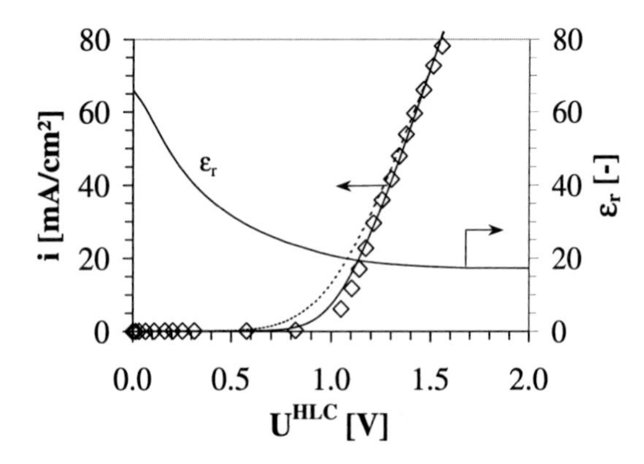

Figure 6.15: Current voltage curves calculated employing the chemical reaction approach for the asymmetric bipolar membrane BP-1. The dotted line is obtained fitting α to the experimental data while $\varepsilon_r = 20$ is kept constant. The solid line results from fitting α to the experimental curve, considering the field dependence of ε_r according to the Booth equation Eqn. (2.6) as shown on the right ordinate. Experimental results (symbols) are shown for comparison.

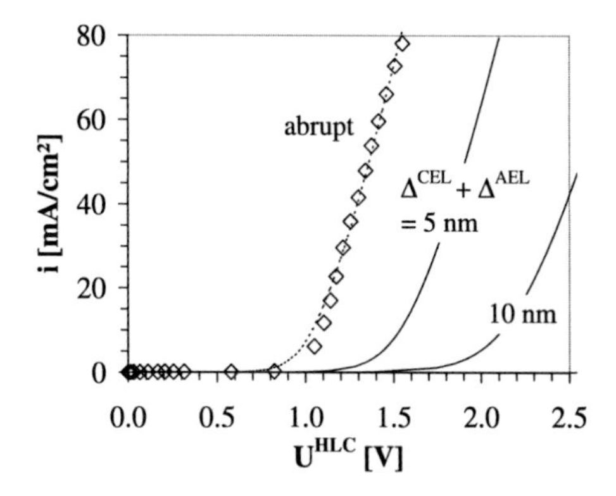

Figure 6.16: Current voltage curves calculated for an abrupt (dotted) and a linear (solid) transition from cation to anion exchange layer. Results are shown for different thicknesses of the transition region $\Delta^{CEL} + \Delta^{AEL}$. Experimental data (symbols) is shown for comparison.

dinate of Fig. 6.15. Thus, at low current densities, water dissociation is reduced while it is accelerated at high currents. Considering the fact, that only one fitting parameter is employed the overall agreement of the model, thus derived, can be considered good.

6.2.2 Abrupt and Smooth Transition

Finally, the differences resulting from the assumptions regarding the transition from cation to anion exchange layer, cf. section 3.4, are evaluated. Again, results are depicted as current voltage curves. In Fig. 6.16, the current voltage curve obtained for an abrupt transition from cation to anion exchange layer is opposed to current voltage curves obtained from a linear transition. In the latter case, the thickness of the transition region $\Delta^{CEL} + \Delta^{AEL}$ is varied between 0 and 10 nm.
As expected from section 3.4.3, assuming a linear transition increases the bipolar membrane resistance because of a reduction in the electric field relative to an abrupt junction and hence a reduction in dissociation enhancement. It is observed however, that as the thickness of the transition region is decreased, the linear junction approach approximates the abrupt junction approach. In the limit, both models differ negligibly. Thus, both approaches may be applied. Considering the manufacturing process of BP-1 which includes the roughening of the cation exchange layer, the linear junction approach may be more appropriate. However, the linear junction approach goes along with an introduction of the additional parameter $\Delta^{CEL} + \Delta^{AEL}$, inaccessible to experimental determination. Since model differences are not large enough to justify the

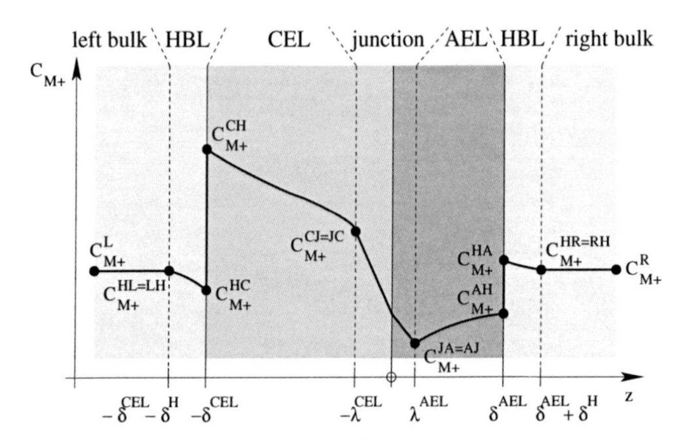

Figure 6.17: Model structure of the final bipolar membrane model showing a typical concentration profile of cation M^+. CEL — cation exchange layer, AEL — anion exchange layer, HBL — hydrodynamic boundary layer.

introduction of a second fitting parameter, it is therefore decided to keep the abrupt junction approach for calculation of the junction layer thickness.

6.3 Final Model

The structure of the final model is shown in Fig. 6.17. There, also the notation for the state variables, namely molar ionic concentrations and electric potential is introduced. As in Fig. 6.1, the subscript denotes the ionic species, while the double superscript denotes the location. The first superscript describes the phase to which the parameter belongs to: L — left bulk solution, H — hydrodynamic boundary layer, C — cation exchange layer, J — junction region, A — anion exchange layer, R — right bulk solution. The second superscript indicates the location within the phase. E.g. c_{M+}^{HA} denotes the molar concentration of cation M^+ in the hydrodynamic boundary layer next to the anion exchange layer.

The model has been accomplished by using activities instead of concentrations throughout. Besides, hydrodynamic boundary layers of thickness δ^H have been considered. Thus, the total number of unknowns amounts to

$$(J \text{ ionic species} + \text{solvent } S + \text{potential } \varphi) \times \left(Z^L + Z^H + Z^C + Z^J + Z^A + Z^H + Z^R\right), \qquad (6.20)$$

where Z denotes the total number of grid points in the respective layer. Besides, the junction layer thickness must be calculated. Following, the associated equations are summarized.

6.3.1 Bulk Solution Phase

At the left and right boundaries of the bulk solution phases ($X = L,\ R$) the concentration of the salt coion, pH and potential are given. Then, the concentration of the remaining ionic species in the bulk can be determined, employing the electroneutrality condition

$$\sum_{j=1}^{J} z_j c_j^X = 0 \qquad X \in \{L, R\}\,, \tag{6.21}$$

and the solvent dissociation equilibrium

$$\gamma_{H+}^X c_{H+}^X \gamma_{L-}^X c_{L-}^X = K_{AP} \mathsf{v}_S^2 \left(c_S^X\right)^2, \qquad X \in \{L, R\}\,. \tag{6.22}$$

Here, v_S is the molar volume of the solvent and K_{AP} is the equilibrium constant of the autoprotolysis reaction of the solvent dissociating into a proton H^+ and a lyate ion L^-. Eqn. (6.22) deviates from the usual expression for the solvent dissociation equilibrium, because for high salt ion concentrations, the value of c_S falls considerably below $1/\mathsf{v}_S =$ 55.34 mol/l, on which the the value of K_{AP} is based. Finally, the solvent concentration c_S is determined from a volume balance,

$$\sum_{j=1}^{J+S} c_j^X \mathsf{v}_j = 1 \qquad X \in \{L, R\}\,. \tag{6.23}$$

Throughout the two bulk solution phases, ideal mixing is assumed. Thus, by definition concentrations remain constant. In contrast to that, the potential drop over the bulk solution phases can be calculated from Faraday's law

$$\frac{i}{\mathbf{F}} = \sum_{j=1}^{J} z_j \dot{n}_j^X \quad \text{with} \tag{6.24}$$

$$\dot{n}_j^X = -D_j^X \left(z_j c_j^X \frac{\mathbf{F}}{\mathbf{R}T} \frac{\partial \varphi^X}{\partial z} \right) \qquad X \in \{L, R\}\,. \tag{6.25}$$

6.3.2 Hydrodynamic Boundary Layers

Bulk solution phases and hydrodynamic boundary layers are coupled assuming identical conditions at the bulk/boundary layer interface. Thus, the boundary conditions between left bulk and left boundary layer read

$$\begin{aligned} c_j^{HL} &= c_j^{LH}, \quad j = 1 \ldots J + S \quad \text{and} \\ \varphi^{HL} &= \varphi^{LH}. \end{aligned} \tag{6.26}$$

At the inner interfaces, the boundary conditions are derived from the continuity equation, which in case of the interface between left boundary layer and cation exchange layer amounts to

$$\dot{n}_j^{HC} = \dot{n}_j^{CH}, \quad j = 1 \ldots J + S. \tag{6.27}$$

For the interfaces between right boundary layer and right bulk and between the right boundary layer and the anion exchange layer analogue expressions apply. Unknowns at the remaining inner grid points are determined solving the mass balance

$$\frac{\partial c_j^H}{\partial t} = -\frac{\partial \dot{n}_j^H}{\partial z} \quad \text{with} \tag{6.28}$$

$$\dot{n}_j^H = -D_j^H \left(\frac{\partial c_j^H}{\partial z} + z_j c_j^H \frac{\mathbf{F}}{\mathbf{R}T} \frac{\partial \varphi^H}{\partial z} + \frac{c_j^H}{\gamma_j^H} \frac{\partial \gamma_j^H}{\partial z} \right), \tag{6.29}$$

for counterions and solvent. Here, the molar flux density accounts for diffusive and migrative transport and for transport due to an activity coefficient gradient [61, 17]. Additionally, the electroneutrality condition, Eqn. (6.21), and the solvent dissociation equilibrium, Eqn. (6.22) hold true. The potential is determined from Faraday's law, Eqn. (6.24), with the molar flux density $\dot{n}_j^H$, given by Eqn. (6.29). Activity coefficients are calculated according to section 2.6.

6.3.3 Bulk Membrane Phases

At the interface of hydrodynamic boundary layer and the bulk membrane phases ($X = C, A$) the equilibrium conditions hold true. Salt ion uptake is described by means of the Donnan equilibrium. Thus, at the interface of cation exchange layer and left boundary layer

$$\varphi^{CH} = \varphi^{HC} - \frac{\mathbf{R}T}{z_j \mathbf{F}} \ln \left(\frac{c_j^{CH} \gamma_j^{CH}}{c_j^{HC} \gamma_j^{HC} \psi^{HC}} \right), \quad j = Na^+, ClO_4^-. \tag{6.30}$$

Ion exchange between different counterions is expressed by means of the selectivity coefficient which in case of the cation exchange layer yields

$$\left(\frac{c_{Na+}^{HC} c_{H+}^{CH}}{c_{Na+}^{CH} c_{H+}^{HC}} \right) = \mathbf{S}_{Na+}^{H+}. \tag{6.31}$$

Assuming identical equilibrium constants for the autoprotolysis reaction in solution and membrane phase, the dissociation equilibrium, Eqn. (6.22) can be applied to determine the coion concentration of the solvent dissociation products. Solvent concentration is determined by

$$c_S^{CH} = \frac{\varepsilon^{CH}}{1 + \varepsilon^{CH}} \frac{\varrho^{CH}}{MW_S}, \tag{6.32}$$

where swelling ε^{CH} is an experimentally determined function of counterion composition and coion uptake. Finally, the electroneutrality condition for the membrane phase holds true

$$\sum_{j=1}^{J} z_j c_j^{CH} + z_{FI} c_{FI}^{CH} = 0. \tag{6.33}$$

At the inner interface, boundary conditions are derived from the continuity expression. Hence, for the phase boundary between cation exchange membrane and junction

$$\dot{n}_j^{CJ} = \dot{n}_j^{JC}, \quad j = 1 \ldots J + S. \tag{6.34}$$

Again, analogous equations hold for the anion exchange layer.

At the inner grid points, the mass balance Eqn. (6.28), with $\dot{n}_j^X$ according to Eqn. (6.29) is written for the salt counterion, the solvent dissociation products and the solvent. Salt coion concentration results from the electroneutrality condition, Eqn. (6.33), and the potential from Faraday's law, Eqn. (6.24).

6.3.4 Junction Layer

The junction layer is defined as the portion of the membrane layers, where a space charge region occurs due to the strong electric field and where the electroneutrality condition no longer applies. At the left and right phase boundaries, concentrations and potential result from the identity with the corresponding values in the bulk membrane phase, i.e.

$$c_j^{JC} = c_j^{CJ} \quad \text{and} \quad c_j^{JA} = c_j^{AJ} \tag{6.35}$$

$$\varphi^{JC} = \varphi^{CJ} \quad \text{and} \quad \varphi^{JA} = \varphi^{AJ}. \tag{6.36}$$

At the inner grid points, concentrations of the salt cation, the solvent dissociation products and the solvent are determined from a mass balance considering mass transport and chemical reaction

$$\frac{\partial c_j^J}{\partial t} = -\frac{\partial \dot{n}_j^J}{\partial z} + \nu_j r_{diss}, \tag{6.37}$$

with $\dot{n}_j^J$ according to Eqn. (6.29) and γ_j^J derived from the activity coefficient model for the membrane layers. Additionally, Poisson's law is considered

$$\frac{\partial^2 \varphi^J}{\partial z^2} = -\frac{\mathbf{F}}{\varepsilon_0 \varepsilon_r} \left(\sum_{j=1}^{J} z_j c_j^J + z_{FI} c_{FI}^J \right), \tag{6.38}$$

from which the concentration of the salt anion is obtained. Finally, the dynamic form of Faraday's law holds true

$$\frac{i}{\mathbf{F}} = \sum_{j=1}^{J} z_j \dot{n}_j^J - \frac{\varepsilon_0 \varepsilon_r}{\mathbf{F}} \frac{\partial^2 \varphi^J}{\partial t \partial z}, \tag{6.39}$$

which is used to obtain φ^J. As discussed in the preceding paragraph

$$r_{diss} = k^0_{diss} \exp\left(\frac{\mathbf{F}\alpha E}{\mathbf{R}T}\right) (c^J_{H_2O})^2 - k^0_{rec} c^J_{H_3O^+} c_{OH^-}, \tag{6.40}$$

with the electric field $E = (\varphi^{JA} - \varphi^{JC})/\delta^J$ obtained from the abrupt transition model,

$$\delta^J = \sqrt{\frac{2\varepsilon_0\varepsilon_r}{\mathbf{F}} (\varphi^{JA} - \varphi^{JC}) \frac{c^{CEL}_{FI} + c^{AEL}_{FI}}{c^{CEL}_{FI} c^{AEL}_{FI}}}. \tag{6.41}$$

Finally, the field dependence of ε_r is considered according to

$$\varepsilon_r(E) = n^2_\infty + \frac{(\varepsilon_r(0) - n^2_\infty)^2}{\varepsilon_r(0) - n^2_\infty - \beta E^2}. \tag{6.42}$$

6.3.5 Implementation

The number of grid points varies from phase to phase. The bulk solution layers are described by their grid points at the phase boundary only because ideal mixing is assumed. In contrast to that, for the hydrodynamic boundary layers usually five grid points are employed. The membrane layers are discretized by 10–25 grid points, depending on the situation. Only three grid points are used for the junction layer because further discretization would lead to differential distances in the scale of (sub-) atomic dimension where the assumptions associated with a quasi-homogeneous description no longer apply.
The resulting differential algebraic system is solved using LIMEX as a semi-implicit solver [28]. The required Fortran 77 routines are generated via pre-processing of the Common Lisp implementation of the model equations by a code generation software [102]. Further details on the numerics of the model are given in Appendix E.

6.4 Chapter Summary

The discussion of this chapter can be summarized as follows:

- Comparison of the results obtained with the electrodialysis model and the experimental results from bipolar membrane characterization showed that the overall behavior under steady state and transient conditions is considerably determined by the membrane layers. Also, despite of its simple structure and the idealizing assumptions initially introduced, this model is able to give valuable insights into the complex interactions of different transport mechanisms and membrane/solution equilibria of a bipolar membrane assembly. Thus, a clear definition for the limiting current density is found, which is described best as the maximum possible charge transport by salt coion leakage alone. Besides, transient behavior could be analyzed in detail making clear how changes in the overall potential relate to changes in the individual potential contributions and further to ion concentrations within the different layers.

- Based on the description of the membrane layers, the junction region is modelled. Because space charges are characteristic for the junction region, the electroneutrality equation is replaced by Poisson's law. Also, in order to allow for an explicit description of the dissociation kinetics, ionic concentrations within the junction region are calculated from a mass balance accounting for migrative and diffusive transport and for ion generation and consumption through chemical reactions.

- Comparing different approaches developed to describe enhanced solvent dissociation, best representation of experimental data is obtained using the semi-empirical chemical reaction model. Explicit kinetic models show qualitative correspondence but fail to reproduce the fast onset of enhanced water dissociation observed experimentally. Furthermore, it appears that the observed strong current density increase can not be described by a simultaneous acceleration of dissociation and recombination reaction alone, as resulting from catalytic processes. Rather, a selective acceleration of the dissociation reaction and hence a change in dissociation equilibrium is required.

Chapter 7

Model Evaluation and Parameter Studies

While the preceding chapter was focused on the model development, this chapter is aimed to compare calculated and experimental results in order to evaluate the model quality. Besides, results from simulation studies are presented, describing e.g. the effects of a change in hydrodynamic boundary layer thickness or the choice of different electrolytes. In a final section parametric sensitivities are discussed. Throughout the chapter, the model described in section 6.3 and the nomenclature as introduced by Fig. 6.17 is employed.

7.1 Model Evaluation

7.1.1 Aqueous Solution Systems

In Fig. 7.1 calculated and experimental steady state current voltage curves for 0.25, 0.5, 1.0 and 2.0 mol/l aqueous sodium perchlorate solutions are compared. Calculated results were obtained employing the parameters listed in Appendix D, Tab. D.1, obtained from independent experiments. Distance parameter α, cannot be determined in a direct manner and is obtained from fitting the calculated current voltage curve to the experimental data for a 1.0 mol/l solution. However, it remains unchanged for simulations at different solution concentrations.

According to Fig. 7.1, qualitative correspondence is good for the complete range of current densities. Especially, all trends with respect to the initial membrane resistance R_A^0, the limiting current density i_{lim}, the limiting membrane potential $\Delta\varphi_{lim}^M$ and the membrane resistance at overlimiting current densities $\bar{R}_A$ correspond to the experimental results as discussed in section 5.5.2. Quantitatively, correspondence is satisfying, especially for concentrations of 0.5 and 1 mol/l. Considerable deviations are observed in the low voltage range, for $U^{HLC} < 0.5$ V, where current densities for the low concentration case (c_{sln} = 0.25 mol/l) are underestimated while current

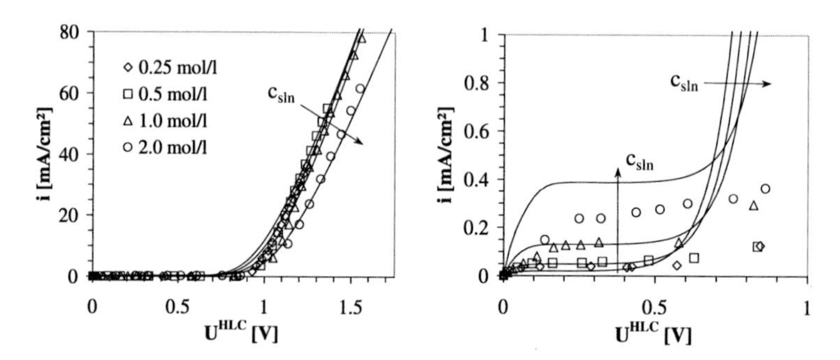

Figure 7.1: Comparison of experimental (symbols) and calculated (lines) current voltage curves for 0.25, 0.5, 1.0 and 2.0 mol/l aqueous $NaClO_4$ solutions. Results are shown for the total range of measured data (left) and as a close-up view around the limiting current density (right).

densities for the high concentration case (c_{sln} = 2.0 mol/l) are overestimated, Fig. 7.2. Also, even for intermediate concentrations, the error plot shows a considerable amount of scattering. Systematic deviations for all concentrations throughout are observed around the limiting current density for 0.7 V $\leq U^{HLC} \leq$ 1.2 V. Here, the model generally overestimates the current density with respect to the experimental data.

Qualitatively, the deviations in the low voltage range can be explained by the neglect of the concentration dependence of membrane diffusion coefficients. In free solution, D_j tends to decrease with increasing concentrations [15]. Thus, choosing a constant average value for the simulations, at low concentrations transport resistance would be too high and current density too low, while for high concentrations the inverse holds true. However, considering the amount of scatter even for a single solution concentration, the neglect of the concentration dependence alone does not explain the observed deviations. Probably also experimental inaccuracies in resolving the low current density range contribute to the discrepancies.

In contrast to that, the deviations around the limiting current density are systematic in nature and therefore must be attributed to the model description. According to the discussion in section 6.2.1, even in case of the final model, the sudden onset of solvent dissociation is underestimated by the calculation results. Apparently, this is a deficit which is due to the description of the solvent dissociation and points out the limits of the chosen chemical reaction approach. Possibly, better results can be obtained from a detailed kinetic model. However, in contrast to the kinetic approach of Rapp and Strathmann *et al.* discussed in the preceding chapter, it should consider not only intrinsic catalytic reaction rates but also the related adsorption and desorption steps which also contribute to the rate limitation.

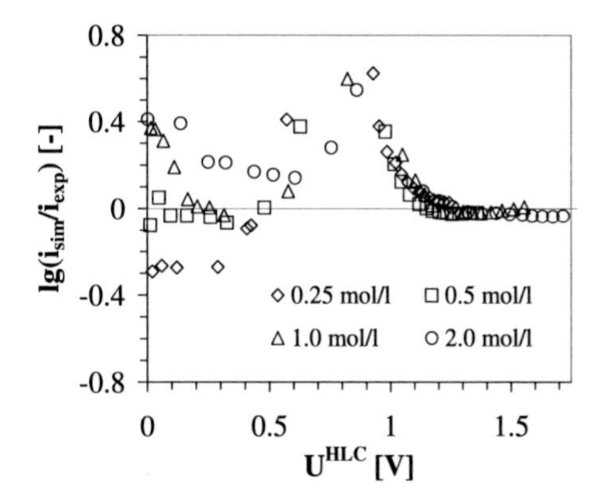

Figure 7.2: Error plot depicting the decadic logarithm of the deviation of calculated and experimental current voltage curves $\lg(i_{lim}/i_{exp})$ for 0.25, 0.5, 1.0 and 2.0 mol/l aqueous sodium perchlorate solutions. Model overestimations result in positive values, model underestimations in negative values.

Only qualitative correspondence is found if the dynamic behavior of calculated and experimental dynamic results is compared. As an example, the chronopotentiometric time course of BP-1 bipolar membrane in contact with a 1 mol/l aqueous sodium perchlorate solution is compared to the calculated results, Fig. 7.3. The typical shape of the time course is obtained in all cases, i.e. upon current switch-on, current increase, current decrease and current switch-off. Also, as for the experimental results, the difference between the reversible potential and the potential under steady state conditions $U_{rev} - U_{SS}$ decreases with increasing current density. However, under a quantitative perspective, correspondence is insufficient, especially for current densities below ≈ 20 mA/cm^2. Most important, model dynamics are much faster than what is observed experimentally. E.g. steady state is obtained within a few minutes while experimentally, relaxation times are in the order of about 20–30 min. Also, for low current densities, current increase experimentally leads to a considerably higher reversible and steady state overall potential as could be obtained from the model calculations.
At least some of the deviations can be explained by the parametric sensitivity of the dynamic behavior with respect to the transport parameters, namely the salt ion diffusion coefficients. In Fig. 7.4, the effect of a change in constant ionic diffusion coefficient on the time course of the overall potential upon current switch-on is shown. Diffusion coefficients are varied between 0.15×10^{-12} m^2/s and 1.5×10^{-9} m^2/s according to the values listed in Tab. 7.1. The chosen range of membrane phase diffusion coefficients

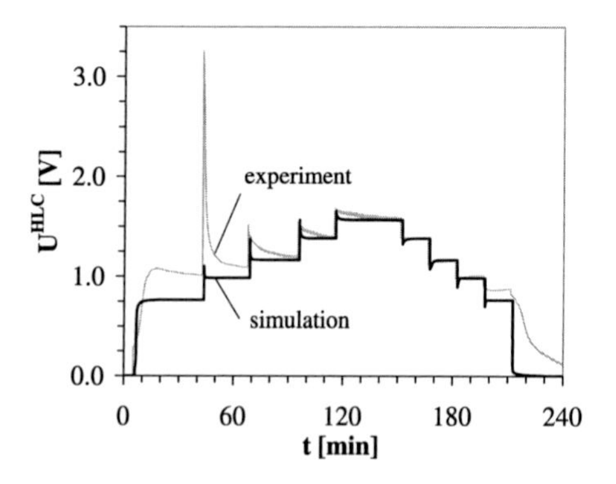

Figure 7.3: Comparison of experimental and calculated time course for the overall potential drop U^{HLC} upon step increase and step decrease of current density i for a BP-1 bipolar membrane in contact with an aqueous 1 mol/l $NaClO_4$ solution. Calculated results are shown in black, experimental data is given as shaded line.

D_{Na+}^{AEL}	D_{ClO4-}^{CEL}	D_{Na+}^{CEL}	D_{ClO4-}^{AEL}
$[10^{-12}$ m²/s]			
150	1500	**68**	320
75	150	6.8	**3.2**
30	75	3.4	1.6
15	45	0.68	0.32
7.5	30	0.34	
3.0	**15**		
1.5	1.5		
0.15	0.15		

Table 7.1: Diffusion coefficients employed for the simulation study of the parametric sensitivity of D_j^{CEL}, D_j^{AEL} shown in Fig. 7.4. Experimentally determined diffusion coefficients are printed bold face.

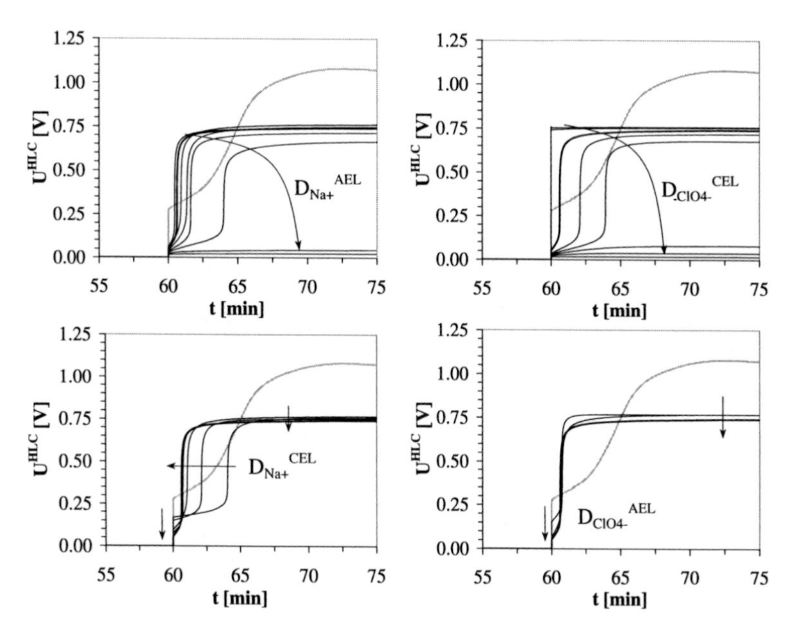

Figure 7.4: Time course of the overall potential drop U^{HLC} upon a step increase of current density i from $0 \rightarrow 0.5$ mA/cm^2. Calculated results are parametric with respect to the salt ion diffusion coefficients in CEL and AEL. Diffusion coefficients of coions (Na^+ in AEL and ClO_4^- in CEL, top row) and counterions (Na^+ in CEL and ClO_4^- in AEL, bottom row) are varied between 0.15×10^{-12} m^2/s and 1.5×10^{-9} m^2/s according to the values listed in Tab. 7.1. Time courses calculated from the experimentally determined diffusion coefficients are given as bold lines, measured time courses are shown as shaded lines for comparison.

corresponds about to the range reported in literature [25, 105, 86, 95].
In Fig. 7.4, top row, the dependence on the coion diffusion coefficients D_{Na+}^{AEL} and D_{ClO4-}^{CEL} is shown. In both cases, an increased diffusion coefficient results in an increased time required to desalt the junction layer because coion leakage is enhanced and hence (diffusive) replenishing of the junction region is accelerated. Sensitivity is especially high with respect to perchlorate coions as opposed to sodium coions because coion transport is more important in the cation exchange layer characterized by a relatively low fixed ion concentration. Thus, doubling the perchlorate coion diffusion coefficient causes the time required to attain complete salt ion removal in the junction region to increase from 40 s to more than 2 min. Further increase of D_{ClO4-}^{CEL} not only further increases the desalting time but also leads to an increase in limiting current density. Thus, eventually, for sufficiently high D_{CoI}^{M}, $i = 0.5$ mA/cm^2 $< i_{lim}$ and overall potential remains low.
In contrast, increasing the counterion diffusion coefficient, Fig. 7.4, bottom row, results in a shortened desalting period. This effect is due to the coupling of counterion and coion transport via the electroneutrality condition valid throughout the membrane layers. Therefore, an increased counterion mobility goes along with an increased coion removal. Counterion diffusion coefficients also markedly change the ohmic resistance of the membrane. As expected, U_{rev} increases as D_{GgI} is reduced.
From the discussion follows, that correspondence between calculated and experimental results is improved if coion diffusion coefficients are raised and counterion diffusion coefficients are decreased. In the former case, desalting times increase; in the latter case an increase in the reversible membrane potential and the neutralization time takes place. It also follows, that apparently, the initial assumption, that inaccessible diffusion coefficients of the bipolar membrane layers could be adequately substituted by the corresponding values determined from monopolar membranes of the same manufacturer, may be inappropriate causing deviations especially with respect to the dynamic behavior.
Finally, it should be mentioned that the model assumes membrane swelling to be in equilibrium with the membrane concentrations at any time, i.e. *swelling dynamics* is neglected. However, quite obvious, changes in the polymer structure and morphology as caused by changes in the membrane ionic concentrations are far from being instantaneous. Hence, also this neglect could contribute to the observed discrepancies.

7.1.2 Methanolic Solution Systems

Results calculated for a methanolic 0.5 mol/l $NaClO_4$ solution are shown in Fig. 7.5. Curve A is obtained if $k_{rec} = 3 \times 10^{10}$ l/(mol s) according to Gerritzen and Limbach, $D_{MeOH}^{M} \approx 1 \times 10^{-10}$ m^2/s according to Gates and Newman and $\alpha = 0.51$ nm according to Chou and Tanioka is assumed [39, 38, 19]. Also, as before for aqueous solutions, ionic diffusion coefficients are taken from experiments with monopolar membranes. Apparently, i_{lim} is clearly overestimated, while the membrane resistance at overlimiting current densities is underestimated. Besides, no increase in membrane

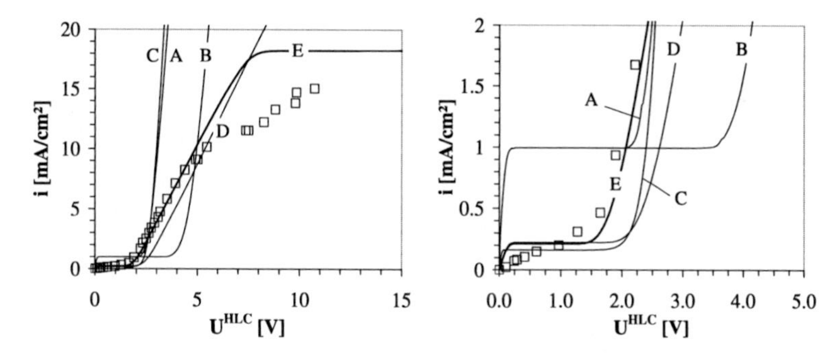

Figure 7.5: Comparison of calculated (lines) and experimental (symbols) current voltage curves for a BP-1 bipolar membrane in contact with a methanolic 0.5 mol/l $NaClO_4$ solution. Simulation with experimentally determined parameters results in curve A. Subsequent adjustment of distance parameter α and membrane diffusion coefficients result in curves B and D–E, respectively. Results are shown for the complete range of measured data (left) and as a close-up around the limiting current density (right).

resistance is obtained as observed experimentally for i exceeding 10 mA/cm^2.
If k_{rec}, D^M_{MeOH} and α are used as fitting parameters, curve B results. Again, i_{lim} is overestimated, R_A underestimated and no resistance increase for increased current densities can be predicted. Thus, provided the model structure is correct, deviations must be attributed once again to erroneous values for the ionic diffusion coefficients. Therefore, ionic diffusion coefficients are used as additional fitting parameters. Decreasing both coion diffusion coefficients by a factor of 4, curve C is obtained, the limiting current density of which compares favorably with the experimental value. Additional reduction of the counterion diffusion coefficient by a factor of 7, curve D, increases the membrane resistance to a value comparable to the experimental one. Subsequent adjustment of alpha and reduction of the solvent diffusion coefficient by a factor of 10, finally results in curve E. The complete set of experimentally determined and readjusted model parameters is summarized in Tab. D.2, Appendix D.

Keeping the adjusted diffusion coefficients, the distance parameter and the solvent diffusion coefficient unchanged, the current voltage curves for $NaClO_4$ solutions of different concentrations can be calculated. The result is compared to the experimental data in Fig. 7.6. Calculated and experimental data compare surprisingly well. In particular, all trends with respect to the initial membrane resistance R^0_A, the limiting current density i_{lim}, the limiting membrane potential $\Delta\varphi^M_{lim}$ and the membrane resistance at overlimiting current densities $\bar{R}_A$ correspond to the experimental results as discussed in section 5.5.

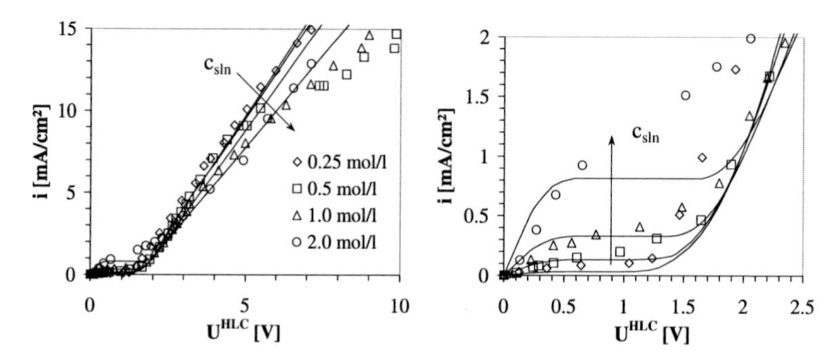

Figure 7.6: Comparison of experimental (symbols) and calculated (lines) current voltage curves for 0.25, 0.5, 1.0 and 2.0 mol/l methanolic $NaClO_4$ solutions. Results are shown for the total range of measured data (left) and as a close-up view around the limiting current density (right).

Systematic deviations are observed at or around the limiting current density. While the experimental current voltage curves show a pronounced tilt of the plateau region, especially for high solution concentrations, the calculated results remain at a constant limiting current density until enhanced methanol dissociation starts. Besides, deviations are observed for high current densities close to i_{max}. Here, experimentally, resistance increases slowly, cf. Fig. 5.16, while the simulation results increase more abrupt Fig. 7.7.
Again, differences can be explained by the underlying model assumptions. As discussed in section 5.5.1, the observed tilt of the limiting current density plateau may be caused by salt ion pair dissociation due to the strong electric field in the junction region. However, in the simulations ion pair formation is only considered with respect to its effect on membrane/solvent equilibrium, but neglected elsewhere. Differences in the high current density regime can be attributed to the assumption of membrane homogeneity, i.e. the assumption, that membrane properties are constant throughout the plane perpendicular to the spatial coordinate of the model. As a matter of fact they are not. Membrane inhomogeneities must be expected e.g. due to manufacturing tolerances or due to the presence of reinforcing material. Thus, local variations in current density are likely to exist. As a consequence, the membrane fails not all at once if i approaches i_{max}. Rather, it starts to fail locally resulting in a smooth increase of the membrane resistance at high current densities.
Finally, dynamic model calculations are compared to data obtained from chronopotentiometric measurements. Fig. 7.8 opposes simulated and experimental time courses of the overall potential for a stepwise current density increase in case of a methanolic 0.5 mol/l $NaClO_4$ solution. Again, qualitative correspondence is acceptable, while

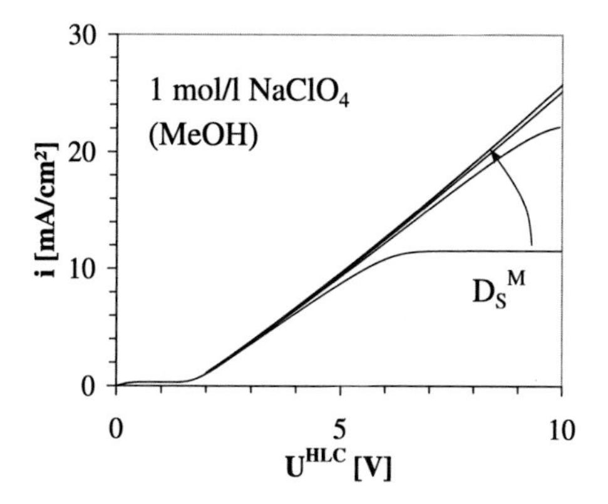

Figure 7.7: Calculated current voltage curves for a 1 mol/l methanolic $NaClO_4$ solution. The curves are parametric in the solvent diffusion coefficient ranging from $D_S^{CEL} = 1.0 \times 10^{-11}$ m²/s to 4.0×10^{-10} m²/s, with $D_S^{CEL} = 2D_S^{AEL}$. The lower limit is chosen such that i_{max} falls in the range of experimentally observed resistance increase, while the upper limit is reported by Kreuer for the diffusion of water in fully hydrated PEEK and Nafion type of membranes [56].

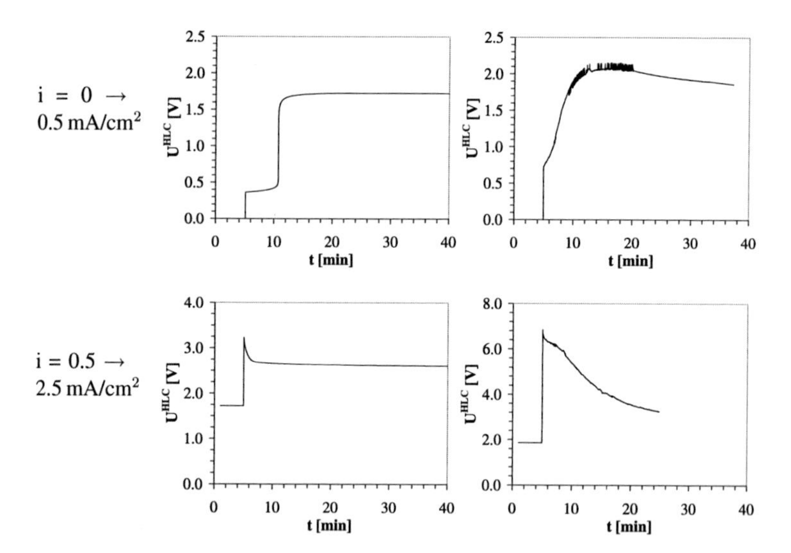

Figure 7.8: Calculated (left) and experimental (right) time course of overall potential U^{HLC} upon a step change in current density corresponding to a 0.5 mol/l methanolic $NaClO_4$ solution. Note the different potential scales for calculation and experiment in case of the current density increase from $0.5 \rightarrow 2.5$ mA/cm^2 (bottom row).

quantitatively, the model underestimates the reversible and the steady state membrane potential. Also, system dynamics deviate as for the aqueous solutions. To conclude, also in the case of methanolic solutions the model suffers namely from an inaccurate description of the onset of solvent dissociation, a neglect of swelling dynamics and uncertainties concerning the estimate of the required transport parameters. Still, dynamic behavior is reproduced qualitatively and stationary behavior even quantitatively in all major aspects characteristic to aqueous and methanolic systems. Therefore, in the subsequent section, the model is employed for simulation and parameter studies.

7.2 Parameter Studies

7.2.1 Dynamic Behavior

First, the understanding of the dynamic behavior is further detailed by a corresponding simulation study. For this, current density switch-on from $0 \rightarrow 60$ mA/cm^2 and current density switch-off from $60 \rightarrow 0$ mA/cm^2 is calculated for a BP-1 bipolar membrane in contact with a 1 mol/l aqueous $NaClO_4$ solution. Hydrodynamic boundary layers are considered at both sides of the membrane and assumed 100 μm thick. Results are given in Fig. 7.9, top, as the time course of the overall potential U^{HLC}. Characteristic changes in the system behavior are described at times indicated by successive numbers and illustrated by the corresponding concentration and potential profiles, Fig. 7.9, middle and bottom row. For the nomenclature, cf. Fig. 6.17, section 6.3.

Label 1:
Initially, both membrane layers, are in equilibrium with the 1 mol/l, pH-neutral $NaClO_4$ solution. Coions are taken up into the membrane phase according to the equilibrium conditions. Due to the low fixed ion concentration in the cation exchange layer, its coion concentration is relatively high, whereas for the anion exchange layer, coion concentration is close to nil. Since no current density is yet applied, no ionic transport occurs and no concentration or potential gradient exists.

Label 2:
After 5 minutes the current is switched on. The immediate potential response results from the ohmic resistance of the membrane/solution system at conditions prior to current switch-on. Due to the coupling of charge and mass transport across the membrane, salt ions are removed from the membrane layers. At the outer portions of the membrane layers, where cation and anion exchange layer face the solution phase, concentration changes are low, because membrane and solution are assumed in equilibrium and concentration changes in the hydrodynamic boundary layers are limited. In contrast, at the inner portions of the membrane layers, close to $z = 0$, salt ion removal exceeds diffusive replenishing. Because $i > i_{lim}$, ionic concentrations are decreasing such that c^{CJ}_{GgI} and c^{AJ}_{GgI} approach the fixed ion concentration c^{CEL}_{FI} and

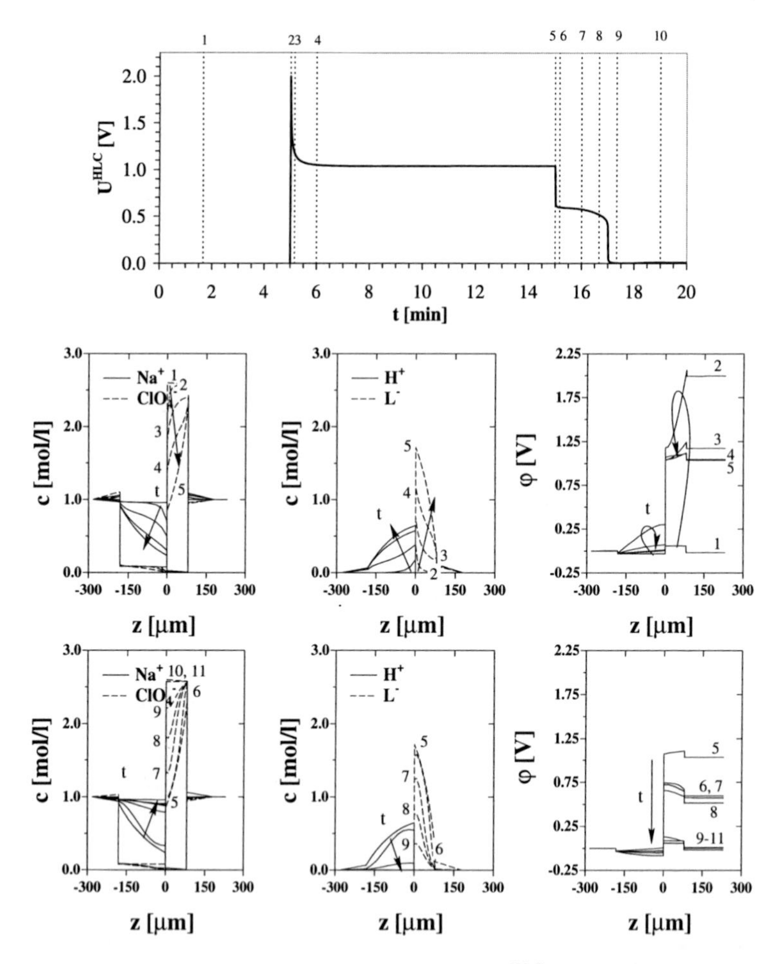

Figure 7.9: Calculated time course of overall potential U^{HLC} upon a change of current density from 0 → 60 mA/cm^2 at t = 5 min and from 60 → 0 mA/cm^2 at t = 15 min (top). Below, the corresponding concentration and potential profiles at times t = 100 s (label 1), 301 s (label 2), 310 s (label 3), 360 s (label 4), 900 s (label 5), 910 s (label 6), 960 s (label 7), 1000 s (label 8), 1040 s (label 9), 1140 s (label 10) and under steady state (label 11) are shown. Because the profiles at the different times are printed one over the other, sections of the dashed ClO_4^- profile may merge to a solid line.

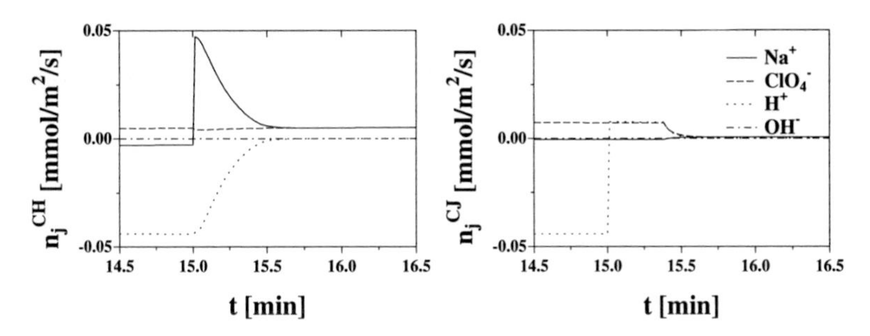

Figure 7.10: Calculated time course of the ionic flux densities at z = CL (left) and z = CJ (right) upon a step decrease of current density from i = 0.5 → 0 mA/cm^2.

c_{FI}^{AEL}, respectively, while the concentration in the junction layer approaches nil. As a result, the potential drop across the junction increases rapidly, inducing electric field enhanced water dissociation.

Labels 3 and 4:

Driven by the electric field across the junction layer, enhanced water dissociation takes place and compensates for the lack of mobile charge carriers. Consequently, proton and hydroxyl concentration at the inner portions of the membrane layers increases and salt ions are exchanged against water dissociation products. Due to their significantly higher mobility, membrane resistance decreases which results in the characteristic potential drop. However, it should be noted, that a potential drop can be observed only for current densities sufficiently exceeding the limiting current density and appropriate system parameters.

As a consequence of the increasing level of solvent dissociation products in the membrane layers, the pH changes in the hydrodynamic boundary layers due to the membrane/solution equilibrium. Because proton concentration in the cation exchange layer is high, pH is low in the left boundary layer, while for the anion exchange layer and the right boundary layer, the inverse holds true. At the same time, the salt counterion concentrations change only slightly. Therefore, salt coion concentrations in the hydrodynamic boundary layers increase in order to meet the electroneutrality condition.

Label 5:

At steady state, ion removal from the membrane is compensated by ion generation through enhanced water dissociation and ionic replenishing. Fig. 7.10 illustrates the individual ionic contributions to the overall charge transport for a similar situation. At overlimiting current density, for $t < 15$ min, the dominant charge transport mechanism is (migrative and diffusive) proton removal. Coion leakage and salt counterion transport are much lower. Interesting to note that the absolute value of the sodium flux close to the junction is lower as compared to its value next to the hydrodynamic boundary layer at z = CH, while the absolute value of the perchlorate flux at z = CJ is higher as compared to its value at z = CH. This observation can be explained by the fact that at z = CJ, the sodium concentration is low and therefore, migrative removal is decreased. In contrast to that, the increased perchlorate transport close to the junction is due to the steep concentration gradient which increases diffusive coion replenishing independent of the absolute concentration.

Label 6:
Upon current switch-off, the overall potential drops to a level determined by the concentration potential which results from the pronounced concentration differences across the junction region. Thus, U_{rev} depends on the concentration profiles developed during salt ion removal and ion exchange of salt ions against water dissociation products. The strong concentration gradients are the driving force for the subsequent transport processes which are coupled due to the fact that at zero current no net charge can be transferred across the membrane. I.e. any transport of a cation in z-direction must be compensated by an equivalent amount of *cationic* transport in the inverse direction or by an equivalent amount of *anionic* transport in the same direction.

Label 7 and 8:
According to Fig. 7.10, the mechanisms for balancing the strong concentration gradients are different at the left and right sides of the membrane layers. At the left side of the cation exchange layer, the negative concentration gradient of sodium causes considerable cation transport in z-direction which is impossible to compensate by anion transport due to their low concentration gradient. Therefore, protons are driven against z-direction into the solution, reversing the ion exchange process during water dissociation.
At the right side of the cation exchange layer, high proton concentrations face high hydroxyl concentrations. Therefore, water dissociation products recombine within the junction layer, which results in a strong driving force for proton transport in direction of the spatial coordinate. Compensation for a positive proton flux is impossible by sodium ions because of their negative concentration gradient. Therefore, a coion flux in z-direction is coupled to neutralization. Because of this coupling, neutralization is determined by coion flux. It follows, that t_{desalt} is decreasing as the coion flux is increasing. Also, as a consequence of the different processes at the outer and inner boundary of the membrane layers, concentration maxima may occur.
In the hydrodynamic boundary layers the incoming protons and hydroxyl ions are readily forwarded to the neutral bulk solutions due to their high mobility. Correspondingly, pH as well as salt counterion concentrations approach neutral conditions.

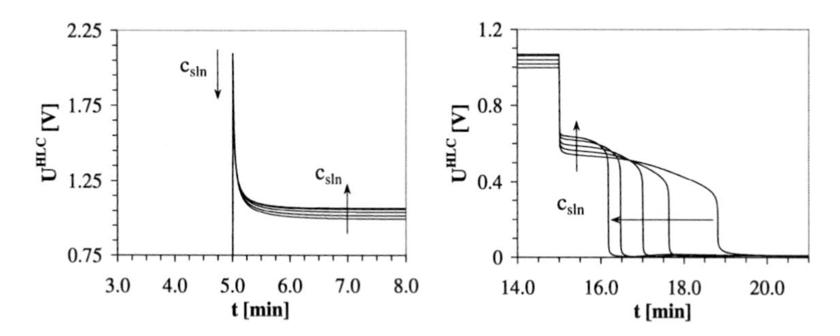

Figure 7.11: Calculated dynamic behavior upon a step increase of current density from $i = 0 \rightarrow 60$ mA/cm^2 (left) and upon a step decrease of current density from $i = 60 \rightarrow 0$ mA/cm^2 (right). Results shown with the electrolyte concentration in the bulk solution $c_{sln} = 0.25$, 0.5, 1.0, 2.0 and 3.0 mol/l as parameter.

Label 9:
The sharp potential decrease is due to the breakdown of the concentration potentials across the junction region. This reflects the fact, that the concentration of one of the dissociation products is exhausted. Because of the membrane asymmetry, this is not necessarily coupled to zero concentrations for the other water dissociation product. E.g. in the case of the BP-1 shown above, protons exhaust first due to the larger ClO_4^--coion transport across the cation exchange layer as compared to the Na^+-coion transport across the anion exchange layer.

Label 10:
Removal of the remaining hydroxyl ions from the anion exchange layer is due to ion exchange against perchlorate ions taken up from the solution phase. Further uptake of salt counter- and coions slowly decreases membrane resistance and finally leads to the initial equilibrium state.

7.2.2 Concentration Dependence

Next, the effect of an increased solution concentration c_{sln} on the dynamic behavior is examined. In Fig. 7.11 the results for current switch-on from 0 to 60 mA/cm^2 is evaluated for aqueous $NaClO_4$ solutions of 0.25, 0.5, 1.0, 2.0 and 3.0 mol/l concentration. According to the simulation results, the dynamic behavior exhibits a decreased potential maximum but an increased steady state potential U_{SS} upon current switch-on if

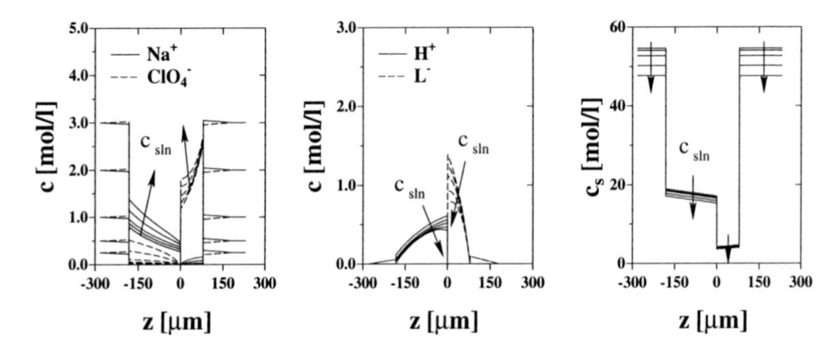

Figure 7.12: Calculated steady state concentration profiles for a BP-1 bipolar membrane at i = 60 mA/cm^2. Concentration profiles of salt ions (left), water dissociation products (middle) and water (right) are shown with the electrolyte concentration in the bulk solution c^{sln} = 0.25, 0.5, 1.0, 2.0 and 3.0 of $NaClO_4$ (aq) as parameter. Because the profiles for the different concentrations are printed one over the other, sections of the dashed ClO_4^- profile may merge to a solid line.

the solution concentration is increased. Besides, upon current switch-off the reversible potential U_{rev} increases and the neutralization time t_{neutr} decreases as the solution concentration is augmented.

Simulation results can be explained as follows. Due to the high current density after current switch-on, water dissociation starts almost instantaneously even before coion removal is completed throughout the membrane layers. More specifically, coion removal is accomplished first at and around the junction region while the bulk of the membrane layers follows slower depending on the process conditions. Therefore, the concentration dependence of the potential maximum reflects the fact that less coions are available to contribute to the overall charge transport in case of low solution concentrations. If the simulation results are compared to Fig. 5.20, top right, apparently an inverse trend is observed. There, the potential maximum increases with increasing solution concentration. This is due to the fact, that in case of the experimental results, the current density increase is subsequent to other current density step increases and thus, coion removal is already accomplished throughout the bulk of the membrane layers. Therefore, concentration dependence of the potential maximum reflects the fact, that counterion exchange has advanced furthest for low solution concentrations while at high solution concentrations a considerable part of charge transport is still due to low mobility salt ions.

At steady state, the overall potential increases with increasing solution concentration because salt ion/solvent ion exchange is reduced, as illustrated by the corresponding concentrations profiles, Fig. 7.12. Apparently, also the resulting concentration poten-

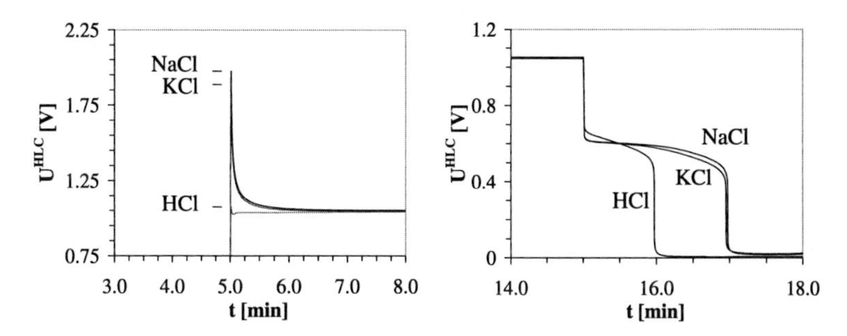

Figure 7.13: Calculated dynamic behavior upon a step increase of current density from $i = 0 \rightarrow 60$ mA/cm^2 (left) and upon a step decrease of current density from $i = 60 \rightarrow 0$ mA/cm^2 (right). Results shown are calculated for different chloride solutions, all 1 mol/l in concentration.

tials across the junction layer upon current switch-off are increased and hence lead to an increase in U_{rev} with increasing concentration. Finally, neutralization processes are enhanced if coion leakage is increased, i.e. for high solution concentrations.

7.2.3 Variation of Electrolyte

Along the same lines, the results obtained for a variation of the electrolyte can be explained. Again, results are given in terms of the time course of the overall potential for current switch-on and current switch-off. Now, potassium chloride, sodium chloride and hydrochloric acid are chosen as the electrolyte, Fig. 7.13. Model parameters are estimated from solution phase data or taken from literature. Ionic diffusion coefficients in the membrane phase are obtained from multiplication of the $NaClO_4$ data with the ratio of the ionic diffusion coefficients in the solution phase. Selectivity coefficients are taken from Neubrand's characterization of CMX and AMX membranes, while data on the swelling is obtained from further experiments.
According to the simulation results, the potential maximum upon current switch-on increases with decreasing ionic mobility, i.e. it is highest for NaCl and lowest for HCl electrolyte. The same order is found for the steady state potential drop though differences between the three electrolytes are small. Upon current switch-off, the reversible potential U_{rev} is highest for the high mobility protons and lowest for the low mobility sodium ions. Also, t_{neutr} is lower if the cation mobility is increased.
The increase in potential maximum with decreasing ionic mobility upon current switch-on can be expected from the discussion in the preceding section. According to this, it is determined by the transport resistance of the equilibrated bulk membrane layers because salt ion removal just after current switch-on is still limited to the junction

region. Hence, the potential maximum increases with decreasing counterion mobility. Significant differences to the behavior of NaCl or KCl are observed for the time course of hydrochloric acid. This is due to the fact, that in the case shown, protons not only serve as salt ions in the sense of the discussions so far, but also as water dissociation products. Therefore, no further ion exchange against water dissociation products is possible and hence the difference between the potential maximum and the steady state potential is considerably lower as compared to NaCl or KCl. High proton mobility also results in considerable coion leakage across the anion exchange layer even at a current density of 60 mA/cm^2. Therefore, chloride ion exchange against hydroxyl ions is relatively low and the difference between potential maximum and steady state potential small.
Also, in case of current switch-off, the behavior of the acid clearly differs from the behavior observed for the salt solutions. In this case, the reversible potential U_{rev} is higher, because the proton concentration gradient results from a cation exchange layer in its proton form and an anion exchange layer partially in hydroxyl ion form. In contrast, in case of the NaCl and the KCl solutions, the salt counterions in the cation exchange layer are only partially exchanged. Finally, due to its high mobility, coion leakage through the anion exchange layer is greatly increased and therefore t_{neutr} is lowest for the acid.

7.2.4 Hydrodynamic Boundary Layers

Further simulations examine the effect of an increased hydrodynamic boundary layer thickness on the overall potential drop. The results are shown in Fig. 7.14 in terms of steady state current voltage curves for 1 mol/l aqueous $NaClO_4$ solutions. Contrary to what is expected, the overall potential is decreasing as the hydrodynamic boundary layer thickness δ^H is increasing. This observation can be explained as follows. Due to the increased boundary layer thickness, the transport resistance for ionic transport from the membrane to the bulk solution is increased which in turn causes the concentration of counterionic solvent dissociation products and salt coions to increase. Because of the membrane/solution equilibrium, this goes along with a corresponding change in membrane phase concentrations, i.e. salt counterion exchange against solvent dissociation products is enhanced and salt coion uptake increased. Both effects contribute to a reduction in membrane resistance.
The above situation is illustrated in Fig. 7.15 for the cation exchange layer of a bipolar membrane where the ionic concentrations are depicted as a function of the overall potential U^{HLC}. In Fig. 7.15, left, the concentrations are shown for the membrane phase next to the hydrodynamic boundary layer, z = CH, while in Fig. 7.15, right, the concentrations are given for z = CJ, i.e. next to the junction layer. For an ideally mixed bulk solution, $\delta^H = 0$. In this case, the cation exchange layer next to the solution phase remains unchanged at any time. Contrary to that, at z = CJ, protons replace sodium ions as soon as perchlorate coions are removed for $U^{HLC} > 0.2$ V. With increasing boundary layer thickness, the pH next to the CEL decreases and the proton

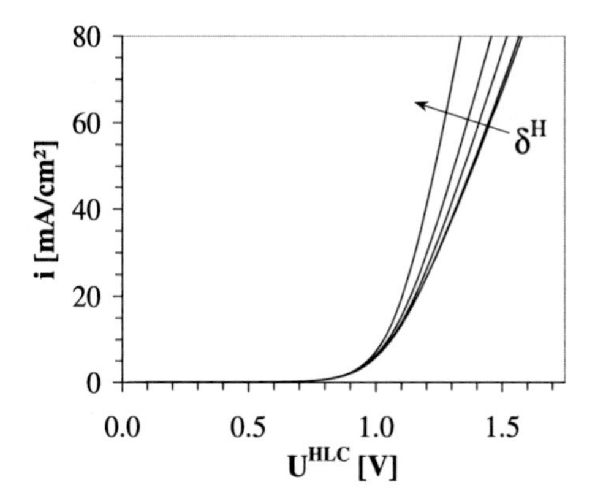

Figure 7.14: Calculated current voltage curves of a BP-1 bipolar membrane in contact with a 1.0 mol/l aqueous $NaClO_4$ solution. Curves are parametric with respect to the thickness of the hydrodynamic boundary layer δ^H = 0, 0.1, 0.5, 1.0 and 2.0 mm.

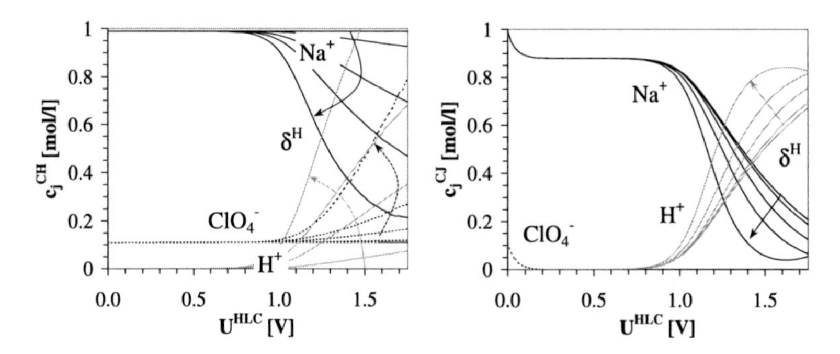

Figure 7.15: Ionic concentration as a function of the overall potential drop at z = CL (left) and z = CJ (right). Curves correspond to a BP-1 bipolar membrane in contact with a 1.0 mol/l aqueous $NaClO_4$ solution. They are given with the thickness of the hydrodynamic boundary layer δ^H = 0, 0.1, 0.5, 1.0 and 2.0 mm as parameter.

concentration at $z = \text{CH}$ increases. In contrast to the inner boundary at $z = \text{CJ}$, at the outer boundary at $z = \text{CH}$ the increase in proton concentration exceeds the decrease in sodium concentration by far. Therefore, also the perchlorate coion concentration is raised. Thus, for high boundary layer thicknesses, not only membrane resistance decreases but also coion leakage increases considerably.

7.2.5 Parametric Sensitivity

Finally, the sensitivity of coion leakage and membrane resistance with respect to selected membrane properties is examined. The properties include the fixed ion concentration c_{FI}, the layer thickness δ^M, the selectivity coefficients S_N^M, the solvent volume fraction ψ and the ionic diffusion coefficients in the membrane phase D_j^M. As a reference state a symmetric membrane is chosen, i.e. the value of property P in the cation exchange layer equals the value of P in the anion exchange layer, e.g. $D_{CoI}^{CEL} = D_{CoI}^{AEL}$. The symmetric parameter values are tabulated in Tab. D.3 of Appendix D and are based on the averaged values of the individual layers as determined for a BP-1 bipolar membrane in contact with an aqueous $NaClO_4$ solution. Following, two cases are studied. First, the parameter values in cation and anion exchange layer are varied while keeping the condition of membrane symmetry unchanged. Second, only the parameter values of the CEL are varied, while the values of the AEL are kept constant. In both cases $i = 100$ mA/cm^2, which is a typical current density in practical applications. The coion transference number t_{CoI} is determined to quantify the coion leakage and the membrane potential $\Delta\varphi^M$ is employed to monitor the membrane resistance. Results are normalized with respect to the reference values and depicted in Fig. 7.16 and Fig. 7.17. In the first case, coion transference numbers are identical in both layers. In the second case, they are different in the different layers due to the asymmetry of the membrane parameters. Therefore, under asymmetric conditions the coion transference numbers of the AEL, t_{CoI}^{AEL}, are shown in Fig. 7.17.

Dependence of the coion leakage on the various parameters is shown in the left column of Fig. 7.16. In the upper left diagram, the effect of changing the *membrane/solution equilibrium* is illustrated. According to Eqn. (4.9), decreasing the fixed ion concentration or increasing the solution concentration or solvent volume fraction results in an increased coion uptake and hence coion leakage. At this, the sensitivity with respect to the fixed ion concentration is especially pronounced. In contrast to that, the selectivity coefficient only slightly affects coion uptake. Increasing S_N^M increases the uptake of solvent splitting products and reduces the uptake of salt counterions. However, the uptake of protons and hydroxyl ions increases stronger than the uptake of salt counterions decreases. Therefore, for electroneutrality reasons the uptake of coions must increase as well.
In the lower left diagram of Fig. 7.16, the effect of membrane properties on coion *transport* is depicted. At given membrane concentrations a reduced membrane layer thickness increases the concentration gradient and hence the driving force for coion

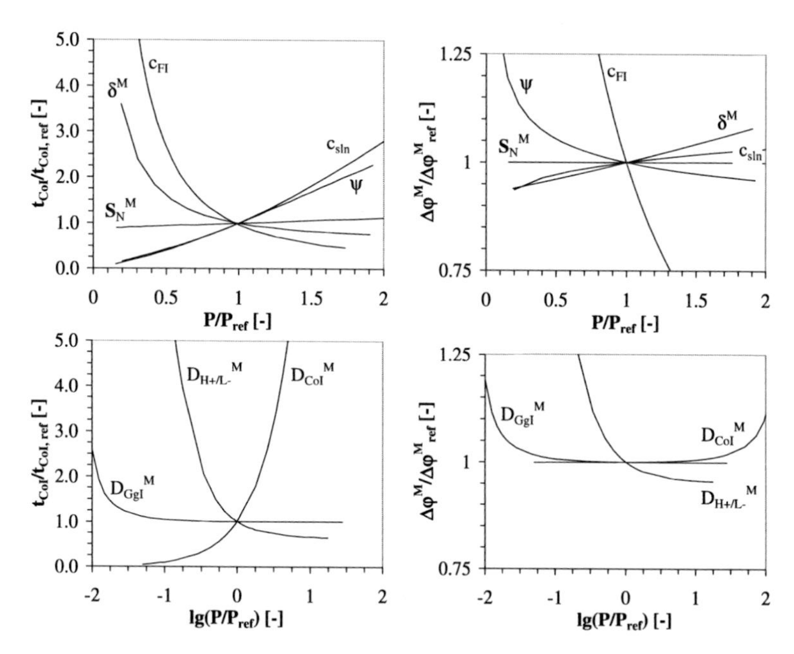

Figure 7.16: Parametric sensitivity of coion leakage and membrane resistance under *symmetric* membrane conditions $P^{CEL} = P^{AEL}$. Normalized coion transference numbers $t_{CoI}/t_{CoI,\,ref}$, left, and normalized membrane potential drop $\Delta\varphi^M/\Delta\varphi^M_{ref}$, right, are shown as a function of normalized parameter values P/P_{ref}. P corresponds to a property in CEL and AEL: fixed ion concentration c_{FI}, ion-exchange selectivity S_N^M, electrolyte concentration in the bulk solution c_{sln} and solvent volume fraction ψ (all top row); membrane layer thickness δ^M, salt counterion diffusion coefficient D^M_{GgI}, solvent counterion diffusion coefficient $D^M_{H+/L-}$ and salt coion diffusion coefficients D^M_{CoI} (all bottom row; note the logarithmic abscissa). Results are shown for a constant current density of 100 mA/cm^2.

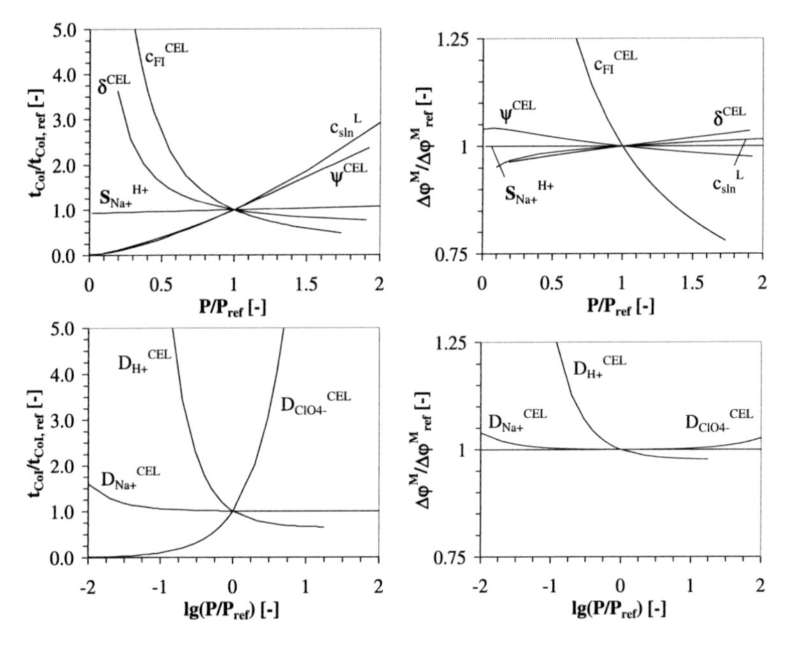

Figure 7.17: Parametric sensitivity of coion leakage and membrane resistance under *asymmetric* membrane conditions. Normalized coion transference numbers in the AEL $t^{AEL}_{CoI}/t^{AEL}_{CoI,\,ref}$, left, and normalized membrane potential drop $\Delta\varphi^M/\Delta\varphi^M_{ref}$, right, are shown as a function of normalized parameter values P/P_{ref}. P corresponds to a property in the CEL: fixed ion concentration c^{CEL}_{FI}, ion-exchange selectivity S^{H+}_{Na+}, electrolyte concentration in the left bulk c_{sln} and solvent volume fraction ψ^{CEL} (all top row); membrane layer thickness δ^{CEL}, salt counterion diffusion coefficient D^{CEL}_{Na+}, proton diffusion coefficient D^{CEL}_{H+} and salt coion diffusion coefficients D^{CEL}_{ClO4-} (all bottom row; note the logarithmic abscissa). Results are shown for a constant current density of 100 mA/cm^2.

transport within the membrane. The driving force for coion transport also increases as the counterion diffusion coefficients decrease: With $D^M_{H+/L-}$ or D^M_{GgI} falling, the membrane resistance is increasing, (cf. Fig. 7.16, bottom right). In order to maintain the set current density, the potential drop over the membrane must increase. Thus, coion transport is increased, too. Quite obvious, coion transport increases with increasing coion diffusivity.
The parametric sensitivity of the *membrane potential drop* is depicted in the right column of Fig. 7.16. By far the most sensitive parameter with respect to membrane resistance is the fixed ion concentration. As the fixed ion concentration increases the membrane potential decreases even though coion uptake is reduced at the same time. Less pronounced, but still considerable is the effect of a change in solvent volume fraction. As ψ increases the portion of non-conducting polymer decreases and therefore the overall membrane resistance is effectively reduced. Quite obvious, membrane resistance also depends on transport parameters. A decreased counterion diffusivity results in an increased membrane potential drop. However at i = 100 mA/cm^2, solvent splitting products are predominating as counterions. Therefore, $\Delta\varphi^M$ is much more sensitive with respect to $D^M_{H+/L-}$ as compared to D^M_{GgI}. Membrane resistance increases with increasing coion diffusivity and solution concentration. In both cases highly mobile solvent splitting products are increasingly replaced by less mobile salt counterions. Finally, transport resistance is increased as the membrane thickness increases.
In Fig. 7.17 the corresponding curves are shown for the case of an asymmetric variation of membrane properties. Generally, the same behavior as in the case of a symmetrical membrane is obtained. However, parametric sensitivity is less pronounced because the change in overall mass transfer is determined by the change in CEL properties alone.

7.3 Chapter Summary

From the comparison of model calculations and experimental results follows, that the presented model is able to describe all major characteristics of the steady state and dynamic behavior of BP-1 bipolar membrane at least in a qualitative way. Quantitative correspondence is observed under steady state conditions for aqueous solutions, while under dynamic conditions and for non aqueous solutions, model predictions suffer from a lack of accurate model parameters. Especially, the assumption that the ionic diffusion coefficients in the bipolar membrane layers, which are inaccessible to direct measurements, could be replaced by data obtained from presumably similar monopolar membranes turns out to be questionable.
Model improvements could result from a consideration of salt ion pairs. E.g. it is suspected that if the dissociation mechanisms applied to the solvent species, is conferred to ion pairs, the tilt of the plateau region of the current voltage curve could be represented. Also, consideration of swelling as a kinetic process rather than as a process at equilibrium could improve the description of the dynamic behavior.

Chapter 8

Summary and Conclusion

The starting point of this thesis is the question whether mono- and bipolar membranes can be applied to non aqueous solutions as ion-exchange resins routinely have been for decades. Because relevant examinations are limited, a systematic experimental and theoretical study appears necessary. First, the behavior of ion exchange membranes in non aqueous solution must be determined and compared to their behavior in aqueous solution systems. This requires a systematic experimental characterization of all relevant membrane parameters as a function of the chosen solvent system. Second, in order to determine the relation between observed behavior and membrane/electrolyte/solvent properties, the question whether the established membrane models are still valid or whether and how they have to be extended or replaced is crucial. Also, the applicability of experimental methods developed for aqueous systems must be checked. Third, for an improved system understanding and for optimization purposes the development of a detailed, physically meaningful, mathematical description would be helpful.
In order to contribute to the discussion of these aspects, it was decided to focus the experimental examination on a membrane/solution system consisting of commercial mono- and bipolar membranes and aqueous, methanolic and ethanolic $NaClO_4$ solutions. Besides, the development of a detailed bipolar membrane model is pursued.

The *membranes examined have been chosen for reasons of their chemical stability and considering their importance in electro membrane processes.* E.g. the bipolar membrane BP-1 of Tokuyama Co. Ltd. has been chosen because it is encountered in many industrial applications while the cation exchange membrane N 117 of Du Pont de Nemours is examined because of its state as a reference material in the field of direct methanol fuel cells. Also, the cation exchange membrane CMB and the anion exchange membrane AHA-2 (both Tokuyama Co. Ltd.) have been studied in greater detail. Both of them are characterized by a good chemical stability with respect to alkaline solutions and a high ionic selectivity.
The electrolyte $NaClO_4$ has been chosen because of its good solubility even in lower alcohols. Thus, the concentration dependence of the membrane behavior can be

examined in all three solution systems up to molar concentrations. Besides, $NaClO_4$ is an electrolyte frequently employed for examinations in non aqueous solution systems. Therefore, part of the required thermodynamic data, e.g. activity coefficients and transport numbers, is available from literature. The *use of methanol and ethanol is motivated by their chemical homology with respect to water*. Most important, both alcohols — as water — undergo solvent autoprotolysis, i.e. the dissociation into a protonated and a deprotonated solvent ion. This equilibrium reaction is the necessary prerequisite for an application of bipolar membranes. Besides, both alcohols are solvents of great industrial importance but exhibit only a relatively low dissolution potential with respect to typical ion exchange polymers.

The key results of the experimental and theoretical examinations can be summarized as follows:

1. *Qualitatively, the behavior of monopolar and bipolar membranes in methanolic and ethanolic solutions is similar to their behavior in aqueous solutions*. In all three systems, membranes show their characteristic ion-exchange functionality and selectivity with respect to counterions. Coion uptake is a function of electrolyte concentration, solvent uptake a function of osmotic pressure difference and the degree of crosslinking. Also, in all three solvent systems, bipolar membranes exhibit enhanced solvent dissociation.

2. However, quantitatively differences can be large. One major reason for this is the *formation of ion pairs*. Due to the decreasing solvent permittivity in non aqueous solutions, electrostatic interactions between oppositely charged species increase up to the formation of an electrically neutral associate, cf. section 2.2 and section 2.3. In the simplest case, such an ion pair consists of one cation and one anion which interact according to

$$\underbrace{M^+ + X^-}_{\text{ionic}} \overset{K_A}{\rightleftharpoons} \underbrace{\left[M^+X^-\right]^0}_{\text{electrically neutral}} \quad ,$$

   where K_A represents the equilibrium constant of association.

3. Ion pair formation can be observed in the solution and in the membrane phase. *In the solution phase ion pair formation* results in the generation of electrically neutral entities which are no longer subject to the coion exclusion. Therefore, coion uptake generally increases while the membrane selectivity decreases. This is true for monopolar as for bipolar membranes, cf. section 5.3. E.g. the initial membrane resistance R_A^0 is decreasing as water is exchanged by methanol or ethanol because the coion uptake is increasing which results in an increased concentration of available charge carriers within the membrane phase, cf. section 5.5.1. At the same time, this causes the limiting current density to increase

for non aqueous solvents, because enhanced solvent dissociation requires the complete desalting of the region around the interface between the membrane layers, which is possible only for increased current densities if the coion concentration is raised. Differences between the current voltage curves are also observed for the tilt of the plateau region if water is replaced by methanol and ethanol. Again, an explanation is found recalling the increasing number of ion pairs. Similar to the solvent molecules, ion pairs can be considered as weak electrolytes, which — according to the second Wien effect — are subject to an electric field dependent dissociation mechanism. However, in contrast to solvent molecules, the dissociated form of the ion pairs is favored over the electrically neutral form. Therefore, ion pair dissociation can be expected at lower electric fields and hence lower degrees of salt ion removal from the reaction layer of the bipolar membrane.

4. *In the membrane phase, ion pair formation* results from interactions between membrane fixed ions and counterions. If the interactions are strong enough counterion exchange is hindered such that the effective ion exchange capacity is reduced. As a matter of fact, polystyrene based cation exchange membrane exhibit a characteristic decrease in effective ion exchange capacity as water is replaced by methanol or ethanol. The consequences of such a membrane phase ion pair formation are far reaching. Due to the effective capacity, the membrane selectivity and the solvent uptake decreases while the coion uptake and the membrane resistance increases. Besides, it contributes to a lower solvent uptake and to a higher potential difference required for the onset of enhanced solvent dissociation.

5. Effects such as the aforementioned membrane phase ion pair formation strongly depend on the polymer employed. *Generally, difference in membrane chemistry and membrane morphology become more obvious in non aqueous solutions as in aqueous solutions* due to the increased electrostatic interactions. E.g. polystyrene based cation exchange membranes show a decrease in swelling as water is replaced by methanol or even ethanol and the above mentioned decrease in effective ion exchange capacity X^{eff}. In contrast to that, the swelling behavior of the cluster forming N 117 is characterized by a very high solvent uptake in methanol and ethanol and an unchanged effective ion exchange capacity. Polystyrene based anion exchange membranes instead exhibit little dependence neither of swelling nor of effective ion exchange capacity on the choice of the solvent.
   These differences can be interpreted in terms of the differences in membrane chemistry and morphology, cf. section 4.1. The pronounced decrease in solvent uptake of CMB cation exchange membrane upon exchange of water against methanol and ethanol is due to a decrease in ionic solvation. Due to the reduced diameter of the solvated ion, the distance to the counterions decreases, thus in-

creasing the electrostatic interactions. Besides, electrostatic interactions increase due to the lower solvent permittivity. Apparently, both effects lead to the formation of ion pairs between counterions and fixed ions, which no longer take part in the ion exchange of counterions. Thus, the effective ion exchange capacity X^{eff} is reduced. Besides, the osmotic pressure difference between the membrane and the solvent phase decreases, which also contributes to the reduction in solvent uptake. In homogeneous anion exchange membranes, the solvation of large perchlorate ions depends much less on the choice of the solvent. Besides, the center of charge for the bulky quaternary ammonium groups is less accessible to an approach of anionic counterions. Therefore, the distance between the fixed ions and the counterions remains large enough to avoid ion pair formation. Hence, X^{eff} remains unchanged. In perfluorinated N 117 cation exchange membrane, flexible ether chains link sulfonic acid fixed ions to the polymeric backbone. Therefore, solvent clusters form. Apparently, within the clusters, counterion solvation is sufficient even in case of methanol and ethanol uptake when cluster size is reduced. Therefore, no ion pair formation is observed and the effective ion exchange capacity remains unaffected.

6. Even though the behavior of ion exchange membranes in non aqueous solutions is highly non ideal and strongly dependent on the individual membrane chemistry, *an adequate description of the membrane/solution equilibrium is found.* A relatively simple but sufficiently accurate expression for the membrane/solution equilibrium can be derived from equilibrium thermodynamics, if non-idealities are lumped together as a mean molar activity coefficient for the membrane phase $\gamma_{\pm}^{M}$, cf. section 5.3.2. Although $\gamma_{\pm}^{M}$ is a parameter which represents the summarized effect of several phenomena, electrostatic effects are dominating in non aqueous solution systems. This is due to the low solvent permittivity, which further reduces within the membrane phase, and due to the high charge density in ion exchange membranes. In this case, the observed low activity coefficients for low electrolyte solution concentrations can be interpreted as the result of a strong localization of counterions due to the requirements of membrane phase electroneutrality whereas the observed increase of $\gamma_{\pm}^{M}$ with increasing solution concentration, can be attributed to the electrostatic shielding of coions.

7. In order to describe the observed steady state and transient behavior of bipolar membranes it turns out that a simple equilibrium coupling of cation and anion exchange layer is insufficient because it does not allow to refer to the ionic concentrations within the junction region, cf. section 6.2. Therefore, the description employed is based on a picture developed from semi-conductor physics. According to this, *due to the close proximity of unlike fixed charges, a space charge region develops*, where the electroneutrality equation no longer holds true. Therefore, the latter condition is replaced by Poisson's law. Then, ionic concentrations in the junction region can be calculated from a mass balance,

considering migrative and diffusive transport from and to the junction region as well as chemical reaction within it. Thus, a description of both, the solvent dissociation and the neutralization of solvent dissociation products upon current switch-off is possible.

8. Also, due to the model structure, the different theories developed to explain the enhanced solvent dissociation can be compared, cf. section 6.2. As a result, the *necessity to consider electric field enhanced solvent dissociation* becomes obvious. A good correspondence between simulation and experimental results is obtained if the solvent dissociation is described as a reaction which is enhanced exponentially by the electric field and by catalytically active groups (the so-called *chemical reaction model*). The rate constant for the recombination reaction can be left independent of the electric field because solvent dissociation products are shown to be instantaneously removed from the junction region due to the high potential gradient there. I.e. the electric field dependent (migrative) removal of reaction products results in the reaction equilibrium to become unattainable. Alternatively, a description of the enhanced solvent dissociation is obtained if Wien's second law is applied to the solvent dissociation kinetics. However, it turns out that *simple, homogeneous, acid/base catalyzed kinetic models only allow for an approximative description*. Possibly, improvements can be expected from a more detailed formalism accounting also e.g. for ad- and desorption as is characteristic for heterogeneous catalytic systems.

9. The bipolar membrane model thus derived is especially valuable for an *improved system understanding* and the interpretation of experimental results. However, it also may be employed to direct membrane development and to quantify parametric sensitivities, cf. section 7.2. Finally, the model can be extended to serve as a design tool for electrodialytic processes.

For future applications, a *membrane development tailored to the needs of non aqueous solutions* appears to be most important. Thus, possibly ion pair formation in the membrane phase may be controlled. E.g. recalling the behavior of Du Pont's N 117, an effective concept against ion pair formation in the membrane phase appears to be the formation of solvent clusters. Then, ion solvation is large enough to prevent the critical approach of fixed ions and counterions. However, one drawback of N 117's solvent uptake in non aqueous solutions is the loss of mechanical stability. Possibly, introduction of a supporting fabric could help. Even better might be a combination of clustered morphology and (partial) crosslinking or the blending of appropriate polymers in order to provide mechanical strength as well as high membrane selectivity. In order to improve the performance of the polystyrene base membranes a reduced degree of crosslinking and hence an increased solvent uptake appears pertinent. Ion solvation could be improved, embrittlement might be reduced, ionic mobility may be increased and ion pair formation could possibly be diminished.
Also process modifications should be considered. Due to the generally lower solution

conductivities, resistances must be expected to increase not only in the membrane but also in the solution phase. Therefore, *electrodialysis with ion exchange resin filled diluate (and concentrate) chambers* may be an alternative to conventional electrodialysis. The ion exchange resin could provide an alternative route for charge transport across the diluate (and concentrate) compartment while it is not expected to support the diffusion controlled leakage of ion pairs.

Further improvements in system understanding may result from an *explicit consideration of the formation and decomposition of ion pairs* in the solution and in the membrane phase and the description of the transport of the same. Thus, the generation of ions from ion pairs e.g. as a result of the electric field in the junction layer could be studied and compared to the experimental results. Since experiments which are able to reproduce the unique situation in the junction region are expected to be difficult to design, an alternative might evolve from *molecular dynamics simulations*.

Bibliography

[1] A. Alcaraz, P. Ramirez, S. Mafe, H. Holdik und B. Bauer. *Ion Selectivity and Water Dissociation in Polymer Bipolar Membranes Studied by Membrane Potential and Current-Voltage Measurements.* Polymer, 41:6627–6634, 2000.

[2] A. Alcaraz, F.G. Wilhelm und M. Wessling. *The Role of Salt Electrolyte on the Electrical Conductive Properties of a Polymeric Bipolar Membrane.* Journal of Electroanalytical Chemistry, 513:36–44, 2001.

[3] F. Alvarez, R. Alvarez, J. Coca, J. Sandeaux, R. Sandeaux und C. Gavach. *Salicylic Acid Production by Electrodialysis With Bipolar Membranes.* Journal of Membrane Science, 123:61–69, 1997.

[4] P.W. Atkins. *Physikalische Chemie.* VCH, 1996. In German language.

[5] R.M. Barrer und J. Klinowski. *Ion-exchange Selectivity and Electrolyte Concentration.* Faraday Transactions 1, 70:2080–2091, 1974.

[6] J. Barthel. *Ionen in nichtwässrigen Lösungen.* Steinkopff, 1976. In German language.

[7] J. Barthel, W. Kunz, G. Lauermann und R. Neueder. *Calculation of Osmotic Coefficients of Nonaqueous Electrolyte Solutions with the Help of Chemical Models.* Berichte der Bunsengesellschaft für Physikalische Chemie, 92:1372–1380, 1988.

[8] J. Barthel und R. Neueder. *Electrolyte Data Collection*, Volume 12, Part 1. DECHEMA, 1992.

[9] J. Barthel und R. Neueder. *Electrolyte Data Collection*, Volume 12, Part 1a. DECHEMA, 1992.

[10] J. Barthel, R. Neueder, H. Poepke und H. Wittmann. *Osmotic and Activity Coefficients of Nonaqueous Electrolyte Solutions. 1. Lithium Perchlorate in the Protic Solvents Methanol, Ethanol, and 2-Propanol.* Journal of Solution Chemistry, 27:1055–1066, 1998.

[11] J. Barthel, H.-J. Wittmann, P. Turq und M. Chemla. *Electrolyte Solutions, Transport Properties*. In R. A. Meyers (Editors), *Encyclopedia of Physical Science and Technology*. Academic Press, 1987.

[12] J.M.G. Barthel, H. Krienke und W. Kunz. *Physical Chemistry of Electrolyte Solutions*. Steinkopff & Springer, 1998.

[13] B. Bauer. *Bipolare Mehrschichtmembranen*. DE 4026154, 1992. In German language.

[14] N. Bjerrum. Kgl. Danske Videnskab. Selskab., 7:9 ff., 1926.

[15] J.O'M. Bockris und A.K.N. Reddy. *Modern Electrochemistry*, Volume 1. Plenum Press, 1998.

[16] F. Booth. *The Dielectric Constant of Water and the Saturation Effect*. The Journal of Chemical Physics, 19:391–394, 1951. Errata: **19** (1951) 1327–1328, Erratum: Errata: **19** (1951) 1615.

[17] R.P. Buck. *Kinetics of Bulk and Interfacial Ionic Motion: Macroscopic Bases and Limits for the Nernst-Planck Equation Applied to Membrane Systems*. Journal of Membrane Science, 17:1–62, 1984.

[18] F.P. Chlanda und M.J. Lan. *Bipolar membranes and Methods of Making Same*. WO 87/07624, 1987.

[19] T.-J. Chou und A. Tanioka. *Current-Voltage Curves of Composite Bipolar Membranes in Alcohol-Water Solutions*. Journal of Physical Chemistry B, 102:7866–7870, 1998.

[20] T.-J. Chou und A. Tanioka. *Current-Voltage Curves of a Composite Bipolar Membrane in Organc Acid-Water Solutions*. Journal of Electroanalytical Chemistry, 462:12–18, 1999.

[21] T.-J. Chou und A. Tanioka. *Effect of the Interface Component on Current-Voltage Curves of a Composite Bipolar Membrane for Water and Methanol Solutions*. Journal of Colloid and Interface Science, 212:576–584, 1999.

[22] T.-J. Chou und A. Tanioka. *Membrane Potential of Composite Bipolar Membrane in Ethanol-Water Solutions: The Role of the Membrane Interface*. Journal of Colloid and Interface Science, 212:293–300, 1999.

[23] D.A. Cowan und J.H. Brown. *Effect of Turbulence on Limiting Current in Electrodialysis Cells*. Industrial and Engineering Chemistry, 51:1445 ff., 1959.

[24] M.R.J. Dack (Editors). *Solutions and Solubilities*. John Wiley & Sons, 1975.

[25] L. Dammak, R. Lteif, G. Bulvestre, G. Pourcelly und B. Auclair. *Determination of the Diffusion Coefficients of Ions in Cation-Exchange Membranes, Supposed to be Homogeneous. From the Electrical Membrane Conductivity and the Equilibrium Quantity of Absorbed Electrolyte.* Electrochimica Acta, 47:451–457, 2001.

[26] T.A. Davis, J.D. Genders und D. Pletcher. *A First Course in Ion Permeable Membranes.* The Electrochemical Consultancy, 1997.

[27] F. de Dardel und T.V. Arden. *Ullmann's Encyclopedia of Industrial Chemistry,* Chapter Ion Exchangers. VCH Verlagsgesellschaft, 2002.

[28] P. Deuflhard, E. Hairer und J. Zugck. *One-Step and Extrapolation Methods for Differential Algebraic Systems.* Numerische Mathematik, 51:501–516, 1987.

[29] K. Dorfner (Editors). *Ion Exchangers.* Walter de Gruyter, 1991.

[30] P. J. Dumont, J. S. Fritz und L. W. Schmidt. *Cation-Exchange Chromatography in Non-Aqueous Solvents.* Journal of Chromatography, 706:109–114, 1995.

[31] M. Eigen. *Methods for Investigation of Ionic Reactions in Aqueous Solutions With Half-Times as Short as 10^{-9} Sec.* Discussions of the Faraday Society, 17:194–205, 1954.

[32] M. Eigen. *Proton Transfer, Acid-Base Catalysis, and Enzymatic Hydrolysis. Part I: Elementary Processes.* Angewandte Chemie, International Edition, 3:1–19, 1964.

[33] M. Eikerling, A. A. Kornyshev und U. Stimming. *Electrophysical Properties of Polymer Electrolyte Membranes: A Random Network Model.* Journal of Physical Chemistry B, 101:10807–10820, 1997.

[34] M. Escoubes und M. Pineri. Volume 180, Chapter Perfluorinated Ionomer Membranes. ACS Symposium Series, 1982.

[35] H. Föll. *Einführung in die Materialwissenschaft.* http://www.tf.uni-kiel.de/matwis/amat/mw1_ge/kap_2/basics/b2_1_14.html, 2004.

[36] V. Freger, E. Korin, J. Wisniak, E. Korngold, M. Ise und K.-D. Kreuer. *Diffusion of Water and Ethanol in Ion-Exchange Membranes: Limits of the Geometric Approach.* Journal of Membrane Science, 160:213–224, 1999.

[37] R.M. Fuoss. *Ionic Association. III. The Equilibrium between Ion Pairs and Free Ions.* Journal of the Chemical Society, 80:5059–5061, 1958.

[38] C.M. Gates und J. Newman. *Equilibrium and Diffusion of Methanol and Water in a Nafion 117 Membrane.* AIChE Journal, 46:2076–2085, 2000.

[39] D. Gerritzen und H.H. Limbach. *Kinetic and Equilibrium Isotope Effects of Proton Exchange and Autoprotolysis of Pure Methanol Studied by Dynamic NMR Spectroscopy*. Berichte der Bunsengesellschaft für Physikalische Chemie, 85:527–535, 1981.

[40] T.D. Gierke und W.Y. Hsu. *Perfluorinated Ionomer Membranes. Ion Clustering Model*. Journal of the American Chemical Society, 180:287–307, 1982.

[41] T.D. Gierke, G. E. Munn und F. C. Wilson. Journal of Polymer Science Part B: Polymer Physics, 19:1687 ff., 1981.

[42] N.P. Gnusin, V.I. Zabolotskii, N.V. Shel'deshov und N.D. Krikunova. *Chronopotentiometric Examination of MB-1 Bipolar Membranes in Salt Solutions*. Elektrokhimiya, 16:49–52, 1980.

[43] M Greiter, S. Novalin, M. Wendland, K.-D. Kulbe und J. Fischer. *Desalination of Whey by Electrodialysis and Ion Exchange Resins: Analysis of Both Processes With Regard to Sustainability by Calculating Their Cumulative Energy Demand*. Journal of Membrane Science, 201:91–102, 2002.

[44] W. G. Grot und C. Chadds. EP 0 066 369, 1982.

[45] C.H. Hamann, V. Theile und S. Koter. *Transport Properties fo Cation-Exchange Membranes in Aqueous and Methanolic Solutions. Diffusion and Osmosis*. Journal of Membrane Science, 78:147–153, 1993.

[46] C.H. Hamann und W. Vielstich. *Elektrochemie I*. Verlag Chemie, 1974. In German language.

[47] F. Hanada, K. Hiraya, N. Ohmura und S. Tanaka. *Bipolar Membrane and Method for its Production*. EP 0 459 820 B1, 1991.

[48] F. Hanada, K. Hiraya, N. Ohmura und S. Tanaka. *Bipolar Membrane and Method for its Production*. US 5221455, 1993.

[49] H.-G. Haubold, T. Vad, H. Jungbluth und P. Hiller. *Nano Structure of Nafion: A SAXS Study*. Electrochimica Acta, 46:1559–1563, 2001.

[50] F. Helfferich. *Ionenaustauscher*, Volume 1. Verlag Chemie GmbH, 1959. In German language.

[51] W.Y. Hsu und T.D. Gierke. *Ion Transport and Clustering in Nafion Perfluorinated Membranes*. Journal of Membrane Science, 13:307–326, 1982.

[52] H.D. Hurwitz und R. Dibiani. *Investigation of Electrical Properties of Bipolar Membranes at Steady State and with Transient Methods*. Electrochimica Acta, 47:759–773, 2001.

[53] C. Innocent, P. Huguet, J.-L. Bribes, G. Pourcelly und M. Kameche. *Characterisation of Cation Exchange Membrane in Hydro-Organic Media by Electrochemistry and Raman Spectroscopy.* Physical Chemistry Chemical Physics, 3:1481–1485, 2001.

[54] K. J. Irwin, S. M. Barnett und D. L. Freeman. *Quantum Mechanical Studies of Local Water Structure Near Fixed Ions in Ion Exchange Membranes.* Journal of Membrane Science, 47:79–89, 1989.

[55] M. Kameche, F. Xu, C. Innocent und G. Pourcelly. *Electrodialysis in Water-Ethanol Solutions: Application to the Acidification of Organic Salts.* Desalination, 154:9–15, 2003.

[56] K.D. Kreuer. *On the Development of Proton Conducting Polymer Membranes for Hydrogen and Methanol Fuel Cells.* Journal of Membrane Science, 185:29–39, 2001.

[57] K.D. Kreuer. *Handbook of Fuel Cells: Fundamentals, Technology, Applications*, Chapter Hydrocarbon Based Membranes for PEM-Fuel Cells. John Wiley & Sons, 2003.

[58] K.D. Kreuer, T. Dippel und J. Maier. *Membrane Materials for PEM-Fuel Cells: A Microstructural Approach.* Proceedings of the Electrochemical Society, 95:241–246, 1995.

[59] J. Krol. *Monopolar and Bipolar Ion Exchange Membranes.* PhD thesis, University of Twente, Enschede, The Netherlands, 1998.

[60] W. Kujawski, Q. T. Nguyen und J. Neel. *Infrared Investigations of Sulfonated Ionomer Membranes. 1. Water-Alcohol Compositions and Counterions Effects.* Journal of Applied Polymer Science, 44:951–958, 1992.

[61] F.-F. Kuppinger. *Experimentelle Untersuchung und mathematische Modellierung von Elektrodialyseverfahren.* PhD thesis, University of Stuttgart, Stuttgart, Germany, 1997. In German language.

[62] G. Lamm und R. Pack. *Calculation of Dielectric Constants near Polyelectrolytes in Solution.* Journal of Physical Chemistry B, 101:959–965, 1997.

[63] O.V. Larionov. *Transition-Time Determination in Galvanostatic Chronopotentiograms For Irreversible Electrochemical Reactions.* Elektrokhimiya, 17:1258–1261, 1980.

[64] E.G. Lee, S.-H. Moon, Y.K. Chang, I.-K. Yoo und H.N. Chang. *Lactic Acid Recovery Using Two-Stage Electrodialysis and its Modelling.* Journal of Membrane Science, 145:53–66, 1998.

[65] H. Li und S. Schlick. *Effect of Solvents on Phase Separation in Perfluorinated Ionomers, from Electron Spin Resonance of VO^{2+} in Swollen Membranes and Solutions*. Polymer, 36:1141–1146, 1995.

[66] J. Li, H.-M. Polka und J. Gmehling. *A g^E Model for Single and Mixed Solvent Electrolyte Systems. 1. Model and Results for Strong Electrolytes*. Fluid Phase Equilibria, 94:89–114, 1994.

[67] J. Licis. *Influence of Solvent Nature on Voltammetric Curve of Bipolar Ion-Exchange Membrane*. Latvian Journal of Chemistry, 2:52–55, 2000. In Russian language.

[68] D.R. Lide (Editors). *CRC Handbook of Chemistry and Physics*. CRC Press, 1993.

[69] K.-D. Linsmeier. *Kunstvolle Membranen*. Spektrum der Wissenschaft, 9:66–69, 2001. In German language.

[70] V.M.M. Lobo und J.L. Quaresma. *Handbook of Electrolyte Solutions*. Elsevier, 1989.

[71] S. Mafe, Ramirez P., A. Alcaraz und V. Aguilella. *Handbook on Bipolar Membrane Technology*, Chapter Ion Transport and Water Splitting in Bipolar Membranes: Theoretical Background. Twente University Press, 2000.

[72] S. Mafe und P. Ramirez. *Electrochemical Characterization of Polymer Ion-Exchange Bipolar Membranes*. Acta Polymerica, 48:234–250, 1997.

[73] S. Mafe, P. Ramirez und A. Alcaraz. *Electric Field-Assisted Proton Transfer and Water Dissociation at the Junction of a Fixed-Charge Bipolar Membrane*. Chemical Physics Letters, 194:406–412, 1998.

[74] S. Mafe, P. Ramirez, A. Tanioka und J. Pellicer. *Model for Counterion-Membrane-Fixed Ion Pairing and Donnan Equilibrium in Charged Membranes*. Journal of Physical Chemistry B, 101:1851–1856, 1997.

[75] Y. Marcus. *The Properties of Solvents*. John Wiley & Sons, 1998.

[76] Y. Marcus und G. Hefter. *On the Pressure and Electric Field Dependencies of the Relative Permittivity of Liquids*. Journal of Solution Chemistry, 28:575–592, 1999.

[77] W. Marquardt, P. Holl, D. Butz und E. Gilles. *DIVA — A Flow-Sheet Oriented Dynamic Process Simulator*. Chemie-Ingenieur-Technik, 10:164–173, 1987.

[78] C.R. Martin, T.A. Thoades und J.A. Ferguson. *Dissolution of Perfluorinated Ion Containing Polymers*. Analytical Chemistry, 54:1639 ff., 1982.

[79] K.A. Mauritz und A.J. Hopfinger. *Modern Aspects of Electrochemistry*, Volume 14, Chapter Structural Properties of Membrane Ionomers. Kluwer Academic Press, 1982.

[80] A. Mauro. *Space Charge Regions in Fixed Charge Membranes and the Associated Property of Capacitance*. Biophysical Journal, 2:179–198, 1962.

[81] G. Meresi, Y. Wang, A. Bandis, P.T. Inglefield, A.A. Jones und W.-Y. Wen. *Morphology of Dry and Swollen Perfluorosulfonate Ionomer by Fluorine-19 MAS, NMR and Xenon-129 NMR*. Polymer, 42:6153–6160, 2001.

[82] Y. Mizutani. *Ion Exchange Membranes With Preferential Permselectivity for Monovalent Ions*. Journal of Membrane Science, 54:233–257, 1990.

[83] Y. Mizutani. *Structure of Ion Exchange Membranes*. Journal of Membrane Science, 49:121–144, 1990.

[84] R. Moussaoui, G. Pourcelly, M. Maeck, H.D. Hurwitz und C. Gavach. *Co-ion Leakage Through Bipolar Membranes — Influence on I-V Responses and Water-Splitting Efficiency*. Journal of Membrane Science, 90:283–292, 1994.

[85] W. Neubrand. *Modellbildung und Simulation von Elektromembranverfahren*. PhD thesis, University of Stuttgart, Stuttgart, Germany, 1999. In German language.

[86] T. Okada, S. Møller-Holst, O. Gorseth und S. Kjelstrup. *Transport and Equilibrium Properties of Nafion Membranes with H^+ and Na^+ Ions*. Journal of Electroanalytical Chemistry, 442:137–145, 1998.

[87] N. Onishi, T. Osaki, M. Minagawa und A. Tanioka. *Alcohol Splitting in a Bipolar Membrane and Analysis of the Product*. Journal of Electroanalytical Chemistry, 506:34–41, 2001.

[88] L. Onsager. *Deviations From Ohm's Law in Weak Electrolytes*. The Journal of Chemical Physics, 2:599–615, 1934.

[89] S.J. Paddison, G. Bender, K.-D. Kreuer, N. Nicoloso und T.A. Zawodzinski Jr. *The Microwave Region of the Dielectric Spectrum of Hydrated Nafion And Other Sulfonated Membranes*. Journal of New Materials for Electrochemical Systems, 3:291–300, 2000.

[90] S.J. Paddison, L. R. Pratt, T.A. Zawodzinski Jr. und D. W. Reagor. *Molecular Modeling of Trifluoromethanesulfonic Acid for Solvation Theory*. Fluid Phase Equilibria, 150:235–243, 1998.

[91] S.J. Paddison und T.A. Zawodzinski Jr. *Molecular Modeling of the Pendant Chain in Nafion*. Solid State Ionics, 115:333–340, 1998.

[92] N. Pismenskaia, P. Sistat, P. Huguet, V. Nikonenko und G. Pourcelly. *Chronopotentiometry Applied to the Study of Ion Transfer Through Anion Exchange Membranes*. Journal of Membrane Science, 228:65–76, 2004.

[93] K. S. Pitzer. *Activity Coefficients in Electrolyte Solutions*, Volume 1. CRC Press, 1991.

[94] H.-M. Polka. *Experimentelle Bestimmung und Berechnung von Dampf-Flüssig-Gleichgewichten für Systeme mit starken Elektrolyten*. PhD thesis, University of Oldenburg, Oldenburg, Germany, 1994. In German language.

[95] G. Pourcelly, P. Sistat, A. Chapotot, C. Gavach und V. Nikonenko. *Self Diffusion and Conductivity in Nafion Membranes in Contact With NaCl + $CaCl_2$ Solutions*. Journal of Membrane Science, 110:69–78, 1996.

[96] Public Interest Energy Research Program. *Electrodialysis Systems for Tartrate Stabilization of Wine*. http://www.energy.ca.gov, 2003.

[97] P. Ramirez, V.M. Aguilella, J.A. Manzanares und S. Mafe. *Effects of Temperature and Ion Transport on Water Splitting in Bipolar Membranes*. Journal of Membrane Science, 73:191–210, 1992.

[98] P. Ramirez, H.-J. Rapp, S. Mafe und B. Bauer. *Bipolar Membranes Under Forward and Reverse Bias Conditions. Theory vs. Experiment*. Journal of Electroanalytical Chemistry, 375:101–108, 1994.

[99] P. Ramirez, H.-J. Rapp, S. Reichle, H. Strathmann und S. Mafe. *Current-Voltage Curves of Bipolar Membranes*. Journal of Applied Physics, 72:259–264, 1992.

[100] H.-J. Rapp. *Die Elektrodialyse mit bipolaren Membranen. Theorie und Anwendung*. PhD thesis, University of Stuttgart, Stuttgart, Germany, 1995. In German language.

[101] H.-J. Rapp. Osmota Membrantechnik GmbH, Rutesheim, Germany. Personal communication, 2002.

[102] S. Räumschüssel. *Rechnerunterstützte Vorverarbeitung und Codierung verfahrenstechnischer Modelle für die Simulationsumgebung DIVA*. PhD thesis, University of Stuttgart, Stuttgart, Germany, 1998.

[103] R.A. Robinson und R.H. Stokes. *Electrolyte Solutions*. Butterworths Scientific Publications, 1959.

[104] H. Roux-de Balmann, M. Bailly, F. Lutin und P. Aimar. *Modelling of the Conversion of Weak Organic Acids by Bipolar Membrane Electrodialysis*. Desalination, 149:399–404, 2002.

[105] J. Sandeaux, J. Molenat, V. Nikonenko und R. Sandeaux. *Determination of the Selfdiffusion Coefficient in an Ion-Exchange Membrane Under Nonsteady-State Conditions*. Russian Journal of Electrochemistry, 33:958–964, 1997.

[106] F. Schönthaler. *Lösungsmitteldissoziation mittels Bipolarmembranen in wässrigen und organischen Lösungen*. Studienarbeit, Institut für Chemische Verfahrenstechnik, University of Stuttgart, Stuttgart, Germany, 2000. In German language.

[107] M. Schuster, R. Merkle, A. Fuchs, K.-D. Kreuer und J. Maier. *Water, Methanol and Protonic Charge Carriers in Nafion 117: Solvent Uptake and Transport Coefficients*. 11th International Conference on Solid State protonic Conductors, 2002.

[108] N.V. Sheldeshov, V.I. Zabolotskii, N.D. Pis'menskaya und N.P. Gnusin. *Catalysis of Water Dissociation by the Phosphoric-Acid Groups of an MB-3 Bipolar Membrane*. Elektrokhimiya, 22:791–795, 1986.

[109] R. Simons. *The Origin and Elimination of Water Splitting in Ion Exchange Membranes During Water Demineralisatioin by Electrodialysis*. Desalination, 28:41–42, 1979.

[110] R. Simons. *Strong Electric Field Effects on Proton Transfer Between Membrane-Bound Amines and Water*. Nature, 280:824–826, 1979.

[111] R. Simons. *Electric Field Effects on Proton Transfer Between Ionizable Groups and Water in Ion Exchange Membranes*. Electrochimica Acta, 29:151–158, 1984.

[112] R. Simons. *Water Splitting in Ion Exchange Membranes*. Electrochimica Acta, 30:278–282, 1985.

[113] R. Simons. *Preparation of a High Performance Bipolar Membrane*. Journal of Membrane Science, 78:13–23, 1993.

[114] R. Simons und G. Khanarian. *Water Dissociation in Bipolar Membranes: Experiments and Theory*. The Journal of Membrane Biology, 38:11–30, 1978.

[115] E. Skou, P. Kauranen und J. Hentschel. *Water and Methanol Uptake in Proton Conducting Nafion Membranes*. Solid State Ionics, 97:333–337, 1997.

[116] A.V. Sokirko, P. Ramirez, J.A. Manzanares und S. Mafe. *Modeling of Forward and Reverse Bias Conditions in Bipolar Membranes*. Berichte der Bunsen-Gesellschaft für Physikalische Chemie, 97:1040–1049, 1993.

[117] V. Soldatov. *Ion Exchangers*, Chapter Thermodynamics of Ion Exchange, S. 1243–1276. Walter de Gruyter, 1991.

[118] Solvay. S.A., Tavaux, France. Product bulletin, 1998.

[119] S. Sridhar. *Electrodialysis in a Non-Aqueous Medium: Production of Sodium Methoxide*. Journal of Membrane Science, 113:73–79, 1996.

[120] S. Sridhar. *Verfahren zur Herstellung von Alkoholaten*. EP 0 776 995 A1, 1996.

[121] S. Sridhar. *Verfahren zur Herstellung von Ketoverbindungen*. EP 0 702 998 A1, 1996. In German language.

[122] S. Sridhar und C. Feldmann. *Electrodialysis in a Non-Aqueous Medium: A Clean Process for the Production of Acetoacetic Ester*. Journal of Membrane Science, 124:175–179, 1997.

[123] H. Strathmann, B. Bauer und H.-J. Rapp. *Elektromembranprozesse in der Nahrungsmittelindustrie*. Proceedings Dechema Jahrestagungen 1996, 1996.

[124] H. Strathmann, J.J. Krol, H.-J. Rapp und G. Eigenberger. *Limiting Current Density and Water Dissociation in Bipolar Membranes*. Journal of Membrane Science, 125:123–142, 1997.

[125] H. Strathmann, H.-J. Rapp, B. Bauer und C.M. Bell. *Theoretical and Practical Aspects of Preparing Bipolar Membranes*. Desalination, 90:303–323, 1993.

[126] E. Szajdzinska-Pietek und S. Schlick. *Self-Assembling of Perfluorinated Polymeric Surfactants in Nonaqueous Solvents. Electron Spin Resonance Spectra of Nitroxide Spin Probes in Nafion Solutions and Swollen Membranes*. Langmuir, 10:2188–2196, 1994.

[127] A. Tanioka, K. Shimizu, T. Hosono, R. Eto und T. Osaki. *Effect of Interfacial State in Bipolar Membrane on Rectification and Water Splitting*. Colloids and Surfaces A: Physicochemical and Engineering Aspects, 159:395–404, 1999.

[128] M. Tasaka, S. Suzuki, Y. Ogawa und M. Kamaya. *Freezing and Nonfreezing Water in Charged Membranes*. Journal of Membrane Science, 38:175–183, 1988.

[129] S. Thate. *Untersuchung der elektrochemischen Deionisation zur Reinstwasserherstellung*. PhD thesis, University of Stuttgart, Stuttgart, Germany, 2002. In German language.

[130] S.F. Timashev. *Physical Chemistry of Membrane Processes*. Ellis Horwood, 1991.

[131] S.F. Timashev und E.V. Kirganova. *Mechanism of the Electrolytic Decomposition of Water Molecules in Bipolar Ion-Exchange Membranes*. Soviet Electrochemistry, 17:440–443, 1981.

[132] Tokuyama. Co. Ltd., Shibuya-ku, Tokyo 105, Japan. Product bulletin, 1999.

[133] K. Umemura, T. Naganuma und H. Miyake. *Bipolar Membrane*. US 5401408, 1995.

[134] V.V. Umnov, N.V. Sheldeshov und V.I. Zabolotskii. *Structure of the Space-Charge Region at the Anionite-Cationite Interface in Bipolar Membranes*. Russian Journal of Electrochemistry, 35:411–416, 1999.

[135] M. Wien. *Über die Gültigkeit des Ohmschen Gesetzes für Elektrolyte bei sehr hohen Feldstärken*. Annalen der Physik, 73:161 ff., 1924. In German language.

[136] F. Wilhelm, N. van der Vegt, M. Wessling und H. Strathmann. *Handbook on Bipolar Membrane Technology*, Chapter Bipolar Membrane Preparation. Twente University Press, 2000.

[137] F.G. Wilhelm. *Bipolar Membrane Electrodialysis. Membrane Development and Transport Characteristics*. PhD thesis, University of Twente, Enschede, The Netherlands, 2001.

[138] H.H. Willard und G.F. Smith. *The Perchlorates of the Alkali and Alkaline Earth Metals and Ammonium. Their Solubility in Water and Other Solvents*. Journal of the American Chemical Society, S. 286–297, 1922.

[139] H. Yoshida und Miura. Y. *Behavior of Water in Perfluorinated Ionomer Membranes Containing Various Monovalent Cations*. Journal of the Membrane Science, 68:1–10, 1992.

[140] J.F. Zemaitis, D.M. Clark, M. Rafal und N.C. Scrivner. *Handbook of Aqueous Electrolyte Thermodynamics. Theory & Application*. Design Institute for Physical Property Data, 1986.

Appendix A

Additional Data on Electrolyte Solutions

A.1 Physical Data

Distance Parameters and Ionic Radii

Ionic radii usually are determined from crystallographic data, distance parameters of solvent molecules or functional groups are concluded from transport properties. Tab. A.1 lists the values for methanol and ethanol and a number of cations and anions.

Species	r [nm]
MeOH	0.47
EtOH	0.57
OH-Group	0.28
Li^+	0.078
Na^+	0.098
K^+	0.133
ClO_4^-	0.240
Cl^-	0.181
Br^-	0.196
I^-	0.220

Table A.1: Distance parameters and ionic radius r of solvent molecules and various cations and anions [8, 9].

Limiting Ionic Conductivity, Mobility and Diffusivity

At infinite dilution the limiting ionic mobility and the limiting ionic diffusion coefficient are directly proportional to the limiting conductivity according to

$$\lambda_j^\infty = \frac{|z_j|\mathbf{F}^2}{\mathbf{R}T} D_j^\infty = |z_j|\,\mathbf{F} u_j^\infty. \tag{A.1}$$

Data for several cations and anions in aqueous, methanolic and ethanolic solution is listed in Tab. A.2. Lyate anions are denoted by subscript $_{L-}$.

Parameter	Unit	Water	Methanol	Ethanol
$\lambda_{H^+}^\infty$	[S cm^2/mol]	350.0	146.1	62.7
$\lambda_{Li^+}^\infty$	[S cm^2/mol]	38.8	39.4	17.1
$\lambda_{Na^+}^\infty$	[S cm^2/mol]	51.1	45.1	20.3
$\lambda_{K^+}^\infty$	[S cm^2/mol]	73.5	52.4	23.4
$\lambda_{L^-}^\infty$	[S cm^2/mol]	199	52.8	23.1
$\lambda_{Cl^-}^\infty$	[S cm^2/mol]	76.3	52.4	21.9
$\lambda_{ClO_4^-}^\infty$	[S cm^2/mol]	67.2	70.7	31.6
$u_{H^+}^\infty$	[m^2/(V s)]	3.63×10^{-7}	1.51×10^{-7}	6.50×10^{-8}
$u_{Li^+}^\infty$	[m^2/(V s)]	4.02×10^{-8}	4.08×10^{-8}	1.77×10^{-8}
$u_{Na^+}^\infty$	[m^2/(V s)]	5.30×10^{-8}	4.67×10^{-8}	2.10×10^{-8}
$u_{K^+}^\infty$	[m^2/(V s)]	7.62×10^{-8}	5.43×10^{-8}	2.43×10^{-8}
$u_{L^-}^\infty$	[m^2/(V s)]	2.06×10^{-7}	5.47×10^{-8}	2.39×10^{-8}
$u_{Cl^-}^\infty$	[m^2/(V s)]	7.91×10^{-8}	5.43×10^{-8}	2.27×10^{-8}
$u_{ClO_4^-}^\infty$	[m^2/(V s)]	6.96×10^{-8}	7.33×10^{-8}	3.28×10^{-8}
$D_{H^+}^\infty$	[m^2/s]	9.32×10^{-9}	3.89×10^{-9}	1.67×10^{-9}
$D_{Li^+}^\infty$	[m^2/s]	1.03×10^{-9}	1.05×10^{-9}	4.55×10^{-10}
$D_{Na^+}^\infty$	[m^2/s]	1.36×10^{-9}	1.20×10^{-9}	5.40×10^{-10}
$D_{K^+}^\infty$	[m^2/s]	1.96×10^{-9}	1.39×10^{-9}	6.23×10^{-10}
$D_{L^-}^\infty$	[m^2/s]	5.30×10^{-9}	1.41×10^{-9}	6.15×10^{-10}
$D_{Cl^-}^\infty$	[m^2/s]	2.03×10^{-9}	1.39×10^{-9}	5.83×10^{-10}
$D_{ClO_4^-}^\infty$	[m^2/s]	1.79×10^{-9}	1.88×10^{-9}	8.41×10^{-10}

Table A.2: Limiting ionic conductivity, limiting mobility and limiting diffusivity of selected ions in water, methanol and ethanol at 25 °C and 1 bar . Data is taken from Barthel *et al.* [12] (limiting conductivity) or calculated according to Eqn. (A.1) (limiting mobility and limiting diffusivity).

Maximum Electrolyte Solubility

The maximum solubility of $NaClO_4$ in water, methanol and ethanol is given in Tab. A.3 in terms of maximum molar and molal concentrations $c_{NaClO_4}^{max}$ and $M_{NaClO_4}^{max}$, respectively.

Parameter	Unit	Water	Methanol	Ethanol
$c_{NaClO_4}^{max}$	[mol/l]	9.29	2.93	0.91
$M_{NaClO_4}^{max}$	[mol/kg]	6.0	1.3	1.2

Table A.3: Maximum solubility of $NaClO_4$ in water, methanol and ethanol at 25 °C and 1 bar [138].

Solution Density

The linear function

$$\varrho = A^{\varrho} c_{sln} + B^{\varrho}, \tag{A.2}$$

is used to approximate the solution density as a function of the molar electrolyte concentration c_{sln}. The parameters for $NaClO_4$ solutions in water, methanol and ethanol are given in Tab. A.4.

Parameter	Unit	Water	Methanol	Ethanol
A^{ϱ}	[kg/mol]	0.0764	0.0899	0.0922
B^{ϱ}	[kg/l]	0.9972	0.7905	0.7822

Table A.4: Parameters describing the solution density of aqueous, methanolic and ethanolic $NaClO_4$ solutions (cf. Eqn. (A.2)). Data obtained by measurements.

Solution Conductivity

Barthel and Neueder [8] propose the function

$$\kappa = \kappa_{max} \left(\frac{M}{M_{max}} \right)^{\mathsf{a}} \exp \left[\mathsf{b} \left(M - M_{max} \right)^2 - \frac{\mathsf{a}}{M_{max}} \left(M - M_{max} \right) \right], \tag{A.3}$$

to equate the specific conductivity κ from the molal concentration M and the solution dependent parameters κ_{max}, μ, a and b . The parameters for aqueous, methanolic and ethanolic $NaClO_4$ solutions are given in Tab. A.5.

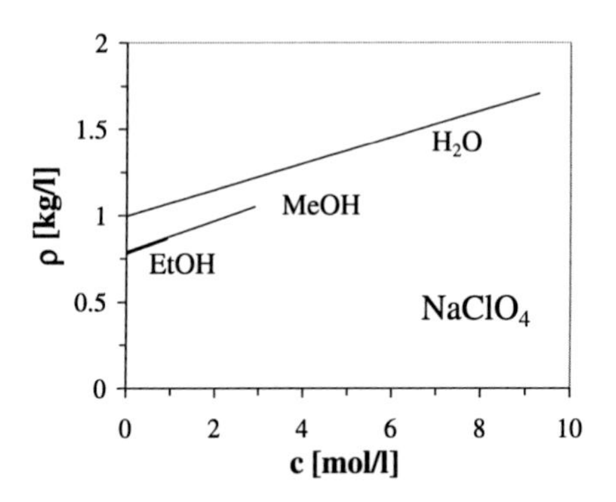

Figure A.1: Density of aqueous, methanolic and ethanolic $NaClO_4$ solutions calculated according to Eqn. (A.2) and parameters in Tab. A.4.

Parameter	Unit	Water [70]	Methanol [8]	Ethanol [9]
κ_{max}	[S/m]	18.3970	5.2313	2.3657
μ	[mol/kg]	6.1800	3.6374	3.8303
a	[-]	0.9590	0.8359	0.8133
b	[kg^2/mol^2]	0.0012	-0.0025	-0.0294

Table A.5: Parameters describing the solution conductivity of aqueous, methanolic and ethanolic $NaClO_4$ solutions (cf. Eqn. (A.3)). Parameters are obtained by fitting conductivity data taken from literature to Eqn. (A.3) in the case of water or are directly taken from literature in the case of methanol and ethanol.

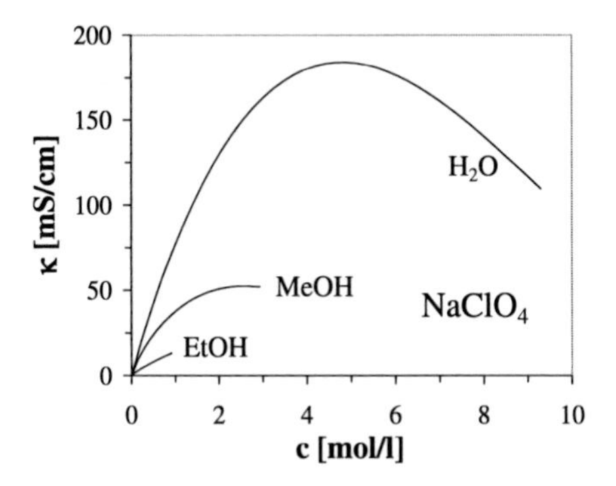

Figure A.2: Specific conductivity of aqueous, methanolic and ethanolic $NaClO_4$ solutions calculated according Eqn. (A.3) and parameters in Tab. A.5.

A.2 Solution Activity Coefficients

Pitzer's Model

Pitzer's model [93] is based on a series expansion of the excess Gibbs energy which, after some derivations, yields an expression for the mean molal activity coefficient $\mathsf{y}_\pm$. It is defined as

$$\ln \mathsf{y}_\pm = |z_M z_X| \, f^{(\mathsf{y})} + M_{MX} \frac{2\nu_M \nu_X}{\nu_{MX}} B_{MX}^{(\mathsf{y})} + M_{MX}^2 \frac{2(\nu_M \nu_X)^{1.5}}{\nu_{MX}} C_{MX}^{(\mathsf{y})}, \tag{A.4}$$

with the molality M_j in [mol/kg]. The three terms on the right hand side describe long range electrostatic interactions, binary short range interactions and ternary short range interactions, respectively. They are defined as follows

$$f^{(\mathsf{y})} = -\frac{1}{3} A \left[\frac{I_s^{0.5}}{1 + b I_s^{0.5}} + \frac{2}{b} \ln(1 + b I_s^{0.5}) \right], \tag{A.5}$$

with the first Debye-Hückel parameter A and the ionic strength I_s according to Eqn. (2.22) and Eqn. (2.24), respectively. b is the second Debye-Hückel parameter according to Eqn. (2.23). However, in Pitzer's treatment it is simply used as a fitting parameter, where the distance of closest approach a is chosen according to the solvent system. E.g. in aqueous solutions, $a = 0.366$ nm is chosen, resulting in a value of $b = 1.2$ (kg/mol)$^{0.5}$, cf. Tab. A.6. Furthermore,

Solution System		b	α_1	α_2	Ref.
Solvent	Type of Electrolyte	$[(kg/mol)^{0.5}]$			
water	fully dissociated electrolytes	1.2	2.0	0	[93]
water	2:2 electrolytes	1.2	1.4	12	[93]
lower alcohols	alkaline metal perchlorates	3.2	2.0	10	[10, 12]

Table A.6: Solute independent Pitzer parameters.

System	$\beta^{(0)}$ [kg/mol]	$\beta^{(1)}$ [kg/mol]	$\beta^{(2)}$ [kg/mol]	C^{Φ} $[(kg/mol)^2]$
$NaClO_4$ (aq)	0.0554	0.2755	0	-0.0012
$NaClO_4$ (MeOH)	0.1355	0.2003	-3.9×10^{-5}	0.0096
$NaClO_4$ (EtOH)	0.1353	0.2272	0.2731	0.0173

Table A.7: Solute dependent Pitzer parameters for $NaClO_4$ in water, methanol and ethanol. Data for aqueous and methanolic solutions is taken from literature [93, 12], data for ethanolic solutions is determined by fitting Pitzer's model to the results of section 2.6.

$$\begin{aligned} B_{MX}^{(y)} &= 2\beta_{MX}^{(0)} + \\ &\quad \beta_{MX}^{(1)} \frac{2 - \exp(-\alpha_1 I_s^{0.5})\left[1 + (1 + \alpha_1 I_s^{0.5})^2\right]}{(\alpha_1 I_s^{0.5})^2} + \\ &\quad \beta_{MX}^{(2)} \frac{2 - \exp(-\alpha_2 I_s^{0.5})\left[1 + (1 + \alpha_2 I_s^{0.5})^2\right]}{(\alpha_2 I_s^{0.5})^2}, \end{aligned} \tag{A.6}$$

and

$$C_{MX}^{(y)} = \frac{3}{4} \frac{C^{\phi}}{|z_M z_X|^{0.5}}, \tag{A.7}$$

which is employed only in cases where ion-pair formation must be considered. The complete set of equations Eqn. (A.5)–Eqn. (A.7) contains 7 parameters, namely b, α_1, α_2, $\beta^{(0)}$, $\beta^{(1)}$, $\beta^{(2)}$ and C^{ϕ}. However, parameters b, α_1 and α_2 are constant within one specific class of solutions independent of the specific electrolyte, Tab. A.6. In contrast to this, the values of parameters $\beta^{(0)}$, $\beta^{(1)}$, $\beta^{(2)}$ and C^{ϕ} are solute and solvent dependent and must be determined by fitting the model equations to experimental data. They are available for a large number of aqueous solution systems [93] as well as for non-aqueous solution systems [12]. For aqueous, methanolic and ethanolic $NaClO_4$ solutions, they are listed in Tab. A.7. The parameters for ethanolic $NaClO_4$ solutions are obtained from fitting the Pitzer model to the result of the predictive model of Li *et al.* , cf. section 2.6. Resulting mean molal activity coefficients and mean molal osmotic

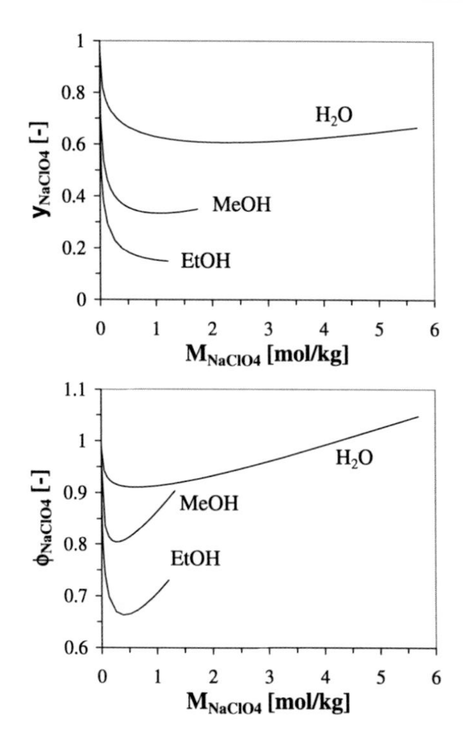

Figure A.3: Mean molal activity coefficients (top) and mean molal osmotic coefficients (bottom) of $NaClO_4$ in water, methanol and ethanol according to the Pitzer model.

coefficients are shown in Fig. A.3.

Appendix B

Thermodynamics

B.1 cgs and SI Units

Even in relatively recent textbooks and papers cgs units instead of SI units are in common practice (e.g. [15, 94]). Instead of defining the unit of current, A, as a force exerted by parallel wires through which a defined amount of charge is passing per unit time, in cgs units, force and charge are related by Coulomb's law. The resulting implications are far reaching. Not only do the numerical values of a number of physical constants change, but also the corresponding expressions for the physical laws. A good introduction is found in the lecture notes of Föll, from which the following "conversion table" is taken, Tab. B.1 [35].

B.2 Concentration and Activities

For experimental purposes the concentration of a solution is often given in terms of molar concentrations c_j, defined as

$$c_j = \frac{n_j}{V_{sln}}, \tag{B.1}$$

where V_{sln} is the volume of the solution. Because of V_{sln}, concentrations on a molar scale are pressure and temperature dependent. Unless mentioned otherwise they refer to (near) standard conditions (T = 298 K and p = 1 bar).
In theoretical treatments the molal concentration usually is preferred

$$M_j = \frac{n_j}{m_S}, \tag{B.2}$$

where m_S is the mass of the *pure* solvent. Both definitions apply to both, ions and electrolyte molecules. In contrast, the definition of the equivalent molar fraction x_j is reserved for ionic species

$$x_j = \frac{z_j n_j}{\sum_i z_i n_i}. \tag{B.3}$$

Quantity	in cgs Units	in SI Units
electric field	**E**	$(4\pi e)^{0.5}E$
potential	φ	$(4\pi e)^{0.5}\varphi$
voltage	**U**	$(4\pi e)^{0.5}U$
charge	**q**	$1/(4\pi e)^{0.5}q$
current	**I**	$1/(4\pi e)^{0.5}I$
current density	**i**	$1/(4\pi e)^{0.5}i$
dipole moment	μ	$1/(4\pi e)^{0.5}\mu$
conductivity	**L**	$1/(4\pi e)L$
polarizability	α	$1/(4\pi e)\alpha$
dielectric constant	ε	ε_r
resistance	**R**	$4\pi eR$
elementary charge e	4.8032×10^{-10} esu	1.602×10^{-19} C
Boltzmann constant **k**	1.3803×10^{-16} erg/deg	1.3807×10^{-23} J/K

Table B.1: Conversion between cgs and SI units [35].

In order to convert the different concentration scales, the solution density $\varrho_{sln} = m_{sln}/V_{sln}$ and the total equivalent concentration $c_{\Sigma j} = \sum_j (z_j n_j)/V_{sln}$ are required. Conversion may be performed according to Tab. B.2

In analogy to the different concentration scales, different scales for activity coefficients are used. They are related according to

$$a_j = \gamma_j \frac{c_j}{c_j^\circ} = \mathrm{y}_j \frac{M_j}{M_j^\circ} = f_j x_j, \tag{B.4}$$

where γ_j, y_j and f_j denote the activity coefficients on the molar, molal and mole fraction scale. $c_j^\circ = 1$ mol/l and $M_j^\circ = 1$ mol/kg must be introduced for normalization purposes but are frequently left out in literature in order to improve readability [93]. Because of space charge limitations, single ion activity coefficients γ_j are not measurable by ordinary thermodynamic methods. Therefore, mean electrolyte activity coefficients $\gamma_\pm$ are used instead. Ionic and mean electrolyte activity coefficients are related according to the definition

$$\gamma_\pm^{\nu_M+\nu_X} = \gamma_M^{\nu_M}\gamma_X^{\nu_X}, \tag{B.5}$$

where ν_M, ν_X denote the stoichiometric coefficients of electrolyte $M_{\nu_M}X_{\nu_X}$. Because $\nu_M z_M + \nu_X z_X = 0$ is valid for any uncharged molecule and because ν_M, ν_X, z_M and z_X are small integers, in general $\nu_M = |z_X|$ and $\nu_X = |z_M|$ holds true, from which an alternative definition

$$\gamma_\pm^{|z_M|+|z_X|} = \gamma_M^{|z_X|}\gamma_X^{|z_M|}, \tag{B.6}$$

follows.

	c_j	M_j	x_j
$c_j =$	—	$\frac{M_j \varrho_{sln}}{1 + M_j MW_j}$	$\frac{x_j c_{\Sigma i}}{z_j}$
$M_j =$	$\frac{c_j}{\varrho_{sln} - c_j MW_j}$	—	$\frac{x_j c_{\Sigma i}}{z_j \varrho_{sln} - x_j c_{\Sigma i} MW_j}$
$x_j =$	$\frac{z_j c_j}{c_{\Sigma i}}$	$\frac{z_j M_j \varrho_{sln}}{c_{\Sigma i}(1 + M_j MW_j)}$	—

Table B.2: Conversion of different concentration scales.

B.3 Electrochemical Potential

By definition the *chemical* potential μ_j is the derivative of the Gibbs free enthalpy G with respect to the amount of species j, n_j

$$\left.\frac{\partial G}{\partial n_j}\right|_{T,p,n_{i \neq j}} = \mu_j(p,T) = \underbrace{\mu_j^\circ(p^\circ,T)}_{\text{reference state}} + \underbrace{\mathbf{R}T \ln a_j}_{\text{concentration}} + \underbrace{\int_{p^\circ}^{p} \mathrm{v}_j dp}_{\text{pressure}}. \tag{B.7}$$

It is composed of a term considering the chemical potential at reference conditions, a term considering the concentration dependence and a term considering the pressure effects. Extending Eqn. (B.7) by a term considering the electrostatic potential, *electrochemical* potential $\tilde{\mu}_j$ is obtained

$$\begin{aligned} \tilde{\mu}_j(p,T,\varphi) &= \mu_j(p,T) + z_j \mathbf{F} \varphi \\ &= \mu_j^\circ(p^\circ,T) + \mathbf{R}T \ln a_j + \int_{p^\circ}^{p} \mathrm{v}_j dp + \underbrace{z_j \mathbf{F} \varphi.}_{\text{electrical potential}} \end{aligned} \tag{B.8}$$

While the *osmotic* definition of the electrochemical potential, Eqn. (B.8), considers the pressure dependence explicitly, the *non-osmotic* definition

$$\tilde{\mu}_j(p,T,\varphi) = \mu_j^\circ(p^\circ,T) + \mathbf{R}T \ln a_j^\pi + z_j \mathbf{F} \varphi, \tag{B.9}$$

does not. In the latter case, non-idealities arising from the concentration dependence of molecular interactions as well as from pressure effects are lumped together in the ionic activities a_j^π [29, 50]. The non-osmotic definition is preferred if pressure effects are difficult to describe. Although, in ion exchange membranes the osmotic pressure difference between external and pore solution may be estimated according to van't Hoff's law, pressure effects such as the deformation of the polymer chains (swelling) are impossible to describe on a macroscopic scale. Therefore, the non-osmotic definition is employed here. For simplicity reasons the symbol a_j is used throughout.

The reference state μ_j° is chosen such that the mean electrolyte activity coefficient approaches unity when the concentration is reduced to zero. This applies to every temperature and pressure. Certainly, at infinite dilution the activity coefficient is unity; but the chemical potential, which involves a term in the logarithm of the concentration, is negatively infinite at infinite dilution [103]. Therefore, in electrolyte solutions, the reference state is assigned to the *hypothetical* state of negligible interactions (i.e. $\gamma_j \to 1$) at unit concentrations (i.e. c_j = 1 mol/l). This is referred to as the *concept of infinite dilution* [15].

B.4 Membrane/Solution Equilibrium

The equilibrium between an ion exchange polymer and an electrolyte solution is determined by three aspects: coion uptake (Donnan equilibrium), counterion exchange (ion exchange equilibrium) and solvent uptake (osmotic equilibrium). It may be described by an equilibrium reaction of the following type

$$\frac{1}{z_M}M + \frac{1}{z_N}\bar{N} + \frac{1}{z_X}\bar{X} + \frac{1}{z_S}S \rightleftharpoons \frac{1}{z_M}\bar{M} + \frac{1}{z_N}N + \frac{1}{z_X}X + \frac{1}{z_S}\bar{S}, \tag{B.10}$$

where M and N are arbitrary different counterions, X is a coion and S a solvent. Expression B.10 implies a system where the membrane is composed of the pore liquid and the inert polymer matrix. While the pore liquid is in equilibrium with the external solution, the polymer matrix does not participate in any equilibrium reaction. Hence, the "membrane/solution" equilibrium described by reaction B.10 actually refers to the equilibrium between *pore liquid* and external solution. Thus, overline species refer to the pore liquid; species without overline to the solution phase. z_j denotes the charge number of the ionic species, whereas, z_S is the number of solvent molecules taken up in the membrane. In contrast to z_j, z_S is not a constant and depends on the concentration of the ionic components.
Provided thermal and mechanical equilibrium, a mathematical expression for the membrane/solution equilibrium may be derived from the equilibrium condition

$$\mathbf{dG} = \sum_{\mathbf{j}} \tilde{\mu}_\mathbf{j} \mathbf{dn_j} = 0, \tag{B.11}$$

where $\mathbf{G}$ denotes the free enthalpy in the system. Boldface characters denote system parameters which equal the sum of the respective parameters in all phases, e.g. $\mathbf{n_j} = \bar{n}_j + n_j$ in case of a membrane/solution equilibrium.
Because species are neither generated nor consumed upon coion uptake, ion exchange or solvent uptake, the mass balance writes

$$dn_j + d\bar{n}_j = 0. \tag{B.12}$$

Thus, application of Eqn. (B.11) and Eqn. (B.12) to reaction (B.10) yields

$$(\bar{\tilde{\mu}}_M - \tilde{\mu}_M)\, d\bar{n}_M + (\bar{\tilde{\mu}}_N - \tilde{\mu}_N)\, d\bar{n}_N + (\bar{\tilde{\mu}}_X - \tilde{\mu}_X)\, d\bar{n}_X + (\bar{\tilde{\mu}}_S - \tilde{\mu}_S)\, d\bar{n}_S = 0. \quad \text{(B.13)}$$

Introduction of the non-osmotic definition of the electrochemical potential, Eqn. (B.9), results in a general expression for the membrane/solution equilibrium

$$\begin{aligned} \left(\Delta\mu_M^\circ + \mathbf{R}T\ln\left[\frac{\bar{a}_M}{a_M}\right] + z_M\mathbf{F}\Delta\varphi\right) d\bar{n}_M &+ \\ \left(\Delta\mu_N^\circ + \mathbf{R}T\ln\left[\frac{\bar{a}_N}{a_N}\right] + z_N\mathbf{F}\Delta\varphi\right) d\bar{n}_N &+ \\ \left(\Delta\mu_X^\circ + \mathbf{R}T\ln\left[\frac{\bar{a}_X}{a_X}\right] + z_X\mathbf{F}\Delta\varphi\right) d\bar{n}_X &+ \\ \left(\Delta\mu_S^\circ + \mathbf{R}T\ln\left[\frac{\bar{a}_S}{a_S}\right]\right) d\bar{n}_S &= 0. \end{aligned} \quad \text{(B.14)}$$

The potential term of the electrically neutral solvent S is omitted.

B.4.1 Donnan Equilibrium

Based on Eqn. (B.14), an expression for pure Donnan equilibrium, i.e. coion uptake without simultaneous ion exchange, can be derived. Experimentally, this corresponds to the situation described in section 4.2.4 with a single electrolyte MX present in the solution.
In this case, Eqn. (B.14) reduces to

$$\begin{aligned} \left(\Delta\mu_M^\circ + \mathbf{R}T\ln\left[\frac{\bar{a}_M}{a_M}\right] + z_M\mathbf{F}\Delta\varphi\right) d\bar{n}_M &+ \\ \left(\Delta\mu_X^\circ + \mathbf{R}T\ln\left[\frac{\bar{a}_X}{a_X}\right] + z_X\mathbf{F}\Delta\varphi\right) d\bar{n}_X &+ \\ \left(\Delta\mu_S^\circ + \mathbf{R}T\ln\left[\frac{\bar{a}_S}{a_S}\right]\right) d\bar{n}_S &= 0. \end{aligned} \quad \text{(B.15)}$$

Provided the electroneutrality condition holds true in the membrane phase,

$$\begin{aligned} z_M\bar{n}_M + z_X\bar{n}_X + z_{FI}\bar{n}_{FI} &= 0 \quad \text{or} \\ z_M d\bar{n}_M + z_X d\bar{n}_X &= 0, \end{aligned} \quad \text{(B.16)}$$

the electrical potential terms in Eqn. (B.15) cancel. Furthermore, introduction of the equivalent mole fractions

$$\begin{aligned} \bar{x}_M &= \frac{|z_M|\,\bar{n}_M}{|z_M|\,\bar{n}_M - |z_X|\,\bar{n}_X}, \\ \bar{x}_S &= \frac{\bar{n}_S}{|z_M|\,\bar{n}_M - |z_X|\,\bar{n}_X}, \end{aligned} \quad \text{(B.17)}$$

yields

$$\begin{aligned}\left(\Delta\mu_M^\circ + \mathbf{R}T\ln\left[\frac{\bar{a}_M}{a_M}\right]\right)|z_X|\,d\bar{x}_M &+ \\ \left(\Delta\mu_X^\circ + \mathbf{R}T\ln\left[\frac{\bar{a}_X}{a_X}\right]\right)|z_M|\,d\bar{x}_M &+ \\ \left(\Delta\mu_S^\circ + \mathbf{R}T\ln\left[\frac{\bar{a}_S}{a_S}\right]\right)|z_M|\,|z_X|\,d\bar{x}_S &= 0,\end{aligned} \tag{B.18}$$

or, after rearrangement

$$\begin{aligned}\left(\frac{\bar{a}_M}{a_M}\right)^{|z_X|}\left(\frac{\bar{a}_X}{a_X}\right)^{|z_M|}\left(\frac{\bar{a}_S}{a_S}\right)^{|z_M||z_X|\frac{d\bar{x}_S}{d\bar{x}_M}} &= \\ \exp\left(-\frac{|z_M|\,\Delta\mu_M^\circ + |z_X|\,\Delta\mu_X^\circ + |z_M|\,|z_X|\,\Delta\mu_S^\circ d\bar{x}_S/d\bar{x}_M}{\mathbf{R}T}\right) &= K_{MX}, \end{aligned}\tag{B.19}$$

where K_{MX} is the thermodynamic Donnan equilibrium constant.
Choosing an appropriate definition for the reference potentials μ_j° and $\tilde{\mu}_j^\circ$, Eqn. (B.19) simplifies further. In the solution phase, the concept of infinite dilution is typically chosen to describe the reference state, cf. section B.3. In analogy, the concept of an infinitely diluted membrane pore liquid may be introduced with $\bar{a}_j = \bar{c}_j/\bar{c}_j^\circ$ at unit concentrations. Thus, $\Delta\mu_j^\circ = 0$, because $\bar{\mu}_j^\circ = \mu_j^\circ$. As a consequence, for negligible coion uptake, i.e. $\bar{c}_X \to 0$, the membrane is far from its reference state of negligible interaction at unit concentration. Therefore, activities $\bar{a}_j$ are well below $\bar{c}_j/c_j^\circ$, and activity coefficients are below unity.
As mentioned above, concentrations $\bar{c}_j$ and activities $\bar{a}_j$ relate to the volume of the pore liquid V_S. However, experimentally, concentrations and activities are related to the volume of the wet membrane V^M. Thus, introducing the pore liquid volume fraction, cf. section 4.2.2, Eqn. (B.19) can be rewritten

$$\left(\frac{a_M^M}{a_M\psi}\right)^{|z_X|}\left(\frac{a_X^M}{a_X\psi}\right)^{|z_M|} = \left(\frac{a_S\psi}{a_S^M}\right)^{|z_M||z_X|\frac{d\bar{x}_S}{d\bar{x}_M}}. \tag{B.20}$$

Unfortunately, the membrane phase activities a_M^M, a_X^M and a_S^M are inaccessible to direct experimental determination. They must be derived by fitting the mathematical expression to experimental data. However, because of the three unknowns, at least three independent measurements at each concentration are required. Alternatively, the term on the right-hand-side of Eqn. (B.20) may be included into the membrane phase activity coefficients γ_M^M and γ_X^M,

$$\left(\frac{c_M^M}{c_M\psi}\right)^{|z_X|}\left(\frac{c_X^M}{c_X\psi}\right)^{|z_M|} = \left(\frac{\gamma_M}{\gamma_M^M}\right)^{|z_X|}\left(\frac{\gamma_X}{\gamma_X^M}\right)^{|z_M|}. \tag{B.21}$$

This is analogous to the idea of comprising pressure effects within the activities of the non-osmotic definition of the electro-chemical potential, section B.3.

Further simplification results from introduction of the mean molar activity coefficient according to Eqn. (B.6). The resulting expression,

$$\left(\frac{c_M^M}{c_M}\right)^{|z_X|}\left(\frac{c_X^M}{c_X}\right)^{|z_M|} = \left(\frac{\gamma_\pm}{\gamma_\pm^M}\right)^{|z_M|+|z_X|}\psi^{|z_M|+|z_X|} = \mathbf{S}_{MX}\psi^{|z_M|+|z_X|}, \tag{B.22}$$

contains only one inaccessible parameter, the concentration dependent mean molar activity coefficient in the membrane phase $\gamma_\pm^M$, which may be calculated from a single coion uptake experiment. Alternatively, the concentration dependent distribution coefficient $\mathbf{S}_{MX}$ may be introduced.
Clearly, Eqn. (B.22) is inappropriate, if it is required to trace back observed non-idealities to its origins, because $\gamma_\pm^M$ is used as a lumped parameter. However, a more specific expression requires assumptions restricting the mathematical description to a certain experimental system. In contrast to this, Eqn. (B.22) describes coion uptake without limitations regarding the system or the non-idealities. Therefore, it can be applied to aqueous as well as to non-aqueous solutions.

B.4.2 Ion Exchange Equilibrium

Analogous to the procedure described in the previous section, an expression for pure ion exchange can be derived. Experimentally, this corresponds to the situation described in section 4.2.5 with two counterions M and N present at low electrolyte concentrations. At this, Eqn. (B.14) simplifies to

$$\begin{aligned}\left(\Delta\mu_M^\circ + \mathbf{R}T\ln\left[\frac{\bar{a}_M}{a_M}\right] + z_M\mathbf{F}\Delta\varphi\right)d\bar{n}_M &+\\ \left(\Delta\mu_N^\circ + \mathbf{R}T\ln\left[\frac{\bar{a}_N}{a_N}\right] + z_N\mathbf{F}\Delta\varphi\right)d\bar{n}_N &+\\ \left(\Delta\mu_S^\circ + \mathbf{R}T\ln\left[\frac{\bar{a}_S}{a_S}\right]\right)d\bar{n}_S &= 0,\end{aligned} \tag{B.23}$$

because $d\bar{n}_X \to 0$ for low electrolyte concentrations, i.e. for negligible coion uptake. Introduction of the electroneutrality condition

$$|z_M|\,d\bar{n}_M + |z_N|\,d\bar{n}_N = 0, \tag{B.24}$$

and the definition of the equivalent fractions

$$\begin{aligned}\bar{y}_M &= \frac{|z_M|\,\bar{n}_M}{|z_M|\,\bar{n}_M + |z_N|\,\bar{n}_N},\\ \bar{y}_S &= \frac{\bar{n}_S}{|z_M|\,\bar{n}_M + |z_N|\,\bar{n}_N},\end{aligned} \tag{B.25}$$

to Eqn. (B.23) yields

$$\begin{aligned}\left(\frac{\bar{a}_M}{a_M}\right)^{|z_N|}\left(\frac{a_N}{\bar{a}_N}\right)^{|z_M|}\left(\frac{\bar{a}_S}{a_S}\right)^{|z_M||z_N|\frac{d\bar{y}_S}{d\bar{y}_M}} &= \\ \exp\left(\frac{|z_M|\,\Delta\mu_N^\circ - |z_N|\,\Delta\mu_M^\circ - |z_M|\,|z_N|\,\Delta\mu_S^\circ d\bar{y}_S/d\bar{y}_M}{\mathbf{R}T}\right) &= K_N^M, \quad \text{(B.26)}\end{aligned}$$

with K_N^M being the thermodynamic ion exchange equilibrium constant. With $\bar{\mu}_j^\circ = \mu_j^\circ$, $\Delta\mu_j^\circ$ cancels and

$$\left(\frac{\bar{a}_M}{a_M}\right)^{|z_N|}\left(\frac{a_N}{\bar{a}_N}\right)^{|z_M|}\left(\frac{\bar{a}_S}{a_S}\right)^{|z_M||z_N|\frac{d\bar{y}_S}{d\bar{y}_M}} = 1, \quad \text{(B.27)}$$

follows. Again, the membrane activity coefficients may be used to comprise inaccessible effects. Thus,

$$\left(\frac{c_M^M}{c_M}\right)^{|z_N|}\left(\frac{c_N}{c_N^M}\right)^{|z_M|} = \left(\frac{\gamma_M}{\gamma_M^M}\right)^{|z_N|}\left(\frac{\gamma_N^M}{\gamma_N}\right)^{|z_M|}\psi^{|z_N|-|z_M|} = \mathbf{S}_N^M\psi^{|z_N|-|z_M|}, \quad \text{(B.28)}$$

is obtained. γ_j denote the single ion activity coefficients in the solution phase which can be determined from Pitzer's theory [93, 129]. γ_j^M are the corresponding single ion activity coefficients in the membrane phase. Both combine to the so-called selectivity coefficient $\mathbf{S}_N^M$. As the distribution coefficient, $\mathbf{S}_N^M$ in general is a function of the total electrolyte concentration in the solution phase. However, the experimental condition of pure ion exchange (with negligible coion uptake) implies that electrolyte concentrations are low. In this case, the ratio of activity coefficients in solution and membrane are constant and hence $\mathbf{S}_N^M \approx$ const. is a good approximation [50, 5].

B.5 Donnan Equilibrium Potential

A *Donnan potential* develops at the interface of phase $'$ and phase $''$ in equilibrium with one another. It can be described introducing the definition of the electrochemical potential to the equilibrium condition $\tilde{\mu}_j' = \tilde{\mu}_j''$

$$\mu_j^{\circ\prime} + \mathbf{R}T\ln a_j' + z_j\mathbf{F}\varphi' = \mu_j^{\circ\prime\prime} + \mathbf{R}T\ln a_j'' + z_j\mathbf{F}\varphi''. \quad \text{(B.29)}$$

Assuming equal reference potentials $\mu^{\circ\prime} = \mu^{\circ\prime\prime}$, cf. section B.4.1, an expression for the Donnan (equilibrium) potential

$$\Delta\varphi^{eq} = \varphi'' - \varphi' = -\frac{\mathbf{R}T}{z_j\mathbf{F}}\ln\left(\frac{a_j''}{a_j'}\right), \quad \text{(B.30)}$$

is obtained. Eqn. (B.30) applies to any ion j in the system. Due to the difficulties related to ionic activity coefficients, a_j''/a_j' is often approximated by the ratio of the mean activities $a_\pm''/a_\pm'$.

B.6 Transference Potential

B.6.1 Derivation

A *transference potential* originates from ionic transport between two phases. It may be described either by non-equilibrium thermodynamics or by assuming quasi steady state and application of conventional equilibrium thermodynamics to the reversible parts of the non-equilibrium process. In the latter case, electrical and diffusive work may be equated to zero [15]

$$\underbrace{\mathbf{F}d\varphi}_{\text{electrical work}} = \underbrace{\sum_j \frac{t_j}{z_j} d\mu_j}_{\text{diffusive work}} . \tag{B.31}$$

t_j denotes the transference number, which describes the contribution of ion j to the overall charge transport. Introduction of the non-osmotic definition of the chemical potential, $\mu_j = \mu_j^\circ + \mathbf{R}T \ln a_j$, and integration of Eqn. (B.31) across the phase boundary between phase $'$ and phase $''$ immediately leads to

$$\Delta\varphi^{trf} = \varphi'' - \varphi' = -\frac{\mathbf{R}T}{\mathbf{F}} \int_{'}^{''} \sum_j \frac{t_j}{z_j} d\ln a_j, \tag{B.32}$$

which is the general description of a transference potential.

For an arbitrary electrolyte MX Eqn. (B.32) may be transformed into

$$\begin{aligned} d\varphi^{trf} &= -\frac{\mathbf{R}T}{\mathbf{F}} \left(\frac{1 - t_X}{z_M} d\ln a_M + \frac{t_X}{z_X} d\ln a_X \right) \\ &= -\frac{\mathbf{R}T}{z_M \mathbf{F}} d\ln a_M - \frac{\mathbf{R}T}{\mathbf{F}} t_X \left(\frac{d\ln a_X}{z_X} - \frac{d\ln a_M}{z_M} \right) \end{aligned} \tag{B.33}$$

upon application of the closure condition $t_M + t_X = 1$. Employing the definition of the mean electrolyte activity, $a_\pm^{\nu_M + \nu_X} = a_M^{\nu_M} a_X^{\nu_X}$, yields

$$\begin{aligned} d\varphi^{trf} &= -\frac{\mathbf{R}T}{z_M \mathbf{F}} d\ln a_M - \frac{\mathbf{R}T}{\mathbf{F}} t_X \left(-\frac{d\ln a_X}{\nu_M} - \frac{d\ln a_M}{\nu_X} \right) \\ &= -\frac{\mathbf{R}T}{z_M \mathbf{F}} d\ln a_M + \frac{\mathbf{R}T}{\mathbf{F}} t_X \left(\frac{d\ln a_M^{\nu_M} a_X^{\nu_X}}{\nu_M \nu_X} \right) \\ &= -\frac{\mathbf{R}T}{z_M \mathbf{F}} d\ln a_M - \frac{\mathbf{R}T}{z_M \mathbf{F}} t_X \frac{z_M - z_X}{z_X} d\ln a_\pm, \end{aligned} \tag{B.34}$$

or

$$\Delta\varphi^{trf} = -\frac{\mathbf{R}T}{z_M \mathbf{F}} \left[\ln\left(\frac{a_M''}{a_M'} \right) + \frac{z_M - z_X}{z_X} \int_{'}^{''} t_X d\ln a_\pm \right], \tag{B.35}$$

which may be used to describe the dependence of the transference potential on the coion transport.

B.6.2 Membrane Potential

Application of Eqn. (B.35) to the membrane phase, an expression for the membrane potential in a concentration cell is found. As illustrated in Fig. 4.9, the membrane potential in a concentration cell consists of the transference (or diffusion) potential across the membrane phase boundary and the two (Donnan) equilibrium potentials of the membrane faces in contact with their adjacent solution $'$ and $''$

$$\Delta\varphi^M = \Delta\varphi^{eq'} + \Delta\varphi^{trf} + \Delta\varphi^{eq''}. \tag{B.36}$$

Introduction of Eqn. (B.30) and Eqn. (B.35) yields

$$\begin{aligned} \Delta\varphi^M &= -\frac{\mathbf{R}T}{z_M\mathbf{F}}\ln\left(\frac{\bar{a}'_M}{a'_M}\right) \\ &\quad -\frac{\mathbf{R}T}{z_M\mathbf{F}}\left[\ln\left(\frac{\bar{a}''_M}{\bar{a}'_M}\right) + \frac{z_M - z_X}{z_X}\int_{'}^{''}\bar{t}_X d\ln\bar{a}_\pm\right] \\ &\quad -\frac{\mathbf{R}T}{z_M\mathbf{F}}\ln\left(\frac{a''_M}{\bar{a}''_M}\right) \\ &= -\frac{\mathbf{R}T}{z_M\mathbf{F}}\left[\ln\left(\frac{a''_M}{a'_M}\right) + \frac{z_M - z_X}{z_X}\int_{'}^{''}\bar{t}_X d\ln\bar{a}_\pm\right], \end{aligned} \tag{B.37}$$

where a'_j, a''_j denote the activities in the solution and $\bar{a}'_j$, $\bar{a}''_j$ the activities in the membrane pore liquid adjacent to the external solutions.
Because of the Donnan equilibrium, Eqn. (B.21),

$$\bar{a}_M^{|z_X|}\bar{a}_X^{|z_M|} = a_M^{|z_X|}a_X^{|z_M|}, \tag{B.38}$$

the mean activity in solution and membrane equal

$$\bar{a}_\pm = a_\pm, \tag{B.39}$$

Eqn. (B.6). Hence, Eqn. (B.37) may be simplified further

$$\Delta\varphi^M = -\frac{\mathbf{R}T}{z_M\mathbf{F}}\left[\ln\left(\frac{a''_M}{a'_M}\right) + \frac{z_M - z_X}{z_X}\int_{'}^{''} t_X^M d\ln a_\pm\right]. \tag{B.40}$$

Because the membrane transference number is the same, independent of whether it refers to the wet membrane or the pore liquid volume, $\bar{t}_X$ is replaced by t_X^M. Furthermore, assuming $a''_j/a'_j = a''_\pm/a'_\pm$ and approximating t_X^M by its constant integral value

$$\Delta\varphi^M = -\frac{\mathbf{R}T}{z_{GgI}\mathbf{F}}\ln\left(\frac{a''_\pm}{a'_\pm}\right)\left(1 + \frac{z_{GgI} - z_{CoI}}{z_{CoI}}t_{CoI}^M\right) \tag{B.41}$$

results. At this, M has been assumed counterion and X coion without loss of generality. For an ideal membrane, i.e. a membrane without coion leakage, $t_{CoI}^M = 0$, Eqn. (B.41) simplifies to Eqn. (B.30) and the membrane potential attains its maximum value possible [50].

B.6.3 Henderson Equation

If it is required to estimate the transference potential without data on transference numbers, the Henderson may be employed. It is derived from Eqn. (4.28) relating the transference numbers to the ionic mobilities. Neglecting diffusive and convective transport and setting concentrations and activities equal

$$t_j \approx \frac{z_j \dot{n}_j^{mig}}{\sum_i z_i \dot{n}_i^{mig}} = \frac{z_j^2 u_j c_j}{\sum_i z_i^2 u_i c_i} \approx \frac{z_j^2 u_j a_j}{\sum_i z_i^2 u_i a_i}, \tag{B.42}$$

can be written. $\dot{n}_j^{mig}$ denotes the ionic flux density due to migrative transport. Taking ionic mobilities constant and assuming a linear change in activities across the phase boundary between phase $'$ and phase $''$,

$$a_j(x) = a_j' + \left(a_j'' - a_j'\right) x, \qquad 0 \leq x \leq 1 \tag{B.43}$$

expression

$$\Delta\varphi^{trf} = -\frac{\mathbf{R}T}{\mathbf{F}} \int_{'}^{''} \sum_j \left\{ \frac{z_j u_j a_j' + z_j u_j \left(a_j'' - a_j'\right) x}{\sum_i \left[z_i^2 u_i a_i' + z_i^2 u_i \left(a_i'' - a_i'\right) x\right]} \right\} d\ln a_j, \tag{B.44}$$

is obtained. Substitution with Eqn. (B.43) results in

$$\Delta\varphi^{trf} = -\frac{\mathbf{R}T}{\mathbf{F}} \int_0^1 \frac{\sum_j \left[z_j u_j \left(a_j'' - a_j'\right)\right]}{\sum_j \left[z_j^2 u_j a_j' + z_j^2 u_j \left(a_j'' - a_j'\right) x\right]} dx, \tag{B.45}$$

which further simplifies upon substitution with $w = \sum_j \left[z_j^2 u_j a_j' + z_j^2 u_j \left(a_j'' - a_j'\right) x\right]$

$$\Delta\varphi^{trf} = -\frac{\mathbf{R}T}{\mathbf{F}} \int_{\sum_j z_j^2 u_j a_j'}^{\sum_j z_j^2 u_j a_j''} \frac{\sum_j \left[z_j u_j \left(a_j'' - a_j'\right)\right]}{\sum_j \left[z_j^2 u_j a_j' + z_j^2 u_j \left(a_j'' - a_j'\right)\right] w} dw, \tag{B.46}$$

Integration of Eqn. (B.46) leads to the Henderson equation as employed in section 4.2.7

$$\Delta\varphi^{trf} = -\frac{\mathbf{R}T}{\mathbf{F}} \frac{\sum_j \left[z_j u_j \left(a_j'' - a_j'\right)\right]}{\sum_j \left[z_j^2 u_j \left(a_j'' - a_j'\right)\right]} \ln\left(\frac{\sum_j \left[z_j^2 u_j a_j''\right]}{\sum_j \left[z_j^2 u_j a_j'\right]}\right). \tag{B.47}$$

Appendix C

Additional Data on Ion Exchange Membranes

C.1 Membrane Manufacturers

Following, headquarter and contact person for technical and sales questions are listed for the membranes examined.

Du Pont de Nemours

Headquarter & Contact:
Du Pont de Nemours
Nafion Membranes and Dispersions
Paul Tangeman
22828 NC 87 Highway W.
Fayetteville, NC 28306-7332
USA
paul.c.tangeman@usa.dupont.com
http://www.dupont.com

Tokuyama Co. Ltd.

Tokuyama membranes are sold in Europe by Eurodia Industrie S.A.

Headquarter:
Tokuyama Co. Ltd.
Shibuya Konno Building, 3-1, Shibuya 3-chome
Shibuya-ku
Tokyo 105
Japan
http://www.tokuyama.co.jp

Contact:
Dr. H. Huschka
Eurodia Industrie GmbH
Kunstmühlestr. 12
72793 Pfullingen
Germany
hans-georg.huschka@ic.vkn.de
http://www.eurodia.com

Solvay S.A.

Headquarter & Contact:
Solvay S.A.
Research Laboratory
Usine de Tavaux
J. Brunea
34 av. République
P.O. Box 1
39501 Tavaux Cedex
France
john.brunea@solvay.com
http://www.solvay.com

Aqualytics/FuMATech GmbH

Due to the disposition of patent rights, from 01/10/1999 onwards Aqualytics membranes are available at FuMATech .

Headquarter & Contact
FuMATech GmbH
Dr. B. Bauer
Am Grubenstollen 11
66386 St. Ingbert
Germany
office@fumatech.de
http://www.fumatech.com

C.2 Further Experimental Data

Membrane Densities

Membrane	Counterion	ϱ^P [kg/l]	$\varrho^M_{H_2O}$ [kg/l]	ϱ^M_{MeOH} [kg/l]	ϱ^M_{EtOH} [kg/l]
CMB	Na^+	1.12	1.09	1.03	1.04
CMX	Na^+	1.27	1.23	1.20	1.25
CMX	H^+	1.27	1.20	1.28	1.25
N 117	Na^+	1.94	1.70	1.19	1.42
AHA-2	ClO_4^-	0.99	1.00	0.99	1.02
AMX	ClO_4^-	1.21	1.17	1.18	1.20
BP-1	Na^+/ClO_4^-	1.25	1.21	1.26	1.23
BP-1 (CEL)[1)]	Na^+	1.27	1.23	1.20	1.25
BP-1 (AEL)[2)]	ClO_4^-	1.21	1.16	1.39	1.19

[1)] Assumption: $\varrho^P_{CEL} = \varrho^P_{CMX}$ and $\varrho^M_{CEL} = \varrho^M_{CMX}$
[2)] Values calculated from ϱ_{BP-1} and ϱ_{CEL}.

Table C.1: Membrane dry density ϱ^P and membrane wet density ϱ^M as determined in water, methanol and ethanol.

BP-1 Bipolar Membrane Data

Parameter	Unit	BP-1 (Na^+/ClO_4^-)			CEL (Na^+)			AEL (ClO_4^-)		
		H_2O	MeOH	EtOH	H_2O	MeOH	EtOH	H_2O	MeOH	EtOH
$\chi^{CEL1)}$	[ml/ml]	**0.71**	**0.68**	**0.68**	does not apply					
δ	[μm]	**262**	**253**	**253**	183	173	173	80	80	80
$\varepsilon^{2)}$	[g/g]	**0.19**	**0.15**	**0.13**	0.21	0.16	0.13	**0.14**	**0.13**	**0.13**
ψ	[ml/ml]	0.19	0.21	0.18	0.22	0.21	0.18	0.14	0.20	0.17
$\lambda_S{}^{3)}$	$\left[\frac{mmol}{mmol}\right]$	5.8	3.1	2.7	8.1	5.3	8.9	6.6	3.3	2.4
$X^{eff4)}$	$\left[\frac{mmol}{g}\right]$	1.4	1.1	0.96	0.87	0.54	0.32	2.5	2.4	2.4
c_{FI}^{eff}	$\left[\frac{mmol}{ml}\right]$	1.4	1.2	1.0	0.88	0.55	0.35	2.6	2.9	2.5

1) The volume fraction $\chi^{CEL} = V^{CEL}/V^{BP-1}$ in the dry state equals 0.68 from which a dry mass fraction of $m^{CEL}/m^{BP-1} = 0.69$ is calculated.
2) Assumption: $\varepsilon^{AEL} = \varepsilon^{AHA-2}$
3) λ_S is calculated based on the aqueous solution's effective capacity.
4) $X^{eff,\, BP-1} = X^{eff,\, CEL} m^{CEL}/m^{BP-1} + X^{eff},\ AEL(1 - m^{CEL}/m^{BP-1})$

Table C.2: BP-1 bipolar membrane parameters for aqueous methanolic and ethanolic $NaClO_4$ solutions. χ^{CEL} — volume fraction of cation exchange layer, δ — membrane (layer) thickness, ε — mass fraction of pore liquid, ψ — volume fraction of pore liquid, λ_S — molecules of pore liquid per fixed ion site, X^{eff} — effective exchange capacity, c_{FI}^{eff} — effective fixed ion concentration. Parameters refer to the total membrane (column 3–5), to the cation exchange layer (column 6–8) and to the anion exchange layer (column 9–11). Measured data is printed in boldface, other data is calculated from the measured values.

Solvent Uptake

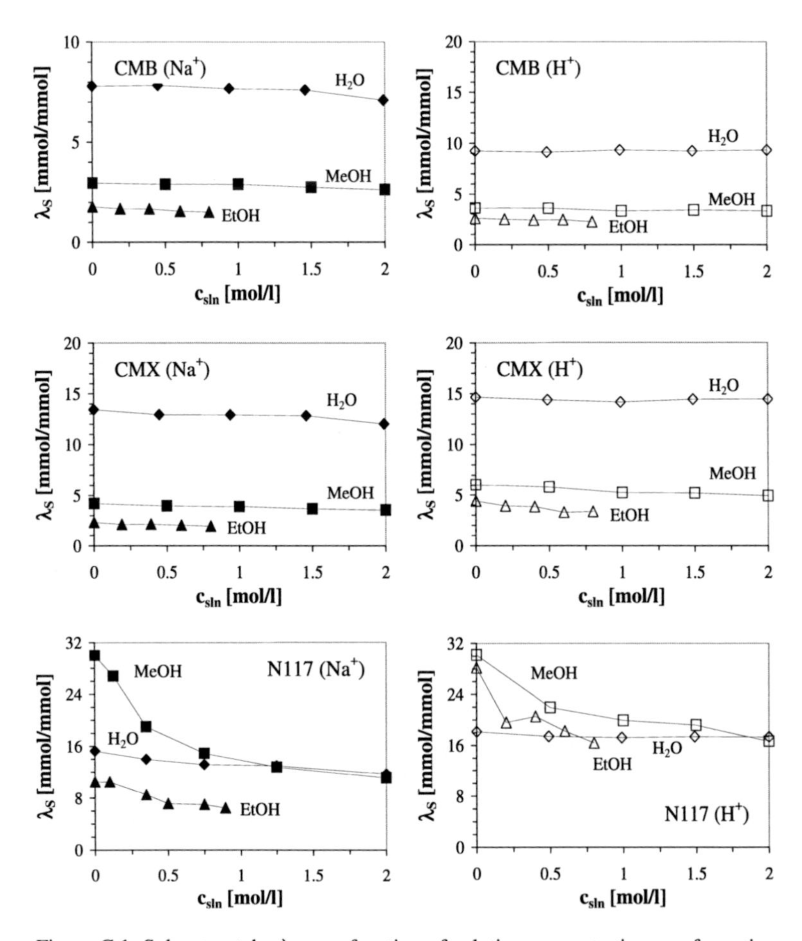

Figure C.1: Solvent uptake λ_S as a function of solution concentration c_{sln} for cation exchange membranes in water, methanol and ethanol. Left column: Counterion is Na^+, right column: counterion is H^+.

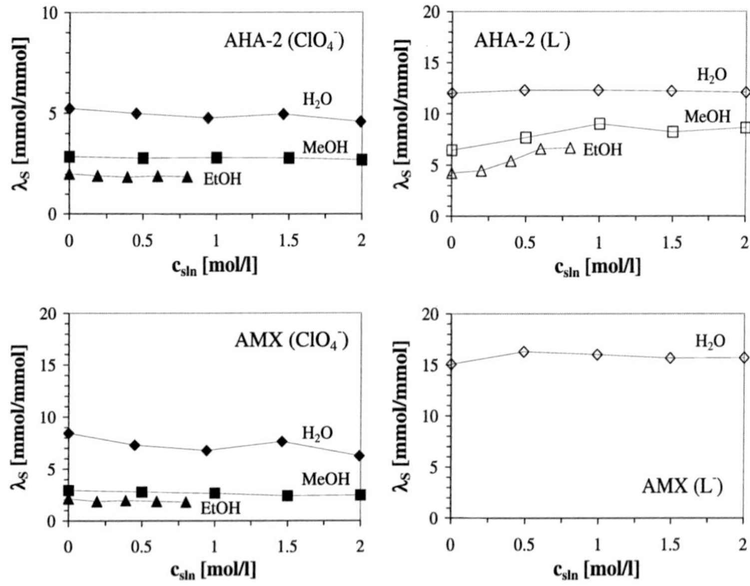

Figure C.2: Solvent uptake λ_S as a function of solution concentration c_{sln} for anion exchange membranes in water, methanol and ethanol. Left column: Counterion is ClO_4^-, right column: counterion is L^-. $L-$ denotes the lyate ion of the solvents, i.e. $L^- = OH^-, CH_3O^-, C_2H_5O^-$ for water, methanol and ethanol, respectively.

Membrane/Solution Equilibrium

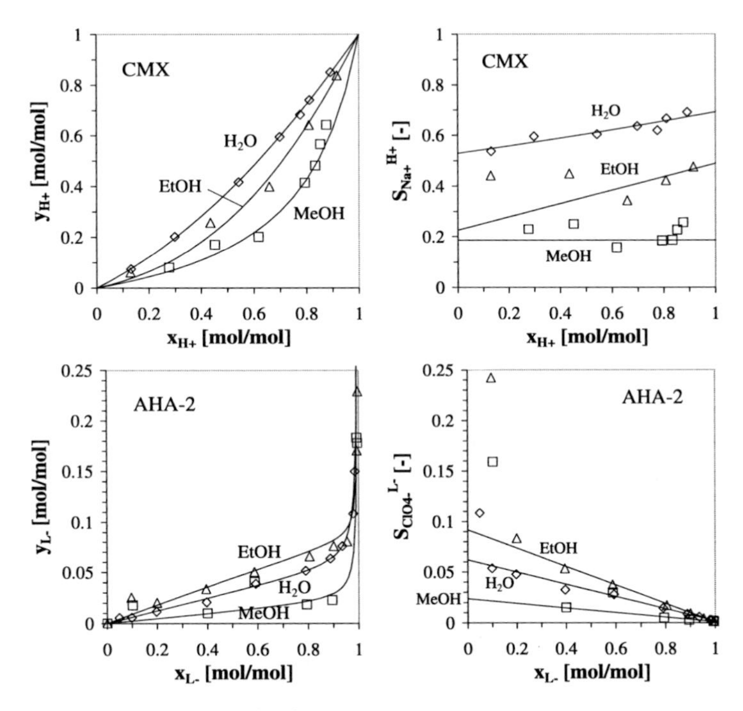

Figure C.3: Isotherms of Na^+/H^+ ion exchange in CMX cation exchange membrane (top) and of ClO_4^-/L^- ion exchange in AHA-2 anion exchange membrane (bottom). Membrane phase mole fraction y_j (left) and selectivity coefficient S_j^i (right) are shown as a function of solution phase mole fraction x_j. L− denotes the lyate ion of the solvents, i.e. $L^- = OH^-, CH_3O^-, C_2H_5O^-$ for water, methanol and ethanol, respectively.

Membrane	Water			Methanol			Ethanol		
	A_{MX}	B_{MX}	C_{MX}	A_{MX}	B_{MX}	C_{MX}	A_{MX}	B_{MX}	C_{MX}
	[-]	[l/mol]	[l/mol]	[-]	[l/mol]	[l/mol]	[-]	[l/mol]	[l/mol]
CMB	0.048	0.572	0.845	0.047	0.053	-0.109	0.012	0.033	1.306
N 117	0.176	0.256	0.039	0.366	0.300	-0.302	0.081	0.040	-0.361
AHA-2	0.071	0.176	0.238	0.027	0.055	-0.033	0.019	0.019	1.307
BP-1 (CEL)	0.047	1.108	2.164	0.047	0.068	0.037	0.030	0.009	1.322
BP-1 (AEL)	0.075	0.845	1.679	0.075	0.052	-0.103	0.033	-0.028	7.181

Table C.3: Parameter values for Eqn. (5.4) used to describe the concentration dependence of distribution coefficient $\mathbf{S}_{MX}$.

Diffusion Coefficients

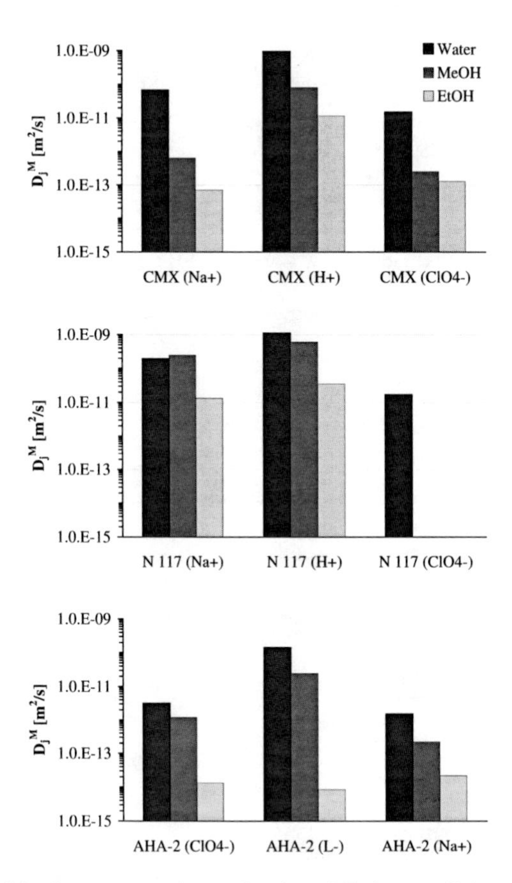

Figure C.4: Membrane counterion and coion diffusion coefficients in aqueous, methanolic and ethanolic solutions for selected cation and anion exchange membranes.

D^M_{GgI} [m²/s]		Solvent		
Membrane	Ion	Water	Methanol	Ethanol
CMB	Na^+	3.9×10^{-11}	9.4×10^{-13}	2.1×10^{-13}
CMB	H^+	3.5×10^{-10}	1.3×10^{-11}	2.9×10^{-12}
CMX	Na^+	6.8×10^{-11}	6.5×10^{-13}	7.2×10^{-14}
CMX	H^+	9.5×10^{-10}	8.2×10^{-11}	1.2×10^{-11}
N 117	Na^+	1.9×10^{-10}	2.5×10^{-10}	1.3×10^{-11}
N 117	H^+	1.2×10^{-9} [107]	2.5×10^{-10}	1.3×10^{-11}
AHA-2	ClO_4^-	3.2×10^{-12}	1.2×10^{-12}	1.3×10^{-14}
AHA-2	L^-	1.4×10^{-10}	2.5×10^{-11}	8.6×10^{-15}
AMX	ClO_4^-	8.6×10^{-12}	2.7×10^{-13}	2.4×10^{-14}
AMX	Cl^-	7.0×10^{-11} [85]	N.A.	N.A.
AIX resin	Cl^-	6.5×10^{-11} [129]	N.A.	N.A.
AMX	L^-	1.2×10^{-10}	instable	instable

N.A. — not available
instable — Value could not be determined because of chemical instability of membrane.

Table C.4: Counterion diffusion coefficients in the membrane phase as determined from membrane resistance measurements. Missing data is taken from literature where indicated. L− denotes the lyate ion of the solvents, i.e. $L^- = OH^-, CH_3O^-, C_2H_5O^-$ for water, methanol and ethanol, respectively.

D^M_{CoI} [m²/s]		Solvent		
Membrane	Ion	Water	Methanol	Ethanol
CMB	ClO_4^-	6.6×10^{-12}	N.D.	N.D.
CMX	ClO_4^-	1.5×10^{-11}	2.5×10^{-13}	1.3×10^{-13}
N 117	ClO_4^-	1.7×10^{-11}	N.D.	N.D.
AHA-2	Na^+	1.5×10^{-12}	2.2×10^{-13}	2.2×10^{-14}
AMX	Na^+	8.6×10^{-11}	8.8×10^{-13}	N.D.

N.D. — not determined

Table C.5: Coion diffusion coefficients in the membrane phase as determined from diffusion experiments.

Current Voltage Curves

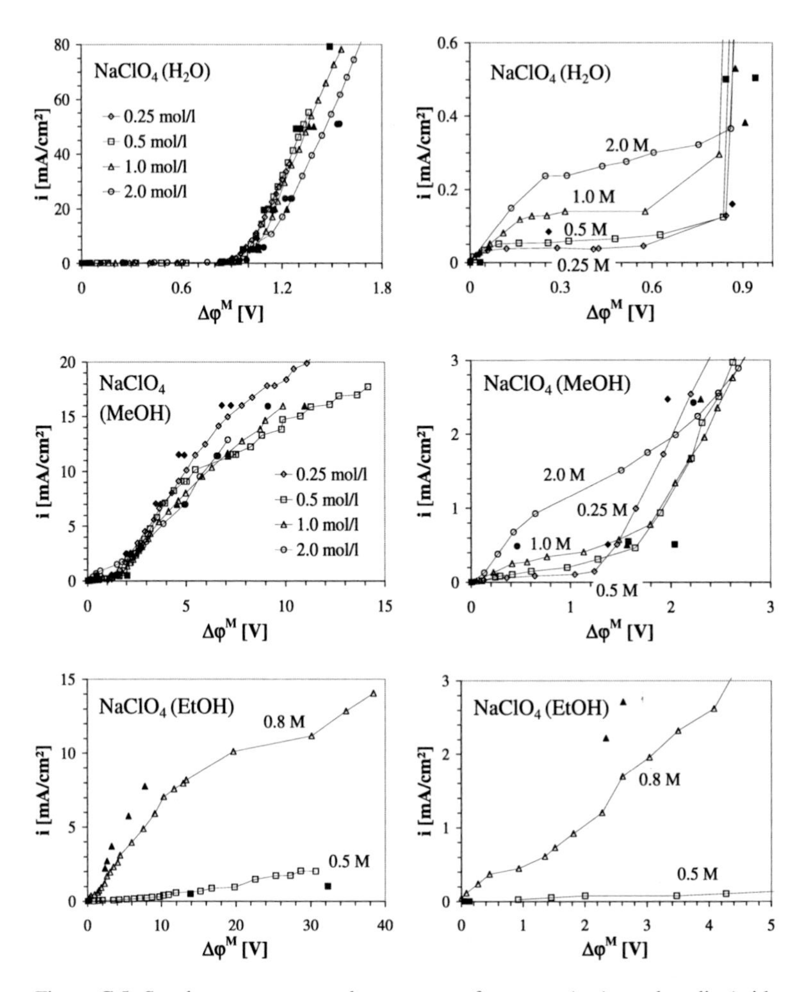

Figure C.5: Steady state current voltage curves of aqueous (top), methanolic (middle) and ethanolic (bottom) $NaClO_4$ solutions at various concentrations. Left: Current voltage curves over the complete range of experimental data; right: close-up for low current densities. Open symbols denote data from current voltage curve measurements, closed symbols denote data from chronopotentiometric measurements.

Chronopotentiometric Measurements

Aqueous Solutions

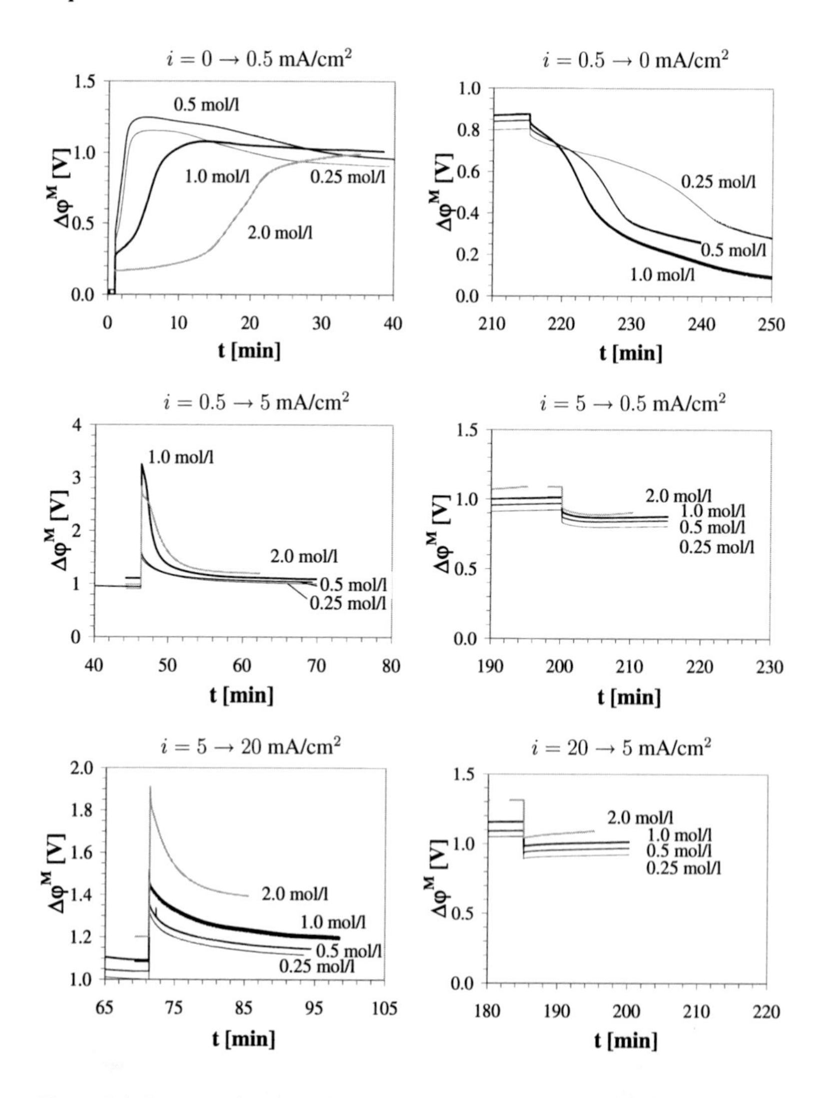

Figure C.6: Concentration dependence of the potential course upon a stepwise change in current density for aqueous $NaClO_4$ solutions of different concentrations.

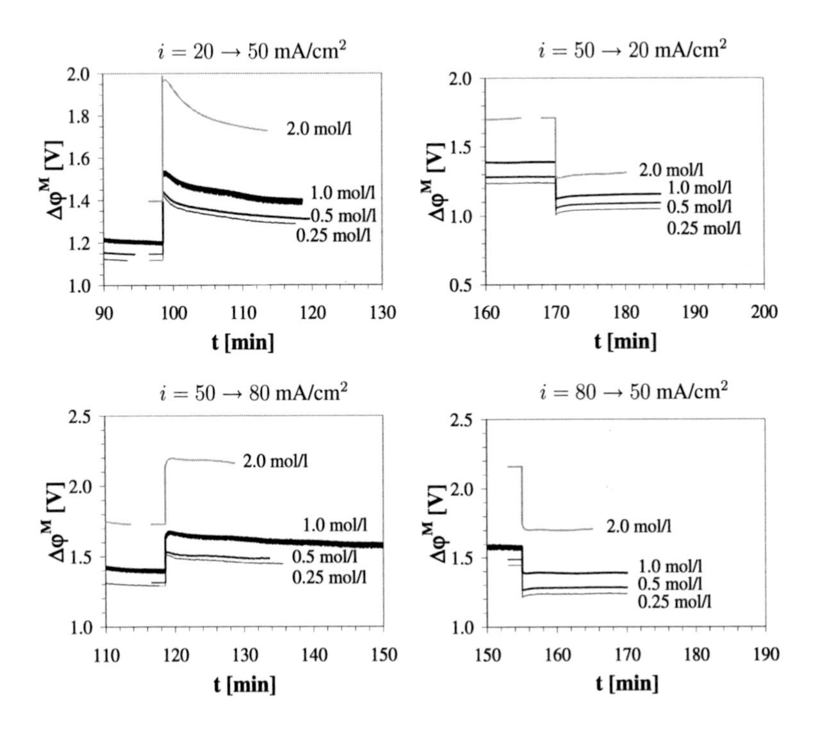

Figure C.7: Concentration dependence of the potential course upon a stepwise change in current density for aqueous $NaClO_4$ solutions of different concentrations (continued).

c_{sln} [mol/l]	0.25		0.5		1.0		2.0	
i [mA/cm^2]	U_{rev} [V]	U_{SS} [V]	U_{rev} [V]	U_{SS} [V]	U_{rev} [V]	U_{SS} [V]	U_{rev} [V]	U_{SS} [V]
$0 \rightarrow 0.5$	0.36	0.91	0.44	0.94	0.26	1.01	0.17	0.99
$0.5 \rightarrow 5$	1.58	1.00	1.71	1.04	3.25	1.09	2.83	1.20
$5 \rightarrow 20$	1.37	1.12	1.40	1.15	1.52	1.20	1.91	1.40
$20 \rightarrow 50$	1.46	1.29	1.46	1.31	1.53	1.39	1.99	1.73
$50 \rightarrow 80$	1.53	1.44	1.54	1.49	1.64	1.58	2.14	2.16
$80 \rightarrow 50$	1.21	1.24	1.26	1.28	1.39	1.39	1.74	1.71
$50 \rightarrow 20$	1.00	1.05	1.04	1.09	1.11	1.16	1.27	1.31
$20 \rightarrow 5$	0.89	0.92	0.93	0.97	0.98	1.01	1.04	1.09
$5 \rightarrow 0.5$	0.84	0.80	0.87	0.85	0.91	0.88	0.94	0.90
$0.5 \rightarrow 0$	0.78	0.00[1)]	0.81	0.00[1)]	0.84	0.00[1)]	N.D.	N.D.

[1)] According to thermodynamics.
N.D. — not determined

Table C.6: Reversible and steady state potential of the time courses obtained for aqueous $NaClO_4$ solutions as depicted in Fig. C.6 and Fig. C.7. Reversible potential U_{rev} is determined immediately after the change in current density, steady state potential U_{SS} just before the subsequent change in current density.

Methanolic Solutions

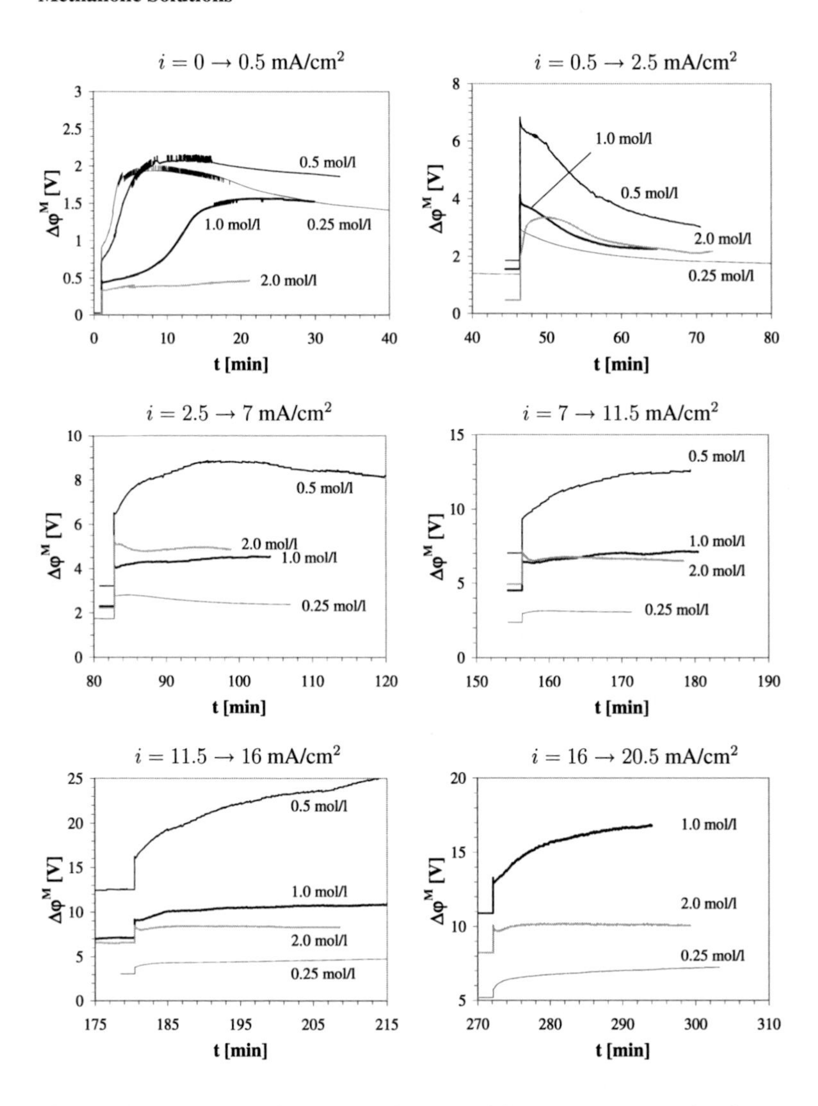

Figure C.8: Concentration dependence of the potential course upon a stepwise change in current density for methanolic $NaClO_4$ solutions of different concentrations.

c_{sln} [mol/l]	0.25		0.5		1.0		2.0	
i [mA/cm^2]	U_{rev} [V]	U_{SS} [V]	U_{rev} [V]	U_{SS} [V]	U_{rev} [V]	U_{SS} [V]	U_{rev} [V]	U_{SS} [V]
$0 \rightarrow 0.5$	0.90	1.37	0.70	1.86	0.43	1.52	0.31	0.46
$0.5 \rightarrow 2.5$	3.01	1.73	6. 85	3.02	4.15	2.28	2.02	2.23
$2.5 \rightarrow 7$	2.83	2.39	6.52	6.93	4.28	4.55	5.48	4.86
$7 \rightarrow 11.5$	2.98	3.09	9.30	12.64	6.50	7.10	7.21	6.50
$11.5 \rightarrow 16$	3.82	5.20	16.24	31.07	9.16	10.89	8.50	8.25
$16 \rightarrow 20.5$	5.77	7.24	36.46	44.76	13.29	16.80	10.07	10.08

Table C.7: Reversible and steady state potential of the time courses obtained for methanolic $NaClO_4$ solutions as depicted in Fig. C.8. Reversible potential U_{rev} is determined immediately after the change in current density, steady state potential U_{SS} just before the subsequent change in current density.

Ethanolic Solutions

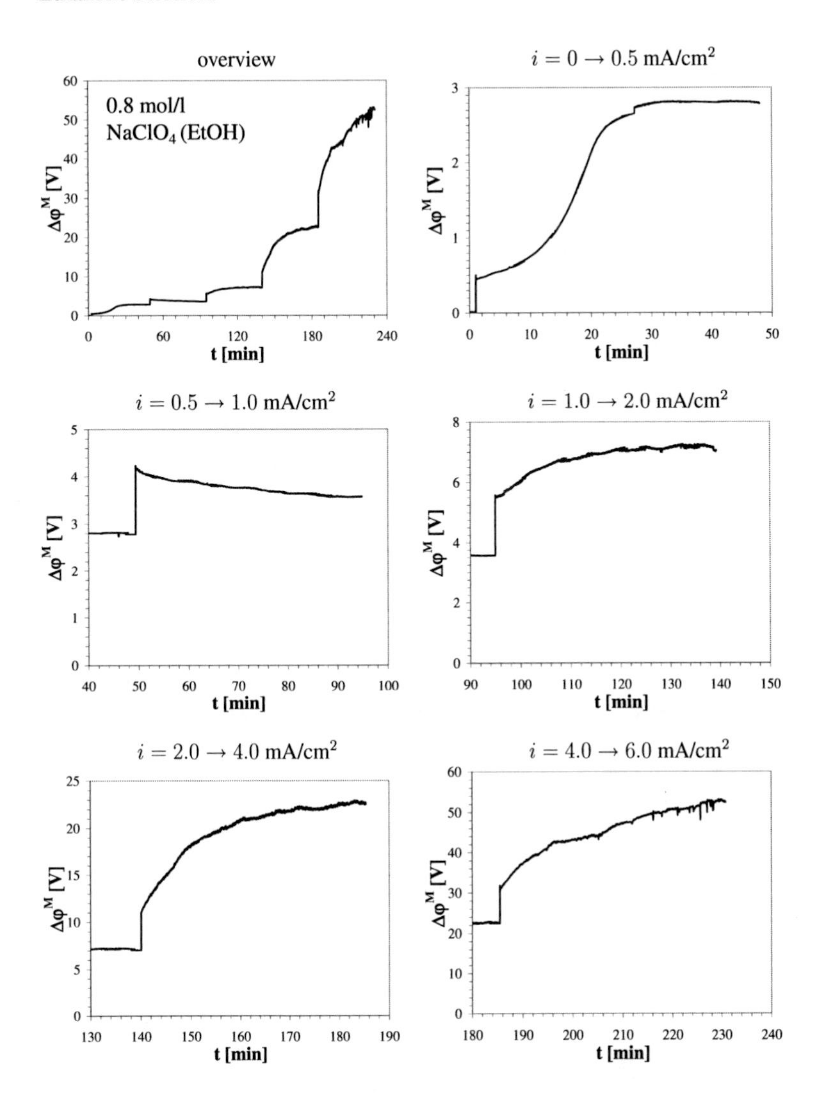

Figure C.9: Concentration dependence of the potential course upon a stepwise change in current density for methanolic $NaClO_4$ solutions of different concentrations.

c_{sln} [mol/l]	0.8	
i [mA/cm^2]	U_{rev} [V]	U_{SS} [V]
0 → 0.5	0.42	2.78
0.5 → 1.0	4.23	3.57
1.0 → 2.0	5.58	7.04
2.0 → 4.0	10.99	22.48
4.0 → 6.0	31.81	52.46

Table C.8: Reversible and steady state potential of the time courses depicted in Fig. C.9. Reversible potential U_{rev} is determined immediately after the change in current density, steady state potential U_{SS} just before the subsequent change in current density.

Appendix D

Model Parameters

Following, the model parameters for the bipolar membrane model described in section 6.3 are summarized. Tab. D.1 compiles the parameters for BP-1 bipolar membrane in aqueous solutions, Tab. D.2 the parameters for BP-1 bipolar membrane in methanolic solutions and Tab. D.3 for a symmetric bipolar membrane in aqueous solutions.
Concentration dependence of membrane phase activity coefficients is expressed in terms of

$$\gamma_{\pm}^{M} = A_{MX} + \frac{B_{MX} c_{sln}}{1 + C_{MX} c_{sln}}. \tag{D.1}$$

In order to express the concentration dependence of the selectivity coefficient S_N^M, the membrane swelling ε and the solution density ϱ_{sln}, a linear relation can be employed

$$\mathrm{S}_N^M = A_N^M c_{sln} + B_N^M, \tag{D.2}$$

$$\varepsilon = A^{\varepsilon} c_{sln} + B^{\varepsilon}, \tag{D.3}$$

$$\varrho = A^{\varrho} c_{sln} + B^{\varrho}. \tag{D.4}$$

Parameter		Unit	CEL	AEL	Reference
layer thickness	δ	[μm]	183	80	*
wet membrane density	ϱ	[kg/l]	1.23	1.12	*
eff. fixed ion conc.	c_{FI}^{eff}	[mol/l]	0.88	2.6	*
ionic diffusion coeff. $\times 10^{12}$	D_{Na+}	[m^2/s]	68	1.5	CMX/AHA-2*
ionic diffusion coeff. $\times 10^{12}$	D_{ClO4-}	[m^2/s]	15	3.2	CMX/AHA-2*
ionic diffusion coeff. $\times 10^{12}$	D_{H+}	[m^2/s]	950	950	CMX*
ionic diffusion coeff. $\times 10^{12}$	D_{L-}	[m^2/s]	140	140	AHA-2*
solvent diff. coeff. $\times 10^{12}$	D_S	[m^2/s]	400	200	[56]
parameter γ_{MX} 1)	A_{NaClO_4}	[-]	0.047	0.075	*
parameter γ_{MX} 1)	B_{NaClO_4}	[l/mol]	1.108	0.845	*
parameter γ_{MX} 1)	C_{NaClO_4}	[l/mol]	2.164	1.679	*
parameter $\mathbf{S}_N^M$ 2)	A_{Na+}^{H+}	[l/mol]	0.161	—	*
parameter $\mathbf{S}_N^M$ 2)	B_{Na+}^{H+}	[-]	0.524	—	*
parameter $\mathbf{S}_N^M$ 2)	$A_{ClO_4-}^{L-}$	[l/mol]	—	-0.062	*
parameter $\mathbf{S}_N^M$ 2)	$B_{ClO_4-}^{L-}$	[-]	—	0.062	*
parameter ε 3)	$A_{NaClO_4}^{\varepsilon}$	[l/mol]	-0.017	-0.007	AHA-2*
parameter ε 3)	$B_{NaClO_4}^{\varepsilon}$	[-]	0.213	0.135	AHA-2*
parameter ε 3)	A_{H+}^{ε}	[l/mol]	-0.002	—	CMX*
parameter ε 3)	B_{H+}^{ε}	[-]	0.418	—	CMX*
parameter ε 3)	A_{L-}^{ε}	[l/mol]	—	0.0	AHA-2*
parameter ε 3)	B_{L-}^{ε}	[-]	—	0.316	AHA-2*

Parameter		Unit	Solution	Reference
autoprotolysis equ. const.	K_{AP}	[-]	10^{-14}	[46]
rate of recombination	k_{rec}	[l/(mol s)]	1.4×10^{11}	[31, 32]
distance parameter	α	[nm]	0.972	fit
ionic diffusion coeff. $\times 10^9$	D_{Na+}	[m^2/s]	1.4	[12]
ionic diffusion coeff. $\times 10^9$	D_{ClO_4-}	[m^2/s]	1.8	[12]
ionic diffusion coeff. $\times 10^9$	D_{H+}	[m^2/s]	9.3	[12]
ionic diffusion coeff. $\times 10^9$	D_{L-}	[m^2/s]	5.3	[12]
parameter ϱ_{sln} 4)	$A_{NaClO_4}^{\varrho}$	[kg/mol]	0.076	*
parameter ϱ_{sln} 4)	$B_{NaClO_4}^{\varrho}$	[kg/l]	0.997	*

* measured data; — does not apply
1) cf. Eqn. (D.1); 2) cf. Eqn. (D.2); 3) cf. Eqn. (D.3); 4) cf. Eqn. (D.4)

Table D.1: BP-1 bipolar membrane model parameters for aqueous solutions.

Parameter		Unit	CEL	AEL	Reference
layer thickness	δ	[μm]	173	80	*
wet membrane density	ϱ	[kg/l]	1.20	1.39	*
eff. fixed ion conc.	c_{FI}^{eff}	[mol/l]	0.55	2.9	*
ionic diffusion coeff. $\times 10^{14}$	D_{Na+}	[m^2/s]	9.3	5.5	fit
ionic diffusion coeff. $\times 10^{14}$	D_{ClO4-}	[m^2/s]	6.3	17	fit
ionic diffusion coeff. $\times 10^{12}$	D_{H+}	[m^2/s]	12	12	fit
ionic diffusion coeff. $\times 10^{12}$	D_{L-}	[m^2/s]	3.6	3.6	fit
solvent diff. coeff. $\times 10^{12}$	D_S	[m^2/s]	10	5	fit
parameter γ_{MX} 1)	A_{NaClO_4}	[-]	0.047	0.075	*
parameter γ_{MX} 1)	B_{NaClO_4}	[l/mol]	0.068	0.052	*
parameter γ_{MX} 1)	C_{NaClO_4}	[l/mol]	0.037	-0.103	*
parameter S_N^M 2)	A_{Na+}^{H+}	[l/mol]	0.107	—	*
parameter S_N^M 2)	B_{Na+}^{H+}	[-]	0.125	—	*
parameter S_N^M 2)	$A_{ClO_4-}^{L-}$	[l/mol]	—	-0.023	*
parameter S_N^M 2)	$B_{ClO_4-}^{L-}$	[-]	—	0.023	*
parameter ε 3)	$A_{NaClO_4}^{\varepsilon}$	[l/mol]	-0.017	-0.003	AHA-2*
parameter ε 3)	$B_{NaClO_4}^{\varepsilon}$	[-]	0.163	0.131	AHA-2*
parameter ε 3)	A_{H+}^{ε}	[l/mol]	-0.029	—	CMX*
parameter ε 3)	B_{H+}^{ε}	[-]	0.308	—	CMX*
parameter ε 3)	A_{L-}^{ε}	[l/mol]	—	0.046	AHA-2*
parameter ε 3)	B_{L-}^{ε}	[-]	—	0.324	AHA-2*

Parameter		Unit	Solution	Reference
autoprotolysis equ. const.	K_{AP}	[-]	$10^{-16.9}$	[75]
rate of recombination	k_{rec}	[l/(mol s)]	3.0×10^{10}	[39]
distance parameter	α	[nm]	1.280	fit
ionic diffusion coeff. $\times 10^{9}$	D_{Na+}	[m^2/s]	1.2	[12]
ionic diffusion coeff. $\times 10^{9}$	D_{ClO_4-}	[m^2/s]	1.9	[12]
ionic diffusion coeff. $\times 10^{9}$	D_{H+}	[m^2/s]	3.4	[12]
ionic diffusion coeff. $\times 10^{9}$	D_{L-}	[m^2/s]	1.4	[12]
parameter ϱ_{sln} 4)	$A_{NaClO_4}^{\varrho}$	[kg/mol]	0.090	*
parameter ϱ_{sln} 4)	$B_{NaClO_4}^{\varrho}$	[kg/l]	0.791	*

* measured data; — does not apply

1) cf. Eqn. (D.1); 2) cf. Eqn. (D.2); 3) cf. Eqn. (D.3); 4) cf. Eqn. (D.4)

Table D.2: BP-1 bipolar membrane model parameters for methanolic solutions.

Parameter		Unit	CEL	AEL
layer thickness	δ	[μm]	131	131
wet membrane density	ϱ	[kg/l]	1.21	1.21
eff. fixed ion conc.	c_{FI}^{eff}	[mol/l]	1.4	1.4
ionic diffusion coeff. $\times 10^{12}$	D_{Na+}	[m^2/s]	36	8.3
ionic diffusion coeff. $\times 10^{12}$	D_{ClO4-}	[m^2/s]	8.3	36
ionic diffusion coeff. $\times 10^{12}$	D_{H+}	[m^2/s]	545	545
ionic diffusion coeff. $\times 10^{12}$	D_{L-}	[m^2/s]	545	545
solvent diff. coeff. $\times 10^{12}$	D_S	[m^2/s]	300	300
parameter γ_{MX} 1)	A_{NaClO_4}	[-]	0.100	0.100
parameter γ_{MX} 1)	B_{NaClO_4}	[l/mol]	0.254	0.254
parameter γ_{MX} 1)	C_{NaClO_4}	[l/mol]	0.420	0.420
parameter S_N^M 2)	A_{Na+}^{H+}	[l/mol]	0.0	—
parameter S_N^M 2)	B_{Na+}^{H+}	[-]	0.5	—
parameter S_N^M 2)	$A_{ClO_4-}^{L-}$	[l/mol]	—	0.0
parameter S_N^M 2)	$B_{ClO_4-}^{L-}$	[-]	—	0.5
parameter ε 3)	$A_{NaClO_4}^{\varepsilon}$	[l/mol]	0.0	0.0
parameter ε 3)	$B_{NaClO_4}^{\varepsilon}$	[-]	0.192	0.192
parameter ε 3)	A_{H+}^{ε}	[l/mol]	0.0	—
parameter ε 3)	B_{H+}^{ε}	[-]	0.367	—
parameter ε 3)	A_{L-}^{ε}	[l/mol]	—	0.0
parameter ε 3)	B_{L-}^{ε}	[-]	—	0.367

Parameter		Unit	Solution
autoprotolysis equ. const.	K_{AP}	[-]	10^{-14}
rate of recombination	k_{rec}	[l/(mol s)]	1.4×10^{11}
distance parameter	α	[nm]	0.972
ionic diffusion coeff. $\times 10^9$	D_{Na+}	[m^2/s]	1.4
ionic diffusion coeff. $\times 10^9$	D_{ClO_4-}	[m^2/s]	1.8
ionic diffusion coeff. $\times 10^9$	D_{H+}	[m^2/s]	9.3
ionic diffusion coeff. $\times 10^9$	D_{L-}	[m^2/s]	5.3
parameter ϱ_{sln} 4)	$A_{NaClO_4}^{\varrho}$	[kg/mol]	0.076
parameter ϱ_{sln} 4)	$B_{NaClO_4}^{\varrho}$	[kg/l]	0.997

* measured data; — does not apply
1) cf. Eqn. (D.1); 2) cf. Eqn. (D.2); 3) cf. Eqn. (D.3); 4) cf. Eqn. (D.4)

Table D.3: Symmetric bipolar membrane model parameters for aqueous solutions.

Appendix E

Numerics

In order to solve the model presented in section 6.3, the resulting system of differential and algebraic equations must be discretized in space. Discretization is performed on an equidistant grid, applying backwards finite differences to resolve first order derivatives and central finite differences to resolve second order derivatives. Thus, a system of ordinary differential and algebraic equations is obtained which is implemented in a pre-processing software called Code-Generator using Common Lisp programming language [102]. Application of the Code-Generator to the model thus described, results in the generation of four Fortran 77 files. They control numerical initialization, model execution, handling of discontinuities and output processing. Especially convenient is the automatic generation of the Jacobian matrix. Further execution of the pre-processed model is performed under a variant of DIVA process simulator, called IDAINT, which contains the integrator LIMEX as semi-implicit solver [77, 28]. Since LIMEX requires consistent initial values, a fully implicit Euler step is performed prior to integration in time.
Due to the highly asymmetric parameter values of cation and anion exchange layer, good initial values are of special importance. Also, problems result from the discontinuities introduced when step changes in the current density are re-calculated. In this case, the time course of the current density $i(t)$ represents a modified Heaviside function which is difficult to handle numerically. However, it can be replaced, e.g. by the following continuously differentiable approximation

$$i(t) = \begin{cases} i_0 & \text{if} \quad t < t_0 \\ \frac{i_\infty - i_0}{2}\left[\cos\left(\frac{\pi t}{t_\infty - t_0} + \pi\right) + 1\right] + i_0 & \text{if} \quad t_0 \leq t \leq t_\infty, \\ i_\infty & \text{if} \quad t > t_\infty \end{cases} \tag{E.1}$$

where, i_0, t_0 denote current density and time just before the step change, while i_∞, t_∞ denote current density and time just after the step change. If $t_\infty \rightarrow t_0$ a description of an ideal step change is obtained, without loosing differentiability. Besides, scaling of the parameter values, increase of the number of grid points and reformulation of nonlinear equations does contribute to a better numerical treatment.

Curriculum Vitae

Name: Frank T. Sarfert
Date of Birth: September 3rd, 1971
Place of Birth: Kabul, Afghanistan
Nationality: German

Education:

9/1977 – 8/1981	Grundschule Eschbronn
9/1981 – 5/1990	Gymnasium Schramberg
May 8th, 1990	Abitur

Studies:

10/1990 – 7/1996	Chemical Engineering, Universität Stuttgart and University of Wisconsin, Madison, USA
Dec. 23rd, 1995	Master of Science in Chemical Engineering
July 3rd, 1996	Diplomingenieur Verfahrenstechnik

Internships:

5/1990 – 6/1996	Haas Laser GmbH, Schramberg
8/1990 – 10/1996	Junghans Feinwerktechnik GmbH, Schramberg
4/1994 – 7/1994	Ruhrverband, Essen

Military Service:

5/1997 – 2/1998	Signal Corps, Ulm

Scientific Occupation:

1/1995 – 12/1995	Research Assistant at the Food Laboratory, University of Wisconsin, Madison
1/1996 – 3/1996	Research Assistant at the Institut für Chemische Verfahrenstechnik, Universität Stuttgart
8/1996 – 3/2003	PhD Position at the Institut für Chemische Verfahrenstechnik, Universität Stuttgart

Professional Experience:

since 4/2003	BASF AG, Ludwigshafen, Research Engineer, Reaction and Process Modelling